计算机专业·任务驱动应用型教材

数据结构

方加娟　崔素丽　徐　杰　**主　编**
杨　淳　杨　芸　胡春月　刘延芳　常　莹　**副主编**
薛志刚　**参　编**

电子工业出版社

Publishing House of Electronics Industry
北京·BEIJING

内 容 简 介

本书基于 C 语言，以项目的形式组织内容，循序渐进地讲解数据结构的基本原理和具体应用方法。

本书共 9 个项目，具体内容包括数据结构概述、线性表、栈和队列、串、数组和广义表、树与二叉树、图、查找、排序。

本书实例丰富、内容翔实、简单易学，不仅适合作为职业院校计算机相关专业的教材，也可供从事计算机相关工作的专业人士参考。

未经许可，不得以任何方式复制或抄袭本书之部分或全部内容。
版权所有，侵权必究。

图书在版编目（CIP）数据

数据结构 / 方加娟，崔素丽，徐杰主编. —北京：电子工业出版社，2023.5
ISBN 978-7-121-43853-0

Ⅰ．①数… Ⅱ．①方… ②崔… ③徐… Ⅲ．①数据结构 Ⅳ．①TP311.12

中国版本图书馆 CIP 数据核字（2022）第 116919 号

责任编辑：薛华强　　特约编辑：倪荣霞
印　　刷：山东华立印务有限公司
装　　订：山东华立印务有限公司
出版发行：电子工业出版社
　　　　　北京市海淀区万寿路 173 信箱　　邮编：100036
开　　本：787×1 092　1/16　印张：12.75　字数：359 千字
版　　次：2023 年 5 月第 1 版
印　　次：2023 年 5 月第 1 次印刷
定　　价：46.00 元

凡所购买电子工业出版社图书有缺损问题，请向购买书店调换。若书店售缺，请与本社发行部联系，联系及邮购电话：（010）88254888，88258888。

质量投诉请发邮件至 zlts@phei.com.cn，盗版侵权举报请发邮件至 dbqq@phei.com.cn。
本书咨询联系方式：（010）88254569，xuehq@phei.com.cn，QQ1140210769。

前　　言

"数据结构"是计算机相关专业的重要理论基础课程。

本书旨在帮助读者了解数据结构的基本原理，使读者掌握数据结构的具体应用方法。

一、本书特点

本书认真学习宣传贯彻党的二十大精神，强化现代化建设人才支撑。本书秉持"尊重劳动、尊重知识、尊重人才、尊重创造"的思想，以人才岗位需求为目标，突出知识与技能的有机融合，让学生在学习过程中举一反三，创新思维，以适应高等职业教育人才建设需求。

（1）实例丰富。

本书的实例数量多，种类丰富。本书结合大量的数据结构应用实例，详细讲解了数据结构的基本原理，让读者在学习实例的过程中潜移默化地掌握相关知识。

（2）突出提升技能。

本书从全面提升读者的数据结构实际应用能力的角度出发，通过深入剖析实例使读者能够独立地完成各种应用操作。

书中的大部分实例源自项目开发案例，经过编者精心提炼和改编，不仅能帮助读者学好知识点，还能够帮助读者提升实际的操作技能，并提高读者的应用能力。

（3）技能与思政教育紧密结合。

在讲解数据结构专业知识的同时，紧密结合思政教育主旋律，强化思政教育。

（4）编者团队经验丰富。

本书的编者都是在高校中从事数据结构教学与研究多年的一线教师，具有丰富的教学实践经验与教材编写经验，多年的教学工作使他们能够准确地把握学生的心理与实际需求，本书融入编者多年的开发经验及教学心得体会。

（5）项目形式，实用性强。

本书采用项目的形式组织内容，把数据结构的理论知识分解并融入每个项目中，增强了本书的实用性。

二、本书的基本内容

本书共9个项目，具体内容包括数据结构概述、线性表、栈和队列、串、数组和广义表、树与二叉树、图、查找、排序。

三、关于本书的服务

读者若遇到有关本书的技术问题，可以将问题发送到电子邮箱 714491436@qq.com，我们将及时回复。同时，欢迎读者加入学习交流 QQ 群（810266486）交流探讨。

本书由方加娟、崔素丽、徐杰担任主编，杨淳、杨芸、胡春月、刘延芳、常莹担任副主编，薛志刚参与编写。河北军创家园文化发展有限公司为本书的出版提供了必要的帮助，对他们的付出表示真诚的感谢。

由于时间仓促和编者水平有限，书中疏漏与错误之处在所难免，恳请广大读者批评指正。

编　者

目 录

项目一 数据结构概述 ·· 1
  任务一 数据结构概述 ··· 1
    任务引入 ··· 1
    任务分析 ··· 1
    知识准备 ··· 2
      一、基本概念 ·· 2
      二、研究对象 ·· 3
      三、数据逻辑结构分类 ·· 5
      四、常用数据结构 ·· 6
  任务二 算法 ·· 7
    任务引入 ··· 7
    任务分析 ··· 7
    知识准备 ··· 7
      一、算法简介 ·· 7
      二、算法设计的要求 ··· 8
      三、算法效率的评价 ··· 8
      四、常用语句阶的计算 ·· 9
  任务三 C语言基础 ·· 10
    任务引入 ··· 10
    任务分析 ··· 10
    知识准备 ··· 10
      一、C语言简介 ·· 10
      二、C语言特点 ·· 11
      三、C语言基本结构 ·· 13
      四、C语言关键字 ··· 14
      五、C语言语法结构 ·· 15
      六、C语言程序 ·· 17

项目二 线性表 ··· 23
  任务一 线性表概述 ·· 23
    任务引入 ··· 23
    任务分析 ··· 23
    知识准备 ··· 23
      一、定义 ··· 24
      二、抽象数据类型线性表 ·· 24
  任务二 线性表的顺序存储结构 ··· 26

任务引入 ………………………………………………………………………… 26
　　　任务分析 ………………………………………………………………………… 26
　　　知识准备 ………………………………………………………………………… 26
　　　　一、顺序存储结构 …………………………………………………………… 26
　　　　二、基本操作的实现 ………………………………………………………… 27
　　任务三　线性表的链式存储结构 …………………………………………………… 29
　　　任务引入 ………………………………………………………………………… 29
　　　任务分析 ………………………………………………………………………… 29
　　　知识准备 ………………………………………………………………………… 30
　　　　一、单链表 …………………………………………………………………… 30
　　　　二、基本操作的实现 ………………………………………………………… 31
　　　　三、循环链表 ………………………………………………………………… 34
　　　　四、双向链表 ………………………………………………………………… 35
　　　案例——一元多项式的表示及相加 …………………………………………… 37

项目三　栈和队列
　　任务一　栈 …………………………………………………………………………… 39
　　　任务引入 ………………………………………………………………………… 39
　　　任务分析 ………………………………………………………………………… 39
　　　知识准备 ………………………………………………………………………… 39
　　　　一、栈的定义及其运算 ……………………………………………………… 39
　　　　二、栈的顺序存储结构 ……………………………………………………… 40
　　　　三、栈的链式存储结构 ……………………………………………………… 42
　　　　四、栈的应用 ………………………………………………………………… 44
　　任务二　队列 ………………………………………………………………………… 46
　　　任务引入 ………………………………………………………………………… 46
　　　任务分析 ………………………………………………………………………… 46
　　　知识准备 ………………………………………………………………………… 46
　　　　一、抽象数据类型队列的定义 ……………………………………………… 46
　　　　二、链队列——队列的顺序表示和实现 …………………………………… 48
　　　　三、循环队列——队列的循环表示和实现 ………………………………… 50

项目四　串
　　任务一　串及其基本运算 …………………………………………………………… 53
　　　任务引入 ………………………………………………………………………… 53
　　　任务分析 ………………………………………………………………………… 53
　　　知识准备 ………………………………………………………………………… 53
　　　　一、串的基本概念 …………………………………………………………… 54
　　　　二、串的基本运算 …………………………………………………………… 54
　　任务二　串的存储结构及基本运算 ………………………………………………… 55
　　　任务引入 ………………………………………………………………………… 55
　　　任务分析 ………………………………………………………………………… 55

  知识准备 ·· 55
   一、串的定长顺序存储 ·· 55
   二、定长顺序串的基本运算 ·· 56
   三、串的链式存储结构 ·· 58
 任务三 串的堆存储结构 ··· 59
  任务引入 ·· 59
  任务分析 ·· 59
  知识准备 ·· 59
   一、串名的存储映像 ·· 59
   二、堆存储结构 ·· 61
   三、基于堆结构的基本运算 ·· 61
   四、串的应用举例：文本编辑 ·· 61

项目五 数组和广义表
 任务一 数组 ·· 64
  任务引入 ·· 64
  任务分析 ·· 64
  知识准备 ·· 64
   一、数组概念及其存储结构 ·· 65
   二、特殊矩阵的压缩存储 ··· 66
   三、稀疏矩阵 ·· 67
 任务二 广义表 ·· 71
  任务引入 ·· 71
  任务分析 ·· 71
  知识准备 ·· 71
   一、广义表的定义 ·· 71
   二、广义表的存储结构 ··· 72

项目六 树与二叉树
 任务一 树 ·· 75
  任务引入 ·· 75
  任务分析 ·· 76
  知识准备 ·· 76
   一、树的定义 ·· 76
   二、树的基本术语 ·· 76
 任务二 二叉树 ·· 77
  任务引入 ·· 77
  任务分析 ·· 77
  知识准备 ·· 77
   一、二叉树的定义 ·· 77
   二、二叉树的基本特点 ··· 78
   三、二叉树的基本操作 ··· 78

四、特殊形态的二叉树 78
　　　五、二叉树的性质 80
　　　六、二叉树的存储结构 81
　任务三　遍历二叉树 82
　　任务引入 82
　　任务分析 82
　　知识准备 83
　　　一、相关概念 83
　　　二、遍历二叉树的操作及算法 83
　　案例——二叉树的遍历 85
　　　三、根据遍历序列推导二叉树 86
　　案例——根据二叉树的遍历序列推导二叉树 86
　任务四　线索二叉树 87
　　任务引入 87
　　任务分析 87
　　知识准备 87
　任务五　树、森林与二叉树的转换 90
　　任务引入 90
　　任务分析 90
　　知识准备 90
　　　一、树的存储结构 90
　　　二、树、森林与二叉树的转换方法 92
　　　三、树与森林的遍历 95
　任务六　哈夫曼树及其应用 95
　　任务引入 95
　　任务分析 96
　　知识准备 96
　　　一、基本概念 96
　　　二、哈夫曼树的构造过程 96
　　　三、哈夫曼编码的构造 97
　　案例——构造哈夫曼编码 98
　　　四、哈夫曼编码的几点结论 99

项目七　图 101
　任务一　图的定义和基本术语 101
　　任务引入 101
　　任务分析 102
　　知识准备 102
　　　一、图的定义 102
　　　二、图的基本术语 102
　　　三、图的抽象数据类型 107

任务二　图的存储 ········· 107
任务引入 ········· 107
任务分析 ········· 107
知识准备 ········· 108
一、图的邻接矩阵表示法 ········· 108
二、图的邻接表表示法 ········· 111
三、邻接多重表 ········· 115

任务三　图的遍历 ········· 116
任务引入 ········· 116
任务分析 ········· 117
知识准备 ········· 117
一、图的遍历 ········· 117
二、深度优先遍历 ········· 117
三、广度优先遍历 ········· 119
四、图的连通性问题 ········· 121

任务四　图的应用 ········· 121
任务引入 ········· 121
任务分析 ········· 121
知识准备 ········· 122
一、最小生成树 ········· 122
二、最小生成树性质 MST ········· 122
三、普里姆算法 ········· 122
四、克鲁斯卡尔算法 ········· 125

任务五　最短路径 ········· 126
任务引入 ········· 126
任务分析 ········· 126
知识准备 ········· 126
一、迪杰斯特拉算法 ········· 126
二、迪杰斯特拉算法的思想 ········· 126
三、迪杰斯特拉算法的分析和实现 ········· 127

任务六　弗洛伊德算法 ········· 128
任务引入 ········· 128
任务分析 ········· 128
知识准备 ········· 129
一、弗洛伊德算法思想 ········· 129
二、弗洛伊德算法过程 ········· 129
三、弗洛伊德算法的分析和实现 ········· 130

任务七　拓扑排序 ········· 131
任务引入 ········· 131
任务分析 ········· 131

　　　　知识准备 131
　　　　一、AOV 网 131
　　　　二、拓扑排序 132
　　任务八　关键路径 134
　　　　任务引入 134
　　　　任务分析 134
　　　　知识准备 134
　　　　一、相关概念 134
　　　　二、求关键路径算法思想 135
项目八　查找 137
　　任务一　查找的相关概念 137
　　　　任务引入 137
　　　　任务分析 137
　　　　知识准备 138
　　　　一、查找的相关概念 138
　　　　二、查找的性能指标 138
　　任务二　静态查找表 138
　　　　任务引入 138
　　　　任务分析 138
　　　　知识准备 139
　　任务三　折半查找 140
　　　　任务引入 140
　　　　任务分析 140
　　　　知识准备 141
　　　　案例——折半查找 141
　　任务四　分块查找 143
　　　　任务引入 143
　　　　任务分析 143
　　　　知识准备 143
　　任务五　树表查找 144
　　　　任务引入 144
　　　　任务分析 144
　　　　知识准备 144
　　　　一、二叉排序树的定义 144
　　　　二、二叉排序树的结构定义 145
　　　　三、二叉排序树的查找 145
　　　　四、二叉排序树的插入与创建 146
　　　　五、二叉排序树的创建 147
　　　　实例——创建二叉排序树 147
　　任务六　平衡二叉树 151

         任务引入 ·· 151
         任务分析 ·· 151
         知识准备 ·· 152
         一、相关概念 ·· 152
         二、平衡二叉树的平衡调整方法 ···························· 153
    任务七　散列表查找 ·· 156
         任务引入 ·· 156
         任务分析 ·· 157
         知识准备 ·· 157
         一、常用术语 ·· 157
         二、散列函数的构造方法 ···································· 158
         三、处理冲突的方法 ·· 160
         案例——线性探测再散列 ··································· 161
         案例——二次探测法 ······································· 162
         案例——链地址法解决冲突 ································· 162
         四、散列表的查找 ·· 163
         案例——散列表的查找 ····································· 163

项目九　排序 ·· 166
    任务一　概述 ·· 166
         任务引入 ·· 166
         任务分析 ·· 166
         知识准备 ·· 167
         一、排序相关概念 ·· 167
         二、内部排序的算法效率衡量 ······························· 167
         三、内部排序算法的分类 ···································· 167
         四、数据类型定义 ·· 168
    任务二　插入排序 ·· 168
         任务引入 ·· 168
         任务分析 ·· 168
         知识准备 ·· 168
         一、插入排序的基本思想 ···································· 168
         二、直接插入排序 ·· 169
         三、折半插入排序 ·· 170
         四、希尔排序 ·· 172
         案例——希尔排序 ··· 174
    任务三　交换排序 ·· 175
         任务引入 ·· 175
         任务分析 ·· 175
         知识准备 ·· 175
         一、交换排序的基本思想 ···································· 175

  二、冒泡排序 175
任务四 快速排序 177
  任务引入 177
  任务分析 177
  知识准备 177
  案例——快速排序 179
任务五 选择排序 180
  任务引入 180
  任务分析 180
  知识准备 180
  一、选择排序的算法思想 180
  二、简单选择排序 181
  三、堆排序 182
任务六 归并排序 189
  任务引入 189
  任务分析 189
  知识准备 189

项目一 数据结构概述

思政目标

- 培养学生的爱国情怀。
- 引导学生进行创新。
- 鼓励学生自强不息。

技能目标

- 认识数组和广义表这两种数据结构。
- 掌握对特殊矩阵进行压缩存储时的下标变换公式。
- 掌握稀疏矩阵的存储方法,掌握广义表的结构特点及其存储表示方法。

项目导读

数组和广义表,都用于存储逻辑关系为"一对一"的数据。数组存储结构是大部分编程语言都包含的存储结构,用于存储不可再分的单一数据;而广义表不同,它还可以存储子广义表。

任务一 数据结构概述

任务引入

小明是一名大三的学生,这个学期有 C 语言、数据结构和 Python 等课程。小明查询了相关资料,他对数据结构比较感兴趣。那么,数据结构系统都有哪些组成部分?数据结构系统的体系结构是什么样的呢?

任务分析

数据结构是一门计算机相关专业的核心课程,也是一门基础课程,学习数据结构可以为后续课程(如操作系统、数据库、编译原理)奠定基础。对读者而言,无论想成为一名优秀的程序员,还是想进一步升学深造,或者为了参加专业竞赛,都要先学习好数据结构这门课程。

知识准备

最早对数据结构的发展作出杰出贡献的是 D.E.Kunth 和 C.A.R.Hoare。

D.E.Kunth 编写的《计算机程序设计技巧》和 C.A.R.Hoare 编写的《数据结构札记》对数据结构这门学科的发展作出了重要贡献。随着计算机科学的飞速发展，到 20 世纪 80 年代初期，数据结构已经成为一门完整的学科。

一、基本概念

数据结构（Data Structure）是带有结构特性的数据元素的集合，它研究的是数据的逻辑结构和数据的物理结构，以及它们之间的相互关系，并对这种结构定义相应的运算，设计相应的算法，确保经过这些运算后所得到的新结构仍保持原来的结构类型。

数据结构的研究内容是构造复杂软件系统的基础，它的核心技术是分解与抽象。通过分解可以划分出数据的 3 个层次；再通过抽象，舍弃数据元素的具体内容，就得到逻辑结构。类似地，通过分解将处理要求划分成各种功能，再通过抽象舍弃实现细节，就得到运算的定义。

数据的逻辑结构和物理结构是数据结构的两个密切相关的方面，同一逻辑结构可以对应不同的存储结构。算法的设计取决于数据的逻辑结构，而算法的实现依赖于指定的存储结构。

程序设计由数据结构和算法组成，本任务重点介绍数据结构的研究对象、分类及常用数据结构。

1. 数据

数据是信息的载体，是描述客观事物的数字符，以及所有能输入计算机中，且被计算机程序识别和处理的符号的集合，主要包括数值性数据和非数值性数据，如字符、图像、语音等。

2. 数据项

数据项是组成数据元素的、有独立含义的、不可分割的最小单位。如表 1-1 所示，学生的学号、姓名、专业等都是数据项。

3. 数据元素

数据元素是数据处理的最小单元，有时一个数据元素由若干数据项组成，如表 1-1 所示，每个学生的信息便是一个数据元素。

表 1-1 学生信息表

学号	姓名	年龄	性别	班级	专业
070201	安少红	18	女	二班	机械设计制造及其自动化
070202	白云朗	17	男	二班	机械设计制造及其自动化
070203	苍日炎	18	男	二班	机械设计制造及其自动化
...	......	...	......	......	......

4. 数据对象

数据对象是具有相同性质的数据的集合，是数据的一个子集。

5. 数据结构

数据结构是相互之间存在一种或多种特定关系的数据元素的集合，表示为
$$\text{Data Structure}=(D,R)$$
其中，D 为性质相同的数据元素的集合；R 为各元素之间逻辑关系的有限集合。

6. 数据类型

数据类型是一个值的集合和定义在该值上的一组操作的总称。数据类型定义了两个集合：值的集合和操作集合。其中，值的集合定义了该类型数据元素的取值，操作集合定义了该类型数据允许参加的运算。例如，C 语言中的 int 类型，取值范围是 $-32\,768 \sim 32\,767$，主要的运算为加、减、乘、除、取模、乘方等。

7. 抽象数据类型

抽象数据类型指由用户定义的一个数学模型与定义在该模型上的一组操作，它由基本的数据类型构成。

二、研究对象

数据结构研究对象如图 1-1 所示。

1. 逻辑结构

逻辑结构指反映数据元素之间的逻辑关系的数据结构，其中的逻辑关系指数据元素之间的前后关系，而与它们在计算机中的存储位置无关。逻辑结构包括以下 4 种结构。

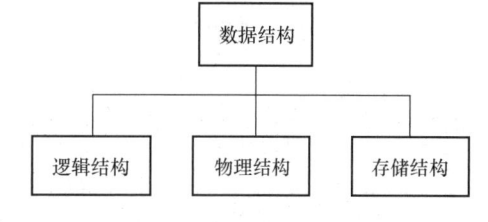

图 1-1　数据结构研究对象

（1）集合结构：结构中的数据元素之间除同属于一个集合的关系外，无任何其他关系。

（2）线性结构：结构中的数据元素之间是一对一的关系。在线性结构中，有且仅有一个开始节点和一个终端节点，除开始节点和终端节点外，其余节点都有且仅有一个直接前驱和一个直接后继。

（3）树形结构：结构中的数据元素之间存在一对多的关系，如部门之间的隶属关系，人类社会的父子关系、上下级关系等。在树形结构中，除根节点外，每个节点都有唯一的直接前驱，所有节点都可以有 0 个或多个直接后继。

（4）图形结构：结构中的数据元素之间存在多对多的关系。在图形结构中，每个节点都可以有多个直接前驱和多个直接后继。

逻辑结构如图 1-2 所示。

一个数据结构的逻辑结构 G 可以用二元组来表示：
$$G=(D,R)$$
其中，D 是数据元素的集合；R 是 D 上所有数据元素之间关系的集合。对于 R 中的关系，圆括号表示是双向的，尖括号表示是单向的。

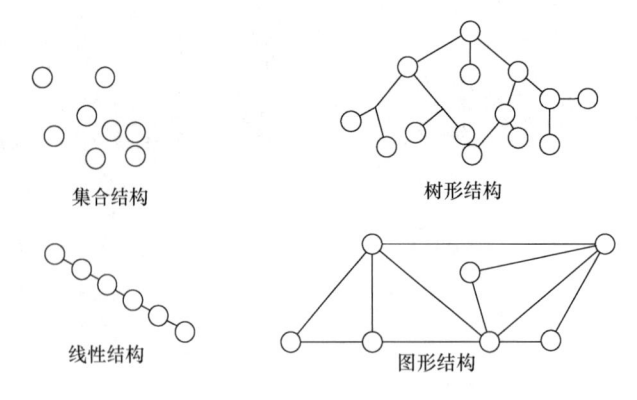

图 1-2　逻辑结构

2. 物理结构

物理结构指数据的逻辑结构在计算机存储空间的存放形式，它包括数据元素的机内表示和关系的机内表示。由于具体实现的方法有顺序、链接、索引、散列等多种，因此，一种数据结构可表示成一种或多种存储结构。

（1）数据元素的机内表示（映像方法）：用二进制位（bit）的位串表示数据元素，通常称这种位串为节点（Node）。当数据元素由若干个数据项组成时，位串中与各个数据项对应的子位串称为数据域（Data Field）。因此，节点是数据元素的机内表示。

（2）关系的机内表示（映像方法）：数据元素之间的关系的机内表示可以分为顺序映像和非顺序映像，常用两种存储结构，即顺序存储结构和链式存储结构。顺序映像借助元素在存储器中的相对位置来表示数据元素之间的逻辑关系。非顺序映像借助指示元素存储位置的指针（pointer）来表示数据元素之间的逻辑关系。

3. 存储结构

数据的逻辑结构在计算机存储空间中的存放形式称为数据的物理结构（也称为存储结构）。一般来说，一种数据结构的逻辑结构根据需要可以表示成多种存储结构，常用的存储结构有顺序存储、链式存储、索引存储和哈希存储等。

数据的顺序存储结构的特点：借助元素在存储器中的相对位置来表示数据元素之间的逻辑关系。

非顺序存储的特点：借助指示元素存储地址的指针表示数据元素之间的逻辑关系。

4. 定义在数据结构上的操作

数据结构不仅要研究数据的逻辑结构和物理结构，还包括定义在数据结构上的运算，即对数据的操作运算，也是数据结构的研究内容。

算法与数据结构密不可分。一方面，好的算法建立在好的数据结构上；另一方面，好的数据结构体现在算法中。

即使逻辑结构相同，但定义的操作不同，则有不同的数据结构，如栈和队列。

基本操作主要包括：插入、删除、更新、查找、排列等。

操作种类和数量无限制，但操作结果不能改变原结构。

三、数据逻辑结构分类

数据结构有很多种,一般按照数据的逻辑结构对其进行简单的分类,包括线性结构和非线性结构两类。

1. 线性结构

简单地说,线性结构就是表中各个节点具有线性关系。如果从数据结构的语言来描述,线性结构应该包括以下 4 个特点。

(1)线性结构是非空集。

(2)线性结构有且仅有一个开始节点和一个终端节点。

(3)线性结构所有节点都最多只有一个直接前驱节点和一个直接后继节点。

(4)线性表(Linear List)是典型的线性结构。其包括一般线性表、特殊线性表、线性表的推广。

一般线性表主要是指线性表;特殊线性表是指栈与队列、字符串;线性表的推广是指数组和广义表。

表 1-1 就是线性表,其特点是由一条条学生记录组成,各记录按学号大小递增排列,形成一对一线性关系。

2. 非线性结构

简单地说,非线性结构就是表中各个节点之间具有多个对应关系,如图 1-3 所示。如果从数据结构的语言来描述,非线性结构应该包括以下两个特点。

(1)非线性结构是非空集。

(2)非线性结构的一个节点可能有多个直接前驱节点和多个直接后继节点。

在实际应用中,树形结构、图形结构、集合结构等数据结构都属于非线性结构。其中,树形结构包括树和二叉树,图形结构包括有向图和无向图。

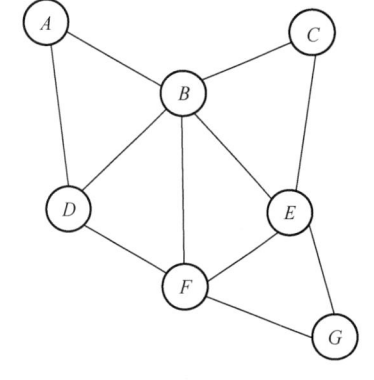

图 1-3 非线性结构

逻辑结构层次划分如图 1-4 所示。

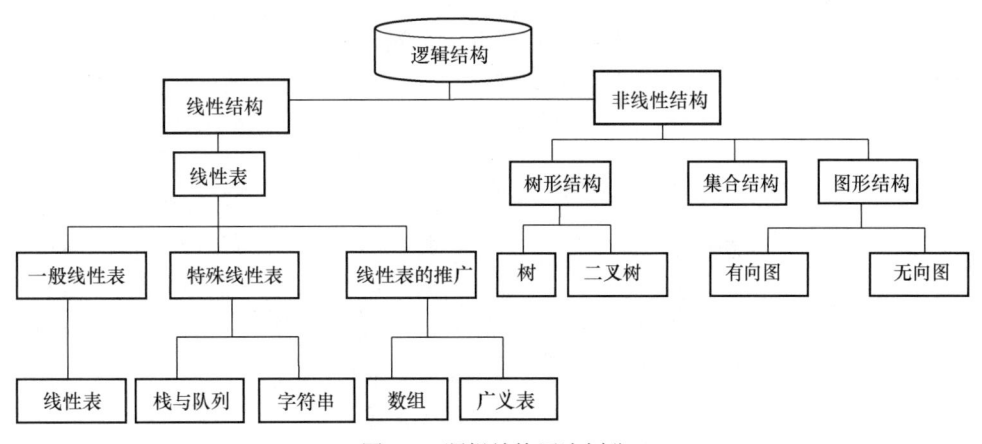

图 1-4 逻辑结构层次划分

四、常用数据结构

在计算机科学的发展过程中,数据结构也随之发展。程序设计中常用的数据结构包括如下几种。

1. 数组（Array）

数组是一种聚合数据类型,它是将具有相同类型的若干变量有序地组织在一起的集合。数组可以说是最基本的数据结构,在各种编程语言中都有对应。一个数组可以分解为多个数组元素,按照数据元素的类型,数组可以分为整型数组、字符型数组、浮点型数组、指针数组和结构数组等。数组还可以有一维、二维及多维等表现形式。

2. 栈（Stack）

栈是一种特殊的线性表,它只能在一个表的一个固定端进行数据节点的插入和删除操作。栈按照后进先出的原则来存储数据,也就是说,先插入的数据将被压入栈底,最后插入的数据在栈顶,读出数据时,从栈顶开始逐个读出。栈在汇编语言程序中,经常用于重要数据的现场保护。栈中没有数据时,称为空栈。

3. 队列（Queue）

队列和栈类似,也是一种特殊的线性表。和栈不同的是,队列只允许在表的一端进行插入操作,而在另一端进行删除操作。一般来说,进行插入操作的一端称为队尾,进行删除操作的一端称为队头。队列中没有元素时,称为空队列。

4. 链表（Linked List）

链表是一种数据元素按照链式存储结构进行存储的数据结构,这种存储结构具有在物理上存在非连续的特点。链表由一系列数据节点构成,每个数据节点包括数据域和指针域两部分。其中,指针域保存了数据结构中下一个元素存放的地址。链表结构中数据元素的逻辑顺序是通过链表中的指针链接次序来实现的。

5. 树（Tree）

树是典型的非线性结构,它是包括两个节点的有穷集合 K。在树形结构中,有且仅有一个根节点,该节点没有前驱节点。在树形结构中的其他节点都有且仅有一个前驱节点,而且可以有两个后继节点。

6. 图（Graph）

图是另一种非线性数据结构。在图形结构中,数据节点一般称为顶点,而边是顶点的有序偶对。如果两个顶点之间存在一条边,那么就表示这两个顶点之间具有相邻关系。

7. 堆（Heap）

堆是一种特殊的树形结构,一般讨论的堆都是二叉堆。堆的特点是根节点的值是所有节点中最小的或最大的,并且根节点的两个子树也是一个堆结构。

8．散列表（Hash）

散列表源自散列函数（Hash Function），其思想是如果在结构中存在关键字和 T 相等的记录，那么必定在 $F(T)$ 的存储位置可以找到该记录，这样就可以不用进行比较操作而直接取得所查记录。

任务二　算法

任务引入

小明已经对数据结构有了大体的了解，知道了数据结构的基本概念。但是，数据结构里的基本算法又是什么意思呢？

任务分析

很多同学会混淆算法与程序的概念，算法就是对问题求解过程的描述，当然这种描述可以是自然语言，也可以是流程图，也可以是某种高级语言，在计算机中表现为指令有限序列，就像我们要表达一个想法可以使用英语也可以使用汉语或其他语言。程序中的指令必须是计算机可执行的，而算法中的指令则无此限制。当然，对同一个问题的求解方法可以有多种，哪一种是高效的算法呢？这就是本任务要讨论的问题。

知识准备

数据结构研究的内容：如何按一定的逻辑结构，把数据组织起来，并选择适当的存储表示方法把逻辑结构组织好的数据存储到计算机的存储器里。算法研究的目的是更有效地处理数据，提高数据运算效率。数据的运算是定义在数据的逻辑结构上的，但运算的具体实现要在存储结构上进行。一般有以下 5 种常用运算。

（1）检索：就是在数据结构里查找满足一定条件的节点。一般是给定某一个字段的值，找具有该字段值的节点。

（2）插入：往数据结构中增加新的节点。

（3）删除：把指定的节点从数据结构中去掉。

（4）更新：改变指定节点的一个或多个字段的值。

（5）排序：把节点按某种指定的顺序重新排列，如递增或递减。

一、算法简介

1．算法的概念和特点

算法是对特定问题求解方法的一种描述，是指令的有限序列，其中每一条指令表示一个或多个操作，其具有以下 5 个特点。

（1）输入：具有 0 个或多个输入的外界量。这些输入取自特定的对象的集合，它们可以使用由外部提供的输入语句，也可以使用在算法内给定的赋值语句。

（2）输出：至少产生 1 个输出。输出的量是算法计算的结果。

（3）有穷性：每一条指令的执行次数必须是有限的。
（4）确定性：每条指令的含义都必须明确，无二义性。
（5）可行性：每条指令的执行时间都是有限的，即算法中描述的操作都是可以通过已经实现的基本运算执行有限次来实现的。

2．算法与程序的区别

（1）一个程序不一定满足有穷性，但算法一定。
（2）程序中的指令必须是机器可执行的，而算法无此限制。
（3）一个算法若用机器可执行的语言来描述，则它就是一个程序。

二、算法设计的要求

评价一个好的算法有以下 5 个标准。
（1）正确性：算法应满足具体问题的需求。
（2）可读性：算法应便于人工阅读和交流。可读性好的算法有助于对算法的理解和修改。
（3）健壮性：算法应具有容错处理。当输入非法或错误数据时，算法应能适当地做出反应或进行处理，而不会产生出乎意料的输出结果。
（4）通用性：算法应具有一般性，即算法的处理结果对于一般的数据集合都成立。
（5）效率与存储量需求：效率指的是算法执行的时间；存储量需求指算法执行过程中所需要的最大存储空间。一般这两者与问题的规模有关。

三、算法效率的评价

算法可以用流程图、自然语言、计算机程序语言或其他语言来描述，但描述必须精确地说明计算过程。

以函数形式描述的算法如下：
    类型标识符　函数名（形式参数表）
    /*算法说明*/
    {语句序列}

1．时间复杂度

一般情况下，算法中基本操作重复执行的次数是问题规模 n 的某个函数 $f(n)$，算法的时间量度记作

$$T(n) = O(f(n))$$

它表示随问题规模 n 的增大，算法执行时间的增长率和 $f(n)$ 的增长率相同，称作算法的渐进时间复杂度，简称时间复杂度。

常见的时间复杂度，按数量级递增排列（越小越好）：

    常数阶——$O(l)$
    对数阶——$O(\log_2 n)$
    线性阶——$O(n)$
    线性对数阶——$O(n \log_2 n)$
    立方阶——$O(n^3)$

$$平方阶——O(n^2)$$
$$k\text{次方阶}——O(n^k)$$
$$\vdots$$
$$指数阶——O(2^n)$$

2．空间复杂度

一个程序的空间复杂度是指程序运行从开始到结束所需要的存储空间，包括算法本身所占用的存储空间、输入数据占用的存储空间，以及算法在运行过程中的工作单元和实现算法所需辅助空间。

四、常用语句阶的计算

（1）若算法的执行时间是一个与问题规模 n 无关的常数，如赋值、比较等，则算法的时间复杂度为常数阶。

（2）选择执行的成分，如 if 语句的执行时间，取决于 then 子句、else 子句耗时较多的部分。

（3）一般情况下，对循环语句只考虑循环体语句的执行次数，而忽略该语句中补长加一、终值判别等成分。

① 一次循环，设循环次数 $n \to O(n)$。

② 嵌套循环，由最内层循环体语句执行频度决定，设两层（外层循环次数 n，内层循环次数 m）$\to O(m \times n)$。

③ 并列循环，由最大的循环次数决定，设两个并列循环，循环次数分别为 n、$m \to O(\max(m,n))$。

（4）很多算法的时间复杂度不仅与问题的规模有关，还与它所处理的数据集的初始状态有关。

【例 1-1】求以下程序段的时间复杂度。

```
#define n //自然数
MATRiXMLT（float A[n][n], float B[n][n], float C[n][n],){
    int i,j,k;
    for(i=0;i<n;i++)
    for(j=0;j<n;j++){
        C[i][j]=0;
        for(k=0;k<n;k++)
            C[i][j]+=C[i][j]+A[i][k]*B[k][j];
    }
}
```

解：时间复杂度是由嵌套最深层语句的频度决定的，因此，该算法时间复杂度为：$T(n)=O(n^3)$。

【例 1-2】求以下程序段的时间复杂度。

```
x=0;y=0;
for(k=1;k<=n;k++)
    x++;         ①
for(i=1;i<=n;i++)
    for(j=1;j<=m;j++)
```

    y++; ②

解：嵌套最深的语句②的执行频度为 $n\times m$，该算法的时间复杂度为：$T(n)=O(n\times m)$。

【例 1-3】求以下程序段的时间复杂度。
  temp=i;
  i=j;
  j=temp;

解：算法的执行时间与规模 n 无关，则 $T(n)=O(1)$。

【例 1-4】使用顺序查找的方法在数组 a 中查找值等于 e 的元素，返回其所在位置。
  for (i=0;i< n;i++)
    if (a[i]==e) return i+1;
    return 0;

解：本例中 for 循环的执行次数不仅与问题规模 n 有关，还与查找的元素 e 和数组 a 中各分量的取值有关。由此可以看出，算法的效率不仅依赖于问题的规模，还与问题的初始输入数据集有关。

任务三 C 语言基础

任务引入

  小明通过学习，知道了数据结构及其算法的基本概念。对于任何计算机语言，不管其语法结构是怎样的，其数据结构和算法都是大同小异的。所以，要了解数据结构，最基本的是要掌握某一种计算机语言。在所有的计算机语言中，C 语言是最基础、最有代表性的语言。下一步，小明就需要了解什么是 C 语言。

任务分析

  C 语言是一种通用的高级语言，最初是由丹尼斯·里奇在贝尔实验室为开发 UNIX 操作系统而设计的。C 语言于 1972 年在 DEC PDP-11 计算机上被首次实现。

  在 1978 年，布莱恩·柯林汉和丹尼斯·里奇制作了 C 语言的第一个公开可用的描述，现在被称为 K&R 标准。

  UNIX 操作系统、C 语言编译器和几乎所有的 UNIX 应用程序都是用 C 语言编写的。由于各种原因，C 语言现在已经成为一种被广泛使用的专业语言。C 语言特点如下：易于学习；是结构化语言；可以产生高效率的程序；可以处理底层的活动；可以在多种计算机平台上编译。

知识准备

一、C 语言简介

  C 语言是为了编写 UNIX 操作系统而被发明的，其以 B 语言为基础，B 语言大概是在 1970 年被引进的。C 语言标准是于 1988 年由美国国家标准协会（American National Standard Institute，ANSI）制定的。目前，C 语言仍是广泛使用的系统程序设计语言，大多数先进的软件都是使用 C 语言实现的。

C语言由丹尼斯·里奇以肯·汤普森设计的B语言为基础发展而来，在它的主体设计完成后，肯·汤普森和丹尼斯·里奇用它完全重写了UNIX操作系统，且随着UNIX操作系统的发展，C语言也得到了不断的完善。为了利于C语言的全面推广，许多专家学者和硬件厂商联合组成了C语言标准委员会，并在之后的1989年，诞生了第一个完备的C标准，简称C89，也就是ANSI C，截至2020年，最新的C语言标准为2018年6月发布的C18。

C语言之所以命名为C，是因为C语言源自肯·汤普森发明的B语言，而B语言则源自BCPL语言。

1967年，剑桥大学的马丁·理查兹对CPL语言进行了简化，于是产生了BCPL（Basic Combined Programming Language）语言。

1969年，肯·汤普森以BCPL语言为基础，设计出很简单且很接近硬件的B语言（取自BCPL的首字母），并且用B语言编写了初版UNIX操作系统（UNICS）。

1971年，丹尼斯·里奇加入了肯·汤普森的开发项目，合作开发UNIX操作系统。他的主要工作是改造B语言，使其更成熟。

1972年，丹尼斯·里奇在B语言的基础上最终设计出了一种新的语言，他取了BCPL的第二个字母作为这种语言的名字，这就是C语言。

1973年初，C语言的主体完成。肯·汤普森和丹尼斯·里奇迫不及待地开始用它完全重写了UNIX操作系统。此时，编程的乐趣使他们一门心思地投入到了UNIX操作系统和C语言的开发中。随着UNIX操作系统的发展，C语言自身也在不断地完善。直到2020年，各种版本的UNIX操作系统内核和周边工具仍然使用C语言作为最主要的开发语言，其中还有不少继承肯·汤普森和丹尼斯·里奇之手的代码。

在开发中，他们还考虑把UNIX操作系统移植到其他类型的计算机上使用，C语言强大的移植性在此显现。机器语言和汇编语言都不具有移植性，为x86开发的程序，不可能在Alpha、SPARC和ARM等机器上运行。而C语言程序则可以使用在任意架构的处理器上，只要该架构的处理器具有对应的C语言编译器和库，然后将C语言的源代码编译、连接成目标二进制文件之后即可在该架构的处理器上运行。

在1982年，很多有识之士和ANSI为了使C语言健康地发展下去，决定成立C语言标准委员会，建立C语言的标准。C语言标准委员会由硬件厂商、编译器及其他软件工具生产商、软件设计师、顾问、学术界人士、C语言作者和应用程序员组成。1989年，ANSI发布了第一个完整的C语言标准——ANSI X3.159-1989，简称C89，不过人们也习惯称其为ANSI C。C89在1990年被国际标准化组织（International Standard Organization，ISO）一字不改地采纳，ISO官方给予的名称为ISO/IEC 9899:1990，简称C90。1999年，在做了一些必要的修正和完善后，ISO发布了新的C语言标准，命名为ISO/IEC 9899:1999，简称C99。2011年12月8日，ISO又正式发布了新的标准，命名为ISO/IEC 9899:2011，简称C11。

二、C语言特点

1. 主要特点

C语言是一种结构化语言，它有着清晰的层次，可按照模块的方式对程序进行编写，十分有利于程序的调试，且C语言的处理和表现能力都非常强大，依靠非常全面的运算符和多样的数据类型，可以轻易完成各种数据结构的构建，通过指针类型更可对内存直接寻址或对硬件进行直接操作，因此既能够用于开发系统程序，也可用于开发应用软件。通过对C语言进行研究分析，总结出其主要特点如下。

1）简洁的语言

C 语言包含的各种控制语句仅有 9 种，关键字也只有 32 个，程序的编写要求不严格且以小写字母为主，对许多不必要的部分进行了精简。实际上，语句构成与硬件有关联的较少，且 C 语言本身不提供与硬件相关的输入/输出、文件管理等功能，如需此类功能，可通过配合编译系统所支持的各类库进行编程，故 C 语言拥有非常简洁的编译系统。

2）结构化的控制语句

C 语言是一种结构化语言，提供的控制语句具有结构化特征，如 for 语句、if…else 语句和 switch 语句等。可以用于实现函数的逻辑控制，方便面向过程的程序设计。

3）丰富的数据类型

C 语言包含的数据类型广泛，不仅包含传统的字符型、整型、浮点型、数组类型等数据类型，还具有其他编程语言所不具备的数据类型，其中以指针类型数据使用最为灵活，可以通过编程对各种数据结构进行计算。

4）丰富的运算符

C 语言包含 34 种运算符，它将赋值、括号等均视为运算符，使 C 程序的表达式类型和运算符类型均非常丰富。

5）可对物理地址进行直接操作

C 语言允许对硬件内存地址进行直接读/写，以此可以实现汇编语言的主要功能，并可直接操作硬件。C 语言不但具备高级语言所具有的良好特性，而且包含了许多低级语言的优势，故在系统软件编程领域有着广泛的应用。

6）代码具有较好的可移植性

C 语言是面向过程的编程语言，用户只需要关注解决问题的本身，而不需要花费过多的精力去了解相关硬件，并且针对不同的硬件环境，用 C 语言实现相同功能时的代码基本一致，不需或仅需进行少量改动便可完成移植，这就意味着，在一台计算机上编写的 C 程序可以在另一台计算机上轻松地运行，从而极大地减少了程序移植的工作量。

7）可生成高质量、目标代码执行效率高的程序

与其他高级语言相比，C 语言可以生成高质量和高效率的目标代码，故通常应用于对代码质量和执行效率要求较高的嵌入式系统程序的编写。

2. 特有特点

C 语言是普适性很强的一种计算机程序编辑语言，它不仅可以发挥出高级编程语言的功用，还具有汇编语言的优点，因此相对其他编程语言，它具有自己独特的特点。具体体现为以下 3 个方面。

（1）广泛性。C 语言的运算范围的大小直接决定了其优劣性。C 语言中包含了 34 种运算符，因此运算范围要超出许多其他编程语言，而且其运算结果的表达形式也十分丰富。此外，C 语言包含了字符型、指针型等多种数据结构形式，因此，更为庞大的数据结构运算也可以应付。

（2）简洁性。9 类控制语句和 32 个关键字是 C 语言所具有的基础特性，使得其在计算机应用程序编写中具有广泛的适用性，不仅可以提高广大编程人员的工作效率，还能够支持高级编程，避免了编程语言切换的烦琐。

（3）结构完善。C 语言是一种结构化语言，它可以通过组建模块单位的形式实现模块化

的应用程序，在系统描述方面具有显著优势，同时这一特性也使得它能够适应多种不同的编程要求，且执行效率高。

3. 缺点

（1）C语言的缺点主要表现为数据的封装性弱，这一点使得C语言在数据的安全性上有很大缺陷，这也是C语言和C++语言的一大区别。

（2）C语言的语法限制不太严格，对变量的类型约束不严格，影响程序的安全性，对数组下标越界不做检查等。从应用的角度看，C语言比其他高级编程语言更难掌握。

三、C语言基本结构

1. 数据类型

C语言的数据类型包括：整型（short、int、long、long long）、字符型（char）、实型或浮点型（单精度float和双精度double）、枚举类型（enum）、数组类型、结构体类型（struct）、共用体类型（union）、指针类型和空类型（void）。

2. 常量与变量

常量其值不可改变，符号常量名通常用大写字母。

变量是以某标识符为名字，其值可以改变的量。标识符是以字母或下画线开头的一串由字母、数字或下画线构成的序列，请注意第一个字符必须为字母或下画线，否则为不合法的变量名。变量在编译时为其分配相应存储单元。

3. 数组

如果一个变量名后面跟着一个有数字的中括号，这个声明就是数组声明。字符串也是一种数组，它们以ASCⅡ的NULL作为数组的结束。要特别注意的是，中括号内的索引值是从0算起的。

4. 指针

如果一个变量声明时在前面使用*号，表明这是个指针型变量。换句话说，该变量存储一个地址，而*（此处特指单目运算符*，下同。C语言中另有双目运算符*）则是取内容操作符，意思是取这个内存地址里存储的内容。指针是C语言区别于其他同时代高级语言的主要特征之一。

指针不仅可以是变量的地址，还可以是数组、数组元素、函数的地址。通过指针作为形式参数可以在函数的调用过程中得到一个以上的返回值，不同于return(z)这样的仅能得到一个返回值。

指针是一把双刃剑，许多操作可以通过指针自然地表达，但是不正确地或过分地使用指针又会给程序带来大量潜在的错误。

5. 字符串

C语言的字符串其实就是以'\0'字符结尾的字符型数组，使用字符型数组并不需要引用库，但是使用字符串就需要 C 标准库里面的一些用于对字符串进行操作的函数。它们不同于字符型数组，使用这些函数需要引用头文件。

6．文件输入/输出

在 C 语言中，输入和输出是经由标准库中的一组函数来实现的。在 ANSI C 中，这些函数被定义在头文件中。

有 3 个标准输入/输出是标准 I/O 库预先定义的：

stdin 标准输入

stdout 标准输出

stderr 输入/输出错误

7．运算

C 语言的运算非常灵活，功能十分丰富，运算种类远多于其他程序设计语言。在表达式方面较其他程序语言更为简洁，如自加、自减、逗号运算和三目运算使表达式更为简单，但初学者往往会觉得这种表达式难读，关键原因就是对运算符和运算顺序理解不透不全。当多种不同运算组成一个运算表达式，即一个运算式中出现多种运算符时，运算的优先顺序和结合规则就会显得十分重要。

四、C 语言关键字

关键字又称为保留字，就是已被 C 语言本身使用，不能作为其他用途的字。例如，关键字不能用作变量名、函数名等标识符。

1．数据类型关键字

short：修饰 int，短整型数据，可省略被修饰的 int。（K&R 时期引入）
long：修饰 int，长整型数据，可省略被修饰的 int。（K&R 时期引入）
long long：修饰 int，超长整型数据，可省略被修饰的 int。（C99 标准新增）
signed：修饰整型数据，有符号数据类型。（C89 标准新增）
unsigned：修饰整型数据，无符号数据类型。（K&R 时期引入）
restrict：用于限定和约束指针，并表明指针是访问一个数据对象的初始且唯一的方式。（C99 标准新增）

2．复杂类型关键字

struct：结构体声明。（K&R 时期引入）
union：联合体声明。（K&R 时期引入）
enum：枚举声明。（C89 标准新增）
typedef：声明类型别名。（K&R 时期引入）
sizeof：得到特定类型或特定类型变量的大小。（K&R 时期引入）
inline：内联函数用于取代宏定义，会在任何调用它的地方展开。（C99 标准新增）

3. 存储级别关键字

auto：指定为自动变量，由编译器自动分配及释放，通常在栈上分配。与 static 相反，当变量未指定时默认为 auto。（K&R 时期引入）

static：指定为静态变量，分配在静态变量区，修饰函数时，指定函数作用域为文件内部。（K&R 时期引入）

register：指定为寄存器变量，建议编译器将变量存储到寄存器中使用，也可以修饰函数形参，建议编译器通过寄存器而不是堆栈传递参数。（K&R 时期引入）

extern：指定对应变量为外部变量，即标示变量或函数的定义在别的文件中，提示编译器遇到此变量和函数时在其他模块中寻找其定义。（K&R 时期引入）

const：指定变量不可被当前线程改变（但有可能被系统或其他线程改变）。（C89 标准新增）

volatile：指定变量的值有可能会被系统或其他线程改变，强制编译器每次从内存中取得该变量的值，阻止编译器把该变量优化成寄存器变量。（C89 标准新增）

4. 流程控制关键字

1）跳转结构

return：用在函数体中，返回特定值（若是 void 类型，则不返回函数值）。（K&R 时期引入）

continue：结束当前循环，开始下一轮循环。（K&R 时期引入）

break：跳出当前循环或 switch 结构。（K&R 时期引入）

goto：无条件跳转语句。（K&R 时期引入）

2）分支结构

if：条件语句，后面不需要有分号。（K&R 时期引入）

else：条件语句否定分支（与 if 连用）。（K&R 时期引入）

switch：开关语句（多重分支语句）。（K&R 时期引入）

case：开关语句中的分支标记，与 switch 连用。（K&R 时期引入）

default：开关语句中的"其他"分支，可选项。（K&R 时期引入）

五、C 语言语法结构

1. 顺序结构

顺序结构的程序设计是最简单的，只要按照解决问题的顺序写出相应的语句就行，它的执行顺序是自上而下，依次执行。

例如，a=3，b=5，现交换 a、b 的值，这个问题就好像交换两个杯子里面的水，这当然要用到第三个杯子，假如第三个杯子是 c，那么正确的程序为 "c=a;a=b;b=c;"，执行结果是 a=5，b=c=3；如果改变其顺序，写成 "a=b;c=a;b=c;"，那么执行结果就变成 a=b=c=5，不能达到预期的目的，初学者最容易犯这种错误。顺序结构可以独立使用从而构成一个简单的完整程序，常见的输入、计算、输出三步曲的程序就是顺序结构。不过大多数情况下顺序结构都是作为程序的一部分，与其他结构一起构成一个复杂的程序，如分支结构中的复合语句、循环结构中的循环体等。

2. 选择结构

顺序结构的程序虽然能解决计算、输出等问题，但不能先做判断再做选择。对于要先做判断再做选择的问题就要使用选择结构。选择结构的执行是依据一定的条件选择执行路径，而不是严格按照语句出现的物理顺序。选择结构的程序设计方法的关键在于构造合适的分支条件和分析程序流程，根据不同的程序流程选择适当的选择语句。选择结构适用于带有逻辑或关系比较等条件判断的计算，设计这类程序时往往要先绘制其程序流程图，然后根据程序流程图写出源程序，这样把程序设计分析与编程语言分开，使得问题简单化，易于理解。程序流程图是根据解题分析所绘制的程序执行流程图。

3. 循环结构

循环结构可以减少源程序重复书写的工作量，用来描述重复执行某段算法的问题，这是程序设计中最能发挥计算机特长的程序结构，C 语言中提供 4 种循环，即 goto 循环、while 循环、do while 循环和 for 循环。4 种循环可以用来处理同一问题，一般情况下它们之间可以互相代替，但不提倡用 goto 循环，因为强制改变程序的顺序经常会给程序的运行带来不可预料的错误。

特别要注意在循环体内应包含趋于结束的语句（循环变量值的改变），否则就可能成了一个死循环，这是初学者的一个常见错误。

3 个循环的异同点：用 while 和 do while 循环时，循环变量的初始化的操作应在循环体之前，而 for 循环一般在语句 1 中进行；while 循环和 for 循环都是先判断表达式，后执行循环体，而 do while 循环是先执行循环体后判断表达式，也就是说 do while 的循环体最少被执行一次，而 while 循环和 for 循环就可能一次都不执行。还要注意的是，这 3 种循环都可以用 break 语句跳出循环，用 continue 语句结束本次循环，而 goto 语句与 if 构成的循环，是不能用 break 和 continue 语句进行控制的。

顺序结构、选择结构和循环结构并不彼此孤立，在循环结构中可以有选择、顺序结构，选择结构中也可以有循环、顺序结构，其实不管哪种结构，均可广义地把它们看成一个语句。在实际编程过程中常将这 3 种结构相互结合以实现各种算法，设计出相应程序，但是要编程的问题较大，编写出的程序就往往很长、结构重复多，造成可读性差，难以理解，解决这个问题的方法是将 C 程序设计成模块化结构，具体方法如下。

1）for 循环

for 循环结构是 C 语言中最具有特色的循环语句，使用最为灵活方便，它的一般形式为：for(表达式 1;表达式 2;表达式 3)循环体语句。（其中;不能省略）

（1）表达式 1 为初值表达式，用于在循环开始前为循环变量赋初值。

（2）表达式 2 是循环控制逻辑表达式，它控制循环执行的条件，决定循环的次数。

（3）表达式 3 为循环控制变量修改表达式，它使 for 循环趋向结束。

循环体语句是在循环控制条件成立的情况下被反复执行的语句。

但是在整个 for 循环过程中，表达式 1 只计算一次，表达式 2 和表达式 3 则可能计算多次，也可能一次也不计算。循环体语句可能多次执行，也可能一次都不执行。

首先执行表达式 2，然后执行循环体语句，最后执行表达式 3，一直这样循环下去。

for 循环语句是 C 语言中功能最为强大的语句，甚至在一定程度上可以代替其他的循环语句。

2）do while 循环

do while 循环结构的一般形式为：do 表达式 1 while(表达式 2);。其执行顺序是表达式 1→表达式 2→表达式 1……如此循环，表达式 2 为循环条件。

3）while 循环

while 循环结构的一般形式为：while(表达式 1)表达式 2;。其执行顺序是表达式 1→表达式 2→表达式 1……如此循环，表达式 1 为循环条件。

以上循环语句，当循环条件表达式为真则继续循环，为假则跳出循环。

C 语言程序是由一组变量或函数的外部对象组成的。函数是一个自我包含的完成一定相关功能的执行代码段。我们可以把函数看成一个"黑盒子"，只要将数据送进去就能得到结果，而函数内部究竟是如何工作的，外部程序是不知道的。外部程序所知道的仅限于给函数输入了什么及函数输出什么。函数提供了编制程序的手段，使之容易读、写、理解、排除错误、修改和维护。

C 语言程序中函数的数目实际上是不限的，如果说有什么限制，那就是一个 C 语言程序中必须至少有一个函数，而且其中有且仅有一个以 main 为名的函数，这个函数称为主函数，整个程序从这个主函数开始执行。

C 语言程序鼓励和提倡人们把一个大问题划分成一个个子问题，解决一个子问题对应于编制一个函数，因此，C 语言程序一般是由大量的小函数而不是由少量大函数构成的，即所谓"小函数构成大程序"。这样的好处是让各部分相互充分独立，并且任务单一。因而这些充分独立的小模块也可以作为一种固定规格的小"构件"，用来构成新的大程序。

C 语言发展多年来，积累了很多能直接使用的库函数。

ANSI C 提供了标准 C 语言库函数。

C 语言初学者比较喜欢的 Turbo C 2.0 提供了 400 多个运行时函数，每个函数都完成特定的功能，用户可随意调用。这些函数总体分成输入/输出函数、数学函数、字符串和内存函数、与 BIOS 和 DOS 有关的函数、字符屏幕和图形功能函数、过程控制函数、目录函数等。

Windows 系统所提供的 Windows SDK 中包含了数千个与 Windows 应用程序开发相关的函数。其他操作系统，如 Linux，也同样提供了大量的函数让应用程序开发人员调用。

作为程序员应尽量熟悉目标平台库函数的功能。这样才能游刃有余地开发特定平台的应用程序。例如，作为 Windows 应用程序的开发者，应尽量熟悉 Windows SDK；作为 Linux 应用程序开发者，应尽量熟悉 Linux 系统调用和 POSIX 函数规范。

比较特别的是，比特右移（>>）运算符可以是算术（左端补最高有效位）或逻辑（左端补 0）位移。例如，将 11100011 右移 3 bit，算术右移后成为 11111100，逻辑右移则为 00011100。因算术比特右移较适于处理带负号整数，所以几乎所有的编译器都是算术比特右移。

运算符的优先级从高到低大致是：单目运算符、算术运算符、关系运算符、逻辑运算符、条件运算符、赋值运算符和逗号运算符。

六、C 语言程序

在计算机中运行高级语言程序需要经过编译，编译过程如图 1-5 所示。

C 语言程序的特点如下。

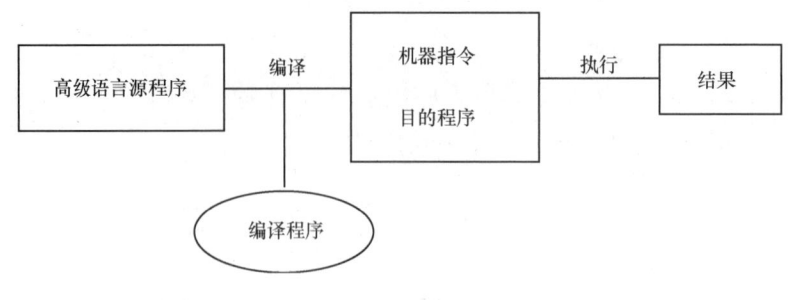

图 1-5 编译过程

（1）C语言程序由函数构成。
（2）函数由两部分组成：函数说明部分，即函数名、函数类型、形参名、形参类型；函数体，即实现函数的具体操作，由语句构成。
（3）程序总是从 main 函数开始执行。
（4）书写格式自由。
（5）语句必须有分号。

1．C语言的基本数据类型

C语言的基本数据类型主要包括：整型、实型、字符型、枚举型。其中各类型均包含常量与变量。

常量是在程序运行过程中其值保持不变的量，变量是在程序运行过程中数值改变的量。

2．整型数据

1）整型常量

整型常量即整常数，C语言的整常数有3种形式。

（1）十进制整数：与数学中的整数一致，如 100、123、15 等。
（2）八进制整数：以 0 开头的整数，如 010、07、020 等。
（3）十六进制整数：以 0x 开头的整数，如 0x10、0xff、0x2a 等。

2）整型变量

整型变量是用于存放整数的变量，C语言的整型变量有4种形式。

（1）基本型：int。

16 位，可表示的数值范围：−32 768～32 767。

（2）短整型：short int。

16 位，可表示的数值范围：−32 768～32 767。

（3）长整型：long int。

32 位，可表示的数值范围：−2 147 483 648～2 147 483 647。

（4）无符号型：unsigned。

只存放正数，如 unsigned int x，变量 x 为无符号整数。对于一个四字节的无符号数来说，16 位全表示数码，最高位的 0 或 1 和其他位一样表示数的大小，可表示的数值范围：0~65 535。

在程序设计中，如果要使用整型变量，必须先选择以上类型符来定义变量，然后才能使用。例如：

```
main()
{int a,b,c;
a=100;b=50;
c=a+b;
printf("%d",c);
}
```

3．实型数据

1）实型常量

实型常量可使用以下两种形式来表示。

（1）小数形式：如 1.23、3.141 5、15.48。

（2）指数形式：如 1e-20、1.23e5。

2）实型变量

实型变量：用于存放实数的变量，分为单精度和双精度两种。

（1）float a,b 为定义 a 和 b 为单精度型变量，32 位，7 位有效数字，可表示的数值范围：$10^{-38} \sim 10^{38}$。

（2）Double x,y 为定义 x 和 y 为双精度型变量，64 位，15 位有效数字，可表示的数值范围：$10^{-308} \sim 10^{308}$。例如：

```
main()
{float r,c;    double r,c;
r=5;
c=2*3.141592*r;
printf("%f",c);
}
```

4．字符型数据

1）字符型常量

字符型常量：用单引号包括起来的一个字符，如'b' 'y' '*' '10'等。

除此外，以'\'开头的字符如'\n' '\t'等表示转义字符。

2）字符型变量

字符型变量：用于存放字符的变量。例如：

```
char c1 c2      //定义 c1 和 c2 为字符型变量
c1='a';c2='b';   //字符赋值
```

字符型变量存放一个字符，占据一字节。

3）字符串常量

字符串常量：用双引号括起来的字符序列，如"abcde" "china"等。"a"为字符串，而"a"与'a'不同。例如，如下程序代码有错误：

```
char c;
c="a";      //此处用法错误
```

字符串中每个字符各占一字节，并且在字符串结尾加上一个结束标记'\n'。

数据类型的优先级如图 1-6 所示。

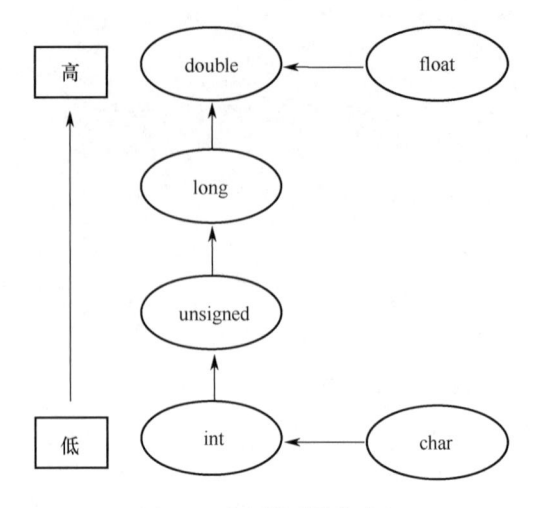

图 1-6　数据类型的优先级

5．输出函数

C 语言中主要的两种输出函数为：putchar 函数、printf 函数。

1) putchar 函数

putchar 函数是字符输出函数，用于输出一个字符。

例如：

  putchar('a');

   putchar(100);

   char c='b'; putchar(c);

输出单词 Guy 的完整程序如下：

  #include"stdio.h"注意该语句的作用

  main()

  {　char a,b,c;

  a='G';b='u';c='y';

  putchar(a);

  putchar(b);

  putchar(c);

  }

2) printf 函数

printf 函数为格式输出函数。例如：

  int a=100,b=56;

  printf("a= %d,b=%d",a,b);

输出结果：

  a=100,b=56

（1）"%"后的字符称格式字符，不同格式字符对应不同的数据类型。

（2）d 格式符：按整数格式输出。用法如下。

① %d：不指定宽度，按实际宽度输出。

② %md：按指定宽度输出，m 为宽度。

③ %ld：用于输出长整型数。

例如：
>   int a=233,b=422;
>   long c=26545;
>   printf("a=%d,b=%4d,c=%2d",a,b,c);

输出结果：
>   a=233,b=422,c=26545

（3）c 格式符：用于输出字符。例如：
>   char c='A';
>   printf("c=%c,%c",c,'B');

输出结果：
>   c=A,B

输出对象既可以是字符变量、字符常量，还可以是整型表达式。例如：
>   int a=100;
>   char b='B';
>   printf("\n%d,%c",a,a);
>   printf("\n%c,%d",b,b);

输出结果：
>   100,d
>   B,65

（4）s 格式符：用于输出字符串。用法如下。

① %s：不指定宽度。

② %-ms：指定宽度，靠左对齐。

③ %ms：指定宽度，靠右对齐。

④ %ms.ns：指定宽度 m，只取左端 n 个字符，靠右对齐。

⑤ %-m.ns：指定宽度 m，只取左端 n 个字符，靠左对齐。

例如：
>   printf("1:%s","abcd");
>   printf("2:%8s","abcd");
>   printf("3:%-8s","abcd");
>   printf("4:%8.3s","abcd");
>   printf("5:%-8.3s","abcd");
>   1:abcd2:   abcd3:abcd   4:   abc5:abc

（5）f 格式符：按小数形式输出实数。用法如下。

① %f：由系统指定宽度（6 位小数）。

② %m.nf：指定宽度 m，小数位数 n，靠右对齐。

③ %-m.nf：指定宽度 m，小数位数 n，靠左对齐。

> **注意**
>
> 宽度包括符号和小数点。

例如：
>   float a=3.1222222,b=4.3333333,
>   c=-12.3455;

```
        printf("\na%f,b=%8.3f,c=%-10.2f",a,b,c);
```
输出结果：
    a=3.1222222,b=   4.333,c=-12.35

6．输入函数

1）getchar 函数

getchar 函数为字符输入函数。例如：

```
#include"stdio.h"
main()
{char   c;
 c=getchar();     //等待键盘输入
 putchar(c);
}
```

2）scanf 函数

scanf 函数为格式输入函数，与 printf 函数相反，其用于输入若干任意类型的数据。例如：

```
scanf("%d%d%d",&a,&b,&c);
```

其中，"%d%d%d"为格式控制；&a,&b,&c 为地址列表。

执行此函数时，等待从键盘给 a、b、c 输入 3 个整数。

若从键盘输入 3、5、8，则系统即从键盘缓冲区取出这 3 个数分别赋值给 a、b、c。

例如：

```
scanf("%3d%2d%4d",&a,&b,&c);
```

在键盘输入时，用分隔符把每个数据隔开，标准的分隔符是空格。例如：

111 123 789

项目总结

本章重点介绍数据结构的基本情况，主要包括数据结构的基本概念、研究对象、数据逻辑结构分类、常用数据结构、算法的概念和特点、算法设计的要求、算法效率的评价、常用语句阶的计算及 C 语言基础知识。

项目二

线性表

思政目标
- 培养学生的规范意识。
- 培养学生的公德意识。
- 引导学生进行探索。

技能目标
- 掌握线性表的基本概念及简单应用。
- 理解线性表的逻辑结构。
- 掌握线性表的顺序存储结构及操作。
- 理解掌握线性表的链式存储结构及操作。

项目导读

线性表是最基本、最简单，也是最常用的一种数据结构。线性表是数据结构的一种，一个线性表是 n 个具有相同特性的数据元素的有限序列。

任务一 线性表概述

任务引入

小明已经掌握了 C 语言的基本语法，会编写简单的 C 语言程序，但由于小明不懂数据结构，不会编写相对复杂的程序，怎么办呢？先从最基本的线性表学起。

任务分析

中国二十四节气表达了人与自然之间独特的时间观念，蕴含着中华民族悠久的文化内涵和历史积淀，二十四节气按照时间顺序依次延续，不可跨越，二十四节气就是一种线性结构。如果我们把每一个节气看作一个数据元素，元素之间是一对一的关系。春分的前面是惊蛰，后面是清明，那么惊蛰就是春分的前驱，而清明就是春分的后继。

知识准备

线性表中数据元素之间是一对一的关系，即除第一个和最后一个数据元素外，其他数据元素都是首尾相接的（注意，这句话只适用于大部分线性表，而不是全部。例如，循环链表逻辑层次上也是一种线性表，存储层次上属于链式存储，但是把最后一个数据元素的尾指针指向了首位节点）。

一、定义

线性表是数据结构中的一种，一个线性表是 n 个具有相同特性的数据元素的有限序列。数据元素是一个抽象的符号，其具体含义在不同的情况下一般不同。例如，数字表：

$$(0,1,2,\cdots,9)$$

其是一个线性表，表中的数据元素是单个数字。又如，学生的成绩排序表：

$$(65,72,75,80,81,90,95)$$

表中的数据元素是整数。

在稍复杂的线性表中，一个数据元素可由多个数据项组成，此种情况下常把数据元素称为记录，含有大量记录的线性表又称文件。

表 2-1 为某个学校一个班级的学生英语四级通过情况表，表中每个学生的情况为一个记录，它由姓名、性别、年龄、学号及通过与否 5 项数据组成。

表 2-1　英语四级通过情况表

姓名	性别	年龄	学号	通过与否
张春芬	女	18	070214	通过
王晓冉	女	19	070215	未通过
赵新坡	男	17	070216	通过
钱学田	男	20	070217	通过
……	……	…	…	……

线性表中的个数 n 定义为线性表的长度，$n=0$ 时称为空表。在非空表中每个数据元素都有一个确定的位置，若用 a_i 表示数据元素，则 i 称为数据元素 a_i 在线性表中的位序。

线性表的相邻元素之间存在着序偶关系。如用

$$(a_1,\cdots,a_{i-1},a_i,a_{i+1},\cdots,a_n)$$

表示一个顺序表，则表中 a_{i-1} 领先于 a_i，a_i 领先于 a_{i+1}，称 a_{i-1} 是 a_i 的直接前驱元素，a_{i+1} 是 a_i 的直接后继元素。当 $i=1$，2，$\cdots$，$n-1$ 时，a_i 有且仅有一个直接后继元素；当 $i=2$，3，$\cdots$，n 时，a_i 有且仅有一个直接前驱元素。

线性表是一个相当灵活的数据结构，它的长度可根据需要增长或缩减，即对线性表的数据元素不仅可以进行访问，还可以进行插入和删除等。

二、抽象数据类型线性表

抽象数据类型线性表的定义如下：

　　ADT LIST{

数据对象：$D=\{a_i|a_i\in \text{ElemSet},i=1,2,\cdots,n,n\geqslant 0\}$

数据关系：$R1=\{<a_{i-1},a_i>|\ a_{i-1},a_i\in D,i=1,2,\cdots,n\}$

基本操作如下。

（1）InitList(&L)。

初始条件：线性表 L 不存在。

操作结果：构造一个空的线性表 L。

（2）DestoryList(&L)。

初始条件：线性表 L 已存在。

操作结果：销毁线性表 L。

（3）ClearList(&L)。

初始条件：线性表 L 已存在。

操作结果：将 L 重置为空表。

（4）ListEmpty(L)。

初始条件：线性表 L 已存在。

操作结果：若 L 为空表，则返回 TRUE，否则返回 FALSE。

（5）ListLength(L)。

初始条件：线性表 L 已存在。

操作结果：返回 L 中数据元素个数。

（6）GetElem(L,i,&e)。

初始条件：线性表 L 已存在，$1 \leq i \leq$ ListLength(L)。

操作结果：用 e 返回 L 中第 i 个数据元素的值。

（7）LocateElem(L,e,compare)。

初始条件：线性表 L 已存在。Compare()是数据元素判定函数。

操作结果：返回 L 中第一个与 e 满足关系 Compare()的数据元素的位序。若这样的数据元素不存在，则返回值为 0。

（8）PriorElem(L,cur⋯e,&pre⋯c)。

初始条件：线性表 L 已存在。

操作结果：若 cur⋯e 是 L 的数据元素，且不是第一个，则用 pre⋯e 返回它的前驱，否则操作失败，pre⋯e 无定义。

（9）NextElem(L,cur⋯e,&next⋯e)。

初始条件：线性表 L 已存在。

操作结果：若 cur⋯e 是 L 的数据元素，且不是最后一个，则用 next⋯e 返回它的后继，否则操作失败，next⋯e 无定义。

（10）ListInsert(&L,i,e)。

初始条件：线性表 L 已存在，$1 \leq i \leq$ ListLength(L)+1。

操作结果：在 L 中第 i 个位置之前插入新的数据元素 e，L 的长度加 1。

（11）ListDelete(&L,i,&e)。

初始条件：线性表 L 已存在且非空，$1 \leq i \leq$ ListLength(L)。

操作结果：删除 L 的第 i 个数据元素，并用 e 返回其值，L 的长度减 1。

（12）ListTraverse(L,visit())。

初始条件：线性表 L 已存在。

操作结果：依次对 L 的每个元素调用函数 visit()。一旦 visit()失败，则操作失败。

}ADT LIST

抽象数据类型定义结束。

注意

（1）抽象数据类型仅是一个模型的定义，并不涉及模型的具体实现，因此这里描述中所涉及的参数不必考虑具体数据类型。在实际应用中，数据元素可能有多种类型，到时可根据具体需要选择使用不同的数据类型。

（2）上述抽象数据类型中给出的操作只是基本操作，由这些基本操作可以构成其他较复杂的操作。不论是一元多项式的运算还是图书的管理，首先都需要将数据元素读入，生成一个包括所需数据的线性表，这属于线性表的创建。这项操作可首先调用基本操作定义中的 InitList(&L) 构造一个空的线性表 L，然后反复调用 ListInsert(&L,i,e) 在表中插入元素 e，就可以创建一个需要的线性表。同样，对于一元多项式的运算可以看作线性表的合并，合并过程需要不断地进行元素的插入操作。其他如求线性表的拆分、复制等操作也都可以利用上述基本操作的组合来实现。

（3）对于不同的应用，基本操作的接口可能不同。

（4）由抽象数据类型定义的线性表，可以根据实际所采用的存储结构形式，进行集体的表示和实现。

任务二　线性表的顺序存储结构

任务引入

小明已经对线性表的概念有所了解。但是，线性表的具体数据结构是怎样的呢？我们的学习要循序渐进，先从线性表里最简单的顺序存储结构学起。

任务分析

我们研究数据元素之间关系的最终目的是让计算机为我们解决问题，那就需要先把数据存储到计算机中，数据元素在计算机中的存储不仅要存储数据元素本身，还要体现元素之间的关系，线性表的顺序存储就是使逻辑上相邻的元素在存储器中的物理位置也相邻。

知识准备

线性表的顺序存储是指用一组地址连续的存储单元依次存放线性表的数据元素，这种存储形式的线性表称为顺序表。

一、顺序存储结构

顺序存储结构的特点是线性表中相邻的元素在内存中的存储位置也是相邻的。由于线性表中的所有数据元素属于同一类型，因此每个元素在存储中所占的空间大小相同。如图 2-1 所示，如果第一个元素存放的位置为 b，每个元素占用的空间大小为 L，则顺序表中第 i 个数据元素 a_i 的存储位置为

$$LOC(a_i) = LOC(a_1) + (i-1)L$$

其中，LOC(a_1)是线性表的起始地址或基地址。即

$$LOC(a_i)=b+(i-1)L$$

存储地址	内存状态	数据元素在线性表中的位置
b	a_1	1
$b+L$	a_2	2
⋮	⋮	⋮
$b+(i-1)L$	a_i	i
⋮	⋮	⋮
$b+(n-1)L$	a_n	n
		空闲
$b+(MAXLEN-1)L$		

图 2-1 线性表的顺序存储结构示意图

在程序设计中，一维数组在内存中占用的存储空间就是一组连续的存储区域，因此在高级编程语言中讨论线性表的顺序存储结构，通常是利用数组来进行描述的。由于对线性表需要进行插入和删除等操作，其长度是可变的，因此线性表的顺序结构可定义为

```
typedef struct{
Elemtype elem[MaxSize];//存储线性表中的元素
int len;//线性表的当前表长
}Sqlist;
```

二、基本操作的实现

在线性表的顺序存储结构中，ListLength(L)等操作比较简单，在这里主要介绍以下几种操作。

1．插入

线性表的插入是指在表的第 i 个位置上插入一个值为 x 的元素。插入前线性表的逻辑结构为

$$(a_1,\cdots,a_{i-1},a_i,\cdots,a_n)$$

此时线性表的长度为 n，则插入后线性表的逻辑结构为

$$(a_1,\cdots,a_{i-1},x,a_i,\cdots,a_n)$$

表长变为 $n+1$。

【算法步骤】

（1）检查 i 值是否超出所允许的范围（$1 \leq i \leq n+1$），若超出，则进行"超出范围"错误处理；
（2）若未超出，将线性表的第 i 个元素和它后面的所有元素均向后移动一个位置；
（3）将新元素写到空出的第 i 个位置上；
（4）使线性表的长度增加 1。

【算法实现】
```
Status ListInsert(Sqlist &L,int i,ElemType e){    //在顺序表的第 i 个位置之前插入数据 e
    if(i<1||i>L.length+1) return ERROR;           //容错性判断，插入的位置不正确时给予处理
    if(L.length==MAXSIZE) return ERROR;           //如果顺序表满了，也不能插入
    for(j=L.length-1;j>=i-1;j--){                 //从最后一个元素开始，一直到第 i 个元素，依次向后移动
        L.elem[j+1]=L.elem[j];
    }
    L.elem[i-1]=e;                                //将 e 插入到顺序表的第 i 个位置
    L.length++;                                   //线性表长度加 1
    return OK;
}
```

插入算法的时间性能分析：顺序表上的插入运算，时间主要消耗在数据的移动上，在第 i 个位置上插入 x，从 a_n 到 a_i 都要向下移动一个位置，共需要移动 $n-i+1$ 个元素，而 i 的取值范围为 $1 \leq i \leq n+1$，即 $n+1$ 个位置可以插入。设在第 i 个位置上插入的概率为 p_i，则平均移动数据元素的次数为

$$E_{in} = \sum_{i=1}^{n+1} p_i(n-i+1)$$

若在表的任何位置插入元素的概率相等，即

$$p_i = \frac{1}{n+1}$$

则

$$E_{in} = \sum_{i=1}^{n+1} p_i(n-i+1) = \frac{1}{n+1}\sum_{i=1}^{n+1}(n-i+1) = \frac{n}{2}$$

因此，在顺序表上进行插入操作，平均约移动表中一半的元素，若表长为 n，则上述算法的时间复杂度为 $O(n)$。

2．删除

删除操作是指删除线性表中的第 i 个数据元素，线性表的逻辑结构由

$$(a_1,\cdots,a_{i-1},a_i,a_{i+1},\cdots,a_n)$$

变成长度为 $n-1$ 的

$$(a_1,\cdots,a_{i-1},a_{i+1},\cdots,a_n)$$

【算法步骤】
（1）检查 i 值是否超出所允许的范围 $1 \leq i \leq n+1$，若超出，则进行"超出范围"错误处理；
（2）若未超出，将线性表的第 i 个元素后面的所有元素均向前移动一个位置；
（3）使线性表的长度减 1。

【算法实现】
```
int Delete_Sq(SqList*L,int i)          //删除线性表中第 i 个元素
{if((i<1)||(i>L->len))return 0;        //不合理的删除位置
    if(L->len==0) return -1;           //空表
    for(j=i;j<= L->len;j++)            //被删除元素的后面元素向前移动
    L->elem[j]= L->elem[j+1];
    --L->len;
```

· 28 ·

```
        return-1;
    }                                    //Delete_Sq
```

删除算法的时间性能分析：与插入运算相同，其时间主要消耗在数据的移动上，删除第 i 个元素时，其后面的元素 a_{i+1} 到 a_n 都要向前移动一个位置，共需要移动 $n-i$ 个元素，则平均移动数据元素的次数为

$$E_{\text{del}} = \sum_{i=l}^{n} p_i (n-i)$$

在等概率情况下，即

$$p_i = \frac{1}{n}$$

则

$$E_{\text{del}} = \sum_{i=1}^{n} p_i (n-i-1) = \frac{1}{n}\sum_{i=1}^{n}(n-i) = \frac{n-1}{2}$$

因此，上述算法的时间复杂度也为 $O(n)$。

3. 按值查找

线性表中的按值查找是指在线性表中查找与给定值 x 相等的数据元素。算法解释如下。

（1）从第一个元素 a_1 起依次和 x 比较，直至找到一个与 x 相等的数据元素，则返回它在顺序表中存储下标或序号。

（2）若没有找到，则返回-1。

【算法实现】
```
    int LocateElem(SqList*L,ElemType x)
    {int i;
    for(i=0;i<L->len;i++)
        if(L->data[i]==x) returni;
    return(0)
    }
```

上述算法的主要运算是比较：当 $a_1=x$ 时，需比较一次；当 $a_n=x$ 时，需比较 n 次。因此，查找概率相等的情况下，平均比较次数为

$$E_{\text{loc}} = \frac{1}{n}\sum_{i=1}^{n} i = \frac{n+1}{2}$$

上述算法的时间复杂度也为 $O(n)$。

任务三　线性表的链式存储结构

任务引入

小明通过学习，知道了线性表的顺序存储结构。那么，线性表还有没有其他存储结构呢？下面学习线性表的链式存储结构。

任务分析

采用顺序存储方式的线性表，内存的存储密度高，可以节约存储空间，并可以随机地存

取节点，但是插入和删除操作时往往需要移动大量的数据元素，并且要预先分配空间，并要按最大空间分配，因此存储空间得不到充分的利用，从而影响运行效率。线性表的链式存储结构能有效地克服顺序存储方式的不足，同时也能有效地实现线性表的扩充。

知识准备

一、单链表

线性表的链式存储结构是用一组地址任意的存储单元存放线性表中的数据元素。为了表示每个数据元素 a_i 与其直接后继数据元素 a_{i+1} 之间的逻辑关系，对数据元素 a_i 来说，除了存储其本身的值，还必须有一个指示该元素直接后继存储位置的信息，即指出后继元素的存储位置。这两部分信息组成数据元素 a_i 的存储映像，称为节点。每个节点包括两个域：一个域存储数据元素信息，称为数据域；另一个存储直接后继存储位置的域称为指针域。指针域中存储的信息称作指针或链。N 个节点链接成一个链表，由于此链表的每个节点中包含一个指针域，故又称线性链表或单链表。

单链表中节点的存储结构描述如下：
  typedef struct Lnode
  {ElemType data;
   Struct Lnodde *next;
  }Lnode;

线性表的单链表存储结构如图 2-2 所示。其中，H 是一个指向 LNode 类型的指针变量，称为头指针。

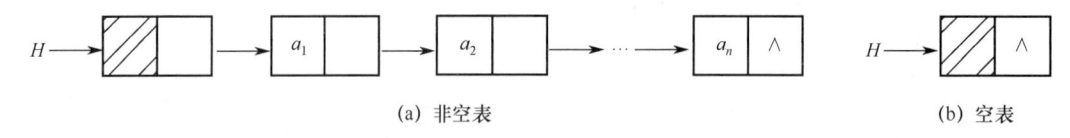

图 2-2　线性表的单链表存储结构

另外，图 2-2（a）中单链表的第一个节点之前还附设一个节点，称为头节点，头节点的数据域可以不存任何信息，也可存储如线性表的长度等附加信息，单链表的头指针指向头节点，头节点的指针域指向第一个节点的指针，由于最后一个节点没有后继节点，因此它的指针域为空，用"∧"表示。若线性表为空表，则头节点的指针域为"空"，如图 2-2（b）所示。

在建立链表或向链表中插入节点时，应先按节点的类型向系统申请一个节点，系统给节点分配指针值，即该节点的首地址。可以通过调用 C 语言的动态分配库函数 malloc，向系统申请节点。例如，有说明语句：
  LNode *p;
则调用函数 malloc 的方法为：p=（LNode*）malloc（sizeof（LNode）），p 指向一个新的节点。节点的数据域用 p->data 来表示，指针域用 p->next 来表示。使用时要注意区分节点和指向节点指针这两个不同的概念。

二、基本操作的实现

1. 初始化链表操作

算法思想：初始化单链表，其结构形式如图 2-2（b）所示。在初始状态，链表中没有元素节点，只有一个头节点。因此，需要动态产生头节点，并将其后继指针置为空。

【算法实现】
```
Lnode Init_L()
{
Lnode H;
if(H=( LNode*))malloc(sizeof(Lnode)))        //头节点
{H->next=NULL;return1;}                      //设置后继指针为空
else return0;
}
```

2. 取某序号元素的操作

算法思想：在单链表中查找某节点时，需要设置一个指针变量从头节点开始依次数过去，并设置一个变量 j，记录所指节点的序号。查找到则返回该指针值，否则返回空指针。

【算法实现】
```
Status GetElem_L(LNode*H,int i)
{
p=H->next,j=1;
while(p&&j<i){
p=p->next;
++j;
}
if(!p||j>i)return NULL;
return p;
}//GetElem_L
```

3. 插入操作

在单链表中插入新节点，首先应确定插入的位置，然后修改相应节点的指针即可，而无须移动表中的其他节点。

（1）在第 i 个位置插入一个新节点。

【算法步骤】
① 从头节点开始向后查找，找到第 i-1 个节点；若存在继续步骤②，否则结束。
② 动态地申请一个新节点，赋给 s 节点的数据域值。
③ 将新节点插入。

在第三个位置插入一个新节点的操作示意图如图 2-3 所示，具体算法如下。

【算法实现】
```
Status listInsert(LinkList &L,int i,ElemType e){   //在单链表 L 的第 i 个位置插入元素 e
    Lnode *p,*s;                                    //借用两个指针，p 指向第 i-1 个节点，s 指向新建的节点
    p=L; int j=0;                                   //初始化
```

```
while(p&&j<i-1) {                   //查找第 i-1 个节点
    p=p->next;
    j++;
}
if(!p||i<1){                        //若 i 值不合法,则返回 ERROR
    return ERROR;
}
s=(Lnode*)malloc(sizeof(Lnode));    //创建一个新节点,让 s 指向新节点
s->data=e;                          //给新节点的数据域赋值
s->next=p->next;                    //修改 s 的指针域,目的是插入新节点
p->next=s;                          //修改 p 节点的指域,完成插入新节点
return OK;                          //返回 OK
}
```

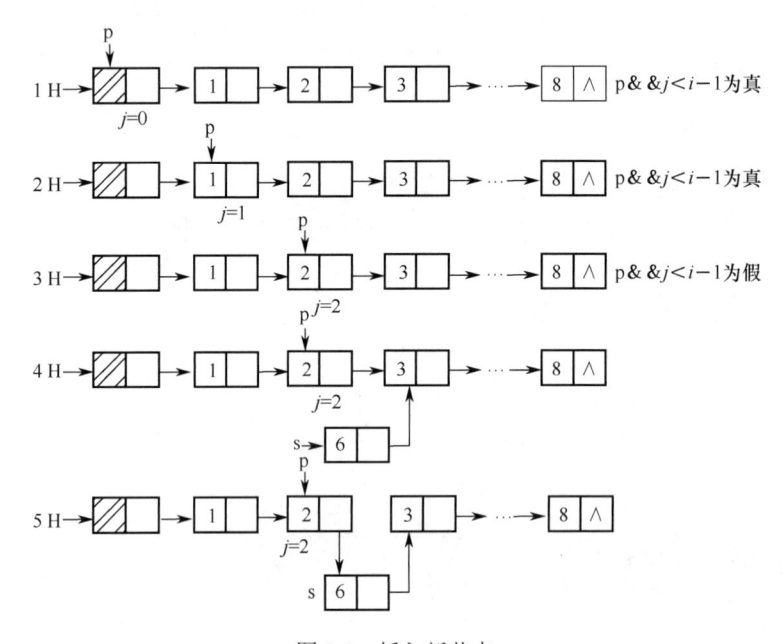

图 2-3 插入新节点

（2）在链表中值为 x 的节点前插入一个值为 y 的新节点。若值为 x 的节点不存在，则把新节点插入表尾中。

【算法步骤】

设置一个指针 p 从第一个元素节点开始向后查找，再设一个指针 q 指向 p 的前驱节点。当指针指向值为 x 的节点时，便在 q 节点后插入；如果值为 x 的节点不在链表，此时指针正好指向尾节点，即可完成插入。

【算法实现】

```
void Insert_L2(LNode*H,ElemType x,ElemType y){
q=H,p=H->next;
while(p&&p->data!=x){               //寻找值为 x 的节点
q=p;
p=p->next;}
s=(LNnode*)malloc(sizeof(LNode));
```

```
    s->data=x;
    s->next=p;q->next=s;              //插入
}//Insert_L
```

4．删除操作

从链表中删除一个节点，首先应找到被删节点的前驱节点，然后修改该节点的指针域，并释放被删节点的存储空间。从链表中删除一个不需要的节点时要把节点归还给系统，用库函数 free(p)实现。

（1）删除单链表中的第 i ($i>0$) 个元素。

【算法步骤】

设置一个指针 p 从第一个元素节点开始向后移动，当 p 移动到第 $i-1$ 个节点时，另设一个指针 q 指向 p 的后继节点。使 p 的后继指针指向 q 的后继指针，即可完成删除操作。删除第二个节点元素的操作如图 2-4 所示。

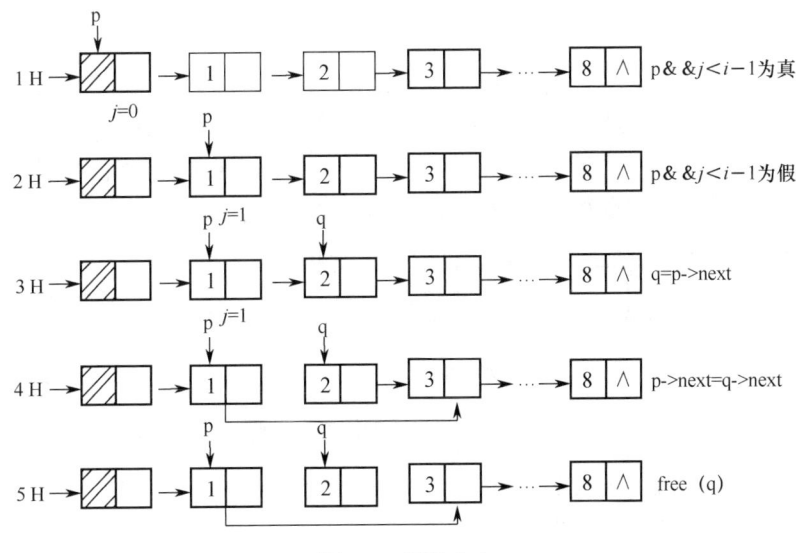

图 2-4 删除节点

【算法实现】

```
Status ListDelete_L(Lnode*H,int i,ElemType&e){
    p=H,j=0;
    while(p&&j<i-1){p=p->next;++j}
    if(!p->next||j>i-1)return 0;
    q=p->next;p->next=q->next;
    e=q->data;free(q);
    return 1;
}//ListDelete_L
```

（2）删除链表中所有值为 x 的节点，并返回值为 x 的节点的个数。

算法思想：操作时设指针 p 从第一个元素节点起逐一查找值为 x 的节点，并设一个辅助指针 q 始终指向它的前驱节点，每找到一个节点便进行删除，同时统计被删除节点的个数。

【算法实现】

```
int Delete_Linkst(Lnode*H,ElemType x)
```

```
            {q=H;count=0;
      while(q->next){//遍历整个链表
              p=q->next;
              if(p->data==x){
    q->next=p->next;
      free(p);
      ++count;
}
  else q=p;
}
              return count;
}//Delete_Linkst
```

从以上的查找、插入、删除算法可知，这些操作都是从链表的头节点开始，向后查找插入、删除的位置，然后进行插入、删除。所以，若表长是 n，则上述算法的时间复杂度为 $O(n)$。

三、循环链表

循环链表是另一种形式的链式存储结构。在线性表中，每个节点的指针都指向其下一个节点，最后一个节点的指针为"空"，不指向任何地方，只表示链表的结束。若把这种结构修改一下，使其最后一个节点的指针向回指向第一个节点，这样就形成了一个环，这种形式的链表就叫作循环链表，单向循环链表如图 2-5 所示。

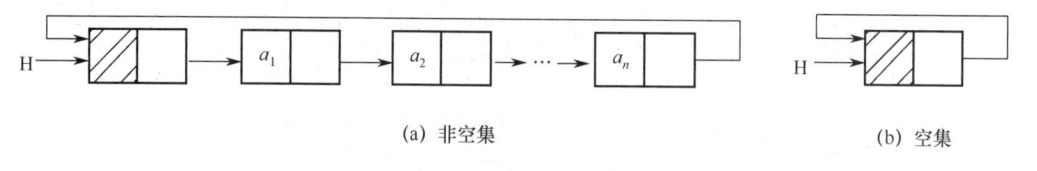

(a) 非空集

(b) 空集

图 2-5 单向循环链表

单向循环链表的操作与线性表类似，只是有关表尾、空表的判定条件不同。在采用头指针描述的循环链表中，空表的条件是

head->next=head

指针 p 到达表尾的条件为：

p->next=head

因此，循环链表的插入、删除、建立、查找等操作只需在线性链表的算法上稍加修改即可。

在循环链表结构中从表中任一节点出发均可找到表中的其他节点。若从表头指针出发，访问链表的最后一个节点，则必须扫描表中所有的节点。若把循表的表头指针改用尾指针代替，则从尾指针出发，不仅可以立即访问最后一个节点，还可十分方便地找到第一个节点，如图 2-6 所示。设 rear 为循环链表的尾指针，则开始节点 a_1 的存储位置可用 rear->next-> next 表示。

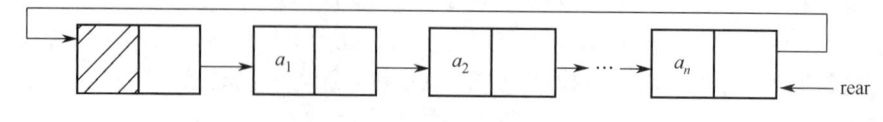

图 2-6 设尾指针的循环链表

在实际应用中，经常采用尾指针描述的循环链表，例如，将两个循环链表首尾相接时合并成一个表，采用设置尾指针的循环链表结构来实现，将十分简单、有效。

循环链表合并示意图如图2-7所示，有关的操作语句如下：

```
{p=rb->next;
rb->next=ra->next;
ra->next=p->next;
free(p);
ra=rb;
}
```

(a) 合并前

(b) 合并后

图2-7 循环链表合并示意图

四、双向链表

在单向链表中，从任何一个节点通过指针域可找到它的后继节点，但要寻找它的前驱节点，则需从表头出发顺链查找。因此，对于那些经常需要既向后查找又向前查找的问题，采用双向链表结构，将会更方便。

在双向链表结构中，每个节点除了数据域，还包括两个指针域，一个指针指向该节点的后继节点，另一个指针指向它的前驱节点。节点结构如图2-8（a）所示，双向链表也可以是循环链表，其结构如图2-8（b）所示。

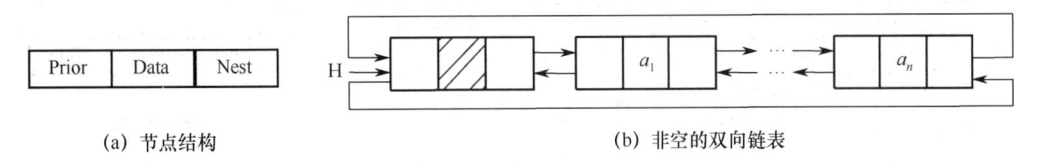

(a) 节点结构　　　　　　　　　　(b) 非空的双向链表

图2-8 双向循环链表示意

双向链表的节点结构可描述如下：
　　typedef struct duLnode{

```
ElemType data;              //数据域
struct duLnode *prior;      //指向前驱的指针域
struct duLnode *next;       //指向后继的指针域
}duLnode,*duLinklist;
```

由于双向链表中每个节点既有指向前驱的指针，又有指向后继的指针，因此双向链表可沿两个方向搜索某个节点，这使得链表的某些操作变得更加简单，本书主要介绍以下几种操作。

1．插入

在双向链表的指定节点 p 之前插入一个新的节点，如图 2-9 所示。

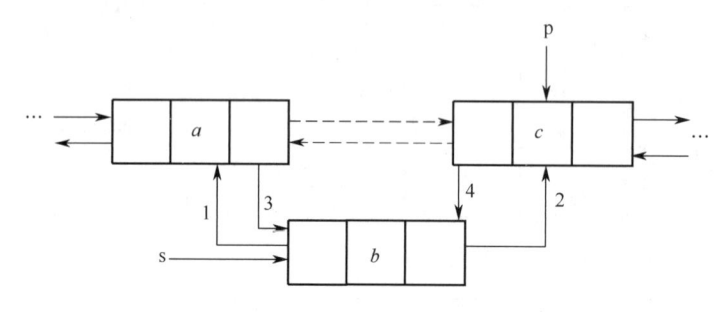

图 2-9　在双向链表中插入一个节点

【算法步骤】

（1）生成一个新节点 s，将值 x 赋给 s 的数据域。
（2）将 p 的前驱节点指针作为 s 的前驱节点指针。
（3）将 p 作为新节点的直接后继。
（4）将 s 作为节点的直接前驱的后继。
（5）将 s 作为 p 节点新的直接前驱。

【算法实现】

```
void ListInsert_Dul(Dunode*p,ElemType x)
{Dunode*s;
    s=( Dunode*)malloc(sizeof(Dunode));
s->data=x;
s->prior=p->prior;
s->next=p;
p->prior->next=s;
p->prior=s;
}
```

2．删除

在双向链表中删除 p 节点，如图 2-10 所示。

【算法实现】

```
{ p->prior->next=p->next;
p-> next->prior=p-> prior
free(p);
}
```

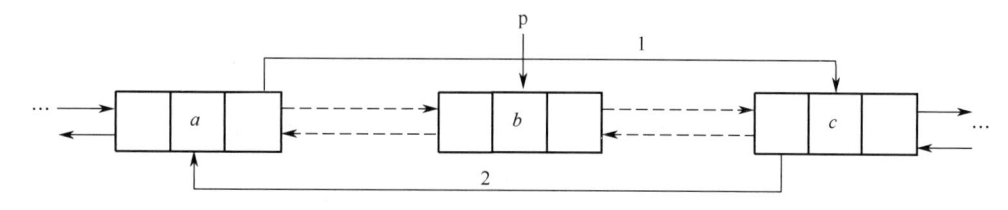

图 2-10 在双向链表中删除一个节点

案例——一元多项式的表示及相加

多项式的相加操作是线性表处理的典型例子。

在多项式相加时,有两个或两个以上的多项式同时并存,而且在实现运算的过程中所产生的中间多项式和结果多项式的项数和次数都是难以预料的。因此计算机在实现时,可采用单链表来表示。多项式中的每项为单链表中的一个节点,每个节点包含 3 个域:系数域、指数域和指针域。其形式如下:

```
type struct pnode{
    int coef;              //系数域
    int exp;               //指数域
    struct pnode*next      //指针域
}
```

多项式相加的运算规则为:两个多项式中所有指数相同的项,对应系数相加,若和不为零,则构成"和多项式"中的一项,否则,"和多项式"中就去掉这一项,所有指数不同的项均复制到"和多项式"中。例如,对于多项式

$$A(x)=5\times5+8\times4+4\times2-8$$
$$B(x)=6\times10+4\times5-4\times2$$

实现时,可采用另建多项式的方法,也可以把一个多项式归并到另一个多项式中去。这里介绍后一种方法。

算法思想:首先设两个指针 qa 和 qb 分别从多项式的首项开始扫描。比较 qa 和 qb 所指节点指数域的值,可能出现下列 3 种情况之一:

(1) 若 qa->exp 大于 qb->exp,则 qa 继续向后扫描;

(2) 若 qa->exp 等于 qb->exp,则将其系数相加,若相加结果不为零,将结果放入 qa->coef 中,否则同时删除 qa 和 qb 所指节点,然后 qa、qb 继续向后扫描;

(3) 若 qa->exp 小于 qb->exp,则将 qb 所指节点插入 qa 所指节点之前,然后 qa、qb 继续向后扫描。

扫描过程一直进行到 qa 或 qb 有一个为空为止,然后将有剩余节点的链表接在结果链表上,所得 Ha 指向的链表即为两个多项式之和。多项式相加示意图如图 2-11 所示。

【算法实现】

```
void AddPolyn{Polynomial &Ha,Polynomial &Hb){    //两个多项式相加,Ha=Ha+Hb
    qa=Ha->next; qb=Hb->next;            //qa 和 qb 初值分别指向 Ha 和 Hb 的首元节点
    pre=Ha;                              //pre 指向和多项式的当前节点,初值为 Ha
    while (qa&&qb){                      //qa 和 qb 均非空
        if(qa->expn==qb->expn){          //如果两个指数相等
            sum=qa->coef+qb->coef;       //sum 保存两项的系数和
            if(sum!=0) {                 //系数和不为 0
```

```
                qa->coef=sum;                   //修改 Ha 当前节点的系数值为两项系数的和
                pre->next=qa; pre=qa;           //将修改后的 Ha 当前节点链在 pre 之后，pre 指向 qa
                qa=qa->next;                    //qa 指向后一项
                r=qb; qb=qb->next; delete r;    //删除 Hb 当前节点，qb 指向后一项
            else{                               //系数和为 0
                r=qa; qa=qa->next; delete r;    //删除 Ha 当前节点，qa 指向后一项
                r=qb; qb=qb->next; delete r;    //删除 Hb 当前节点，qb 指向后一项
            }
        else if(qa->expn<qb->expn) {            //Ha 当前节点的指数值小
            pre->next=qa;                       //将 qa 链在 pre 之后
            pre=qa;                             //pre 指向 qa
            qa=qa->next;                        //qa 指向后一项
        }else{                                  //Hb 当前节点的指数值小
            pre->next=qb;                       //将 qb 链在 pre 之后
            pre=qb;                             //pre 指向 qb
            qb=qb->next;                        //qb 指向后一项
        }
    pre->next=qa?qa:qb;                         //插入非空多项式的剩余段
    delete Hb;                                  //释放 Hb 的头节点
}
```

图 2-11 多项式相加示意图

> 项目总结

  线性表是一种最基本、最常用的数据结构。本章主要介绍了线性表的定义、运算和线性表的两种存储结构——顺序表和链表，以及在这两种存储结构上实现的基本运算。

  顺序表是用数组实现的，链表是用指针实现的。用指针来实现的链表，节点空间是动态分配的，链表又按链接形式的不同，分为单链表、双链表和循环链表。建议读者熟练掌握在顺序表和链表上实现的各种基本运算及其时间、空间特性。

项目三 栈和队列

思政目标
- 教育学生要有实事求是的精神。
- 培养学生严谨细致的好习惯。

技能目标
- 掌握栈和队列的定义、特性,并能正确应用它们解决实际问题。
- 熟练掌握栈的顺序存储、链表存储及相应操作的实现。
- 熟练掌握队列的顺序存储、链表存储及相应操作的实现。

项目导读

从数据结构角度来讲,栈和队列也是线性表,其操作是线性表操作的子集,属于操作受限的线性表。但从数据类型的角度看,它们是和线性表大不相同的重要抽象数据类型。

任务一 栈

任务引入

小明已经学习了线性表的有关知识,理解了顺序存储结构和链式存储结构的相关原理和编程方法。那么,线性表这种数据结构还有没有其他类型?又是什么类型呢?其中一种类型就是"栈"。

任务分析

要搞清楚栈的概念,首先要明白"栈"原来的意思,如此才能把握本质。栈,存储货物或供旅客住宿的地方,可引申为仓库、中转站,所以引入到计算机领域中,就是指数据暂时存储的地方,所以才有进栈、出栈的说法。

知识准备

一、栈的定义及其运算

栈(Stack)又名堆栈,它是一种运算受限的线性表,限定仅在表尾进行插入和删除操作。

进行插入和删除操作的这一端被称为栈顶,相对地,另一端被称为栈底。向一个栈插入新元素又称作进栈、入栈或压栈,它是把新元素放到栈顶元素的上面,使之成为新的栈顶元素;从一个栈中删除元素又称作出栈或退栈,它是把栈顶元素删除掉,使其相邻的元素成为新的栈顶元素。

1. 栈的特点

根据栈的定义可知,最先放入栈中的元素在栈底,最后放入的元素在栈顶。元素刚好相反,最后放入的元素最先删除,最先放入的元素最后删除。因此,栈是一种后进先出(Last In First Out)的线性表,简称为 LIFO 表。例如,元素是以 a_1, a_2, …, a_n 的顺序进栈的,退栈的次序却是 a_n, a_{n-1}, …, a_1,如图 3-1 所示。

对于向上生成的堆栈,有以下两个特点。

(1)入栈口诀:堆栈指针 top "先压后加",即 $S[top++]=a_{n+1}$。
(2)出栈口诀:堆栈指针 top "先减后弹",即 e=S[--top]。

2. 栈的基本操作

(1)置栈为空:aetnull(S)。
(2)判断是否为空:empty(S)。
初始条件:栈 S 已存在。

图 3-1 栈示意

操作结果:判断栈 S 是否为空,若为空,返回值为 1,否则返回值为 0。
(3)取栈顶:top(S,x)。注:栈顶未删。
初始条件:栈 S 已存在且非空。
操作结果:输出栈顶元素,但栈中元素不变。
(4)入栈:push(S,x)。将值为 x 的元素插到栈 S 中。
初始条件:栈 S 已存在且不满。
操作结果:若栈 S 不满,则将值为 x 的元素插入 S 的栈顶。
(5)出栈:pop(S,x)。删除栈 S 的栈顶元素,将此元素放到变量 x 中去。
初始条件:栈 S 已存在且非空。
操作结果:删除栈 S 中的栈顶元素,栈中少了一个元素,也称为"退栈""删除"或"弹出"。
(6)判断栈是否已满:full(S)。
初始条件:栈 S 已存在。
操作结果:若 S 为满栈,则返回 1,否则返回 0。

> **注意**
>
> 该运算只适用于栈的顺序存储结构。

二、栈的顺序存储结构

由于栈是运算受限的线性表,因此线性表的存储结构对栈也适用。

栈的顺序存储结构简称为顺序栈,它是运算受限的线性表。因此,可用数组来实现顺序栈。因为栈底位置是固定不变的，所以可以将栈底位置设置在数组的两端的任何一个端点；栈顶位置是随着进栈和退栈操作而变化的，故需用一个整型变量 top 来指示当前栈顶的位置，通常称 top 为栈顶指针。因此，顺序栈的类型定义只需将顺序表的类型定义中的长度属性改为 top 即可。

栈的存储结构描述为：

```
typedef struct{
ElemType elem[MaxSize];
int top;
}SqStack;
```

1．栈的变化

栈总是处于栈空、栈满或不空不满 3 种状态之一，它们是通过栈顶指针 top 的值体现出来的。我们规定：top 的值为下一个进栈元素在数组中的下标值。

假设 S 是 SqStack 类型的指针变量，MaxSize 为 6，栈空时，top=0，如图 3-2（a）所示；图 3-2（b）是进栈两个元素的状况，图 3-2（d）是在图 3-2（c）基础上出栈一个元素后的栈状况。

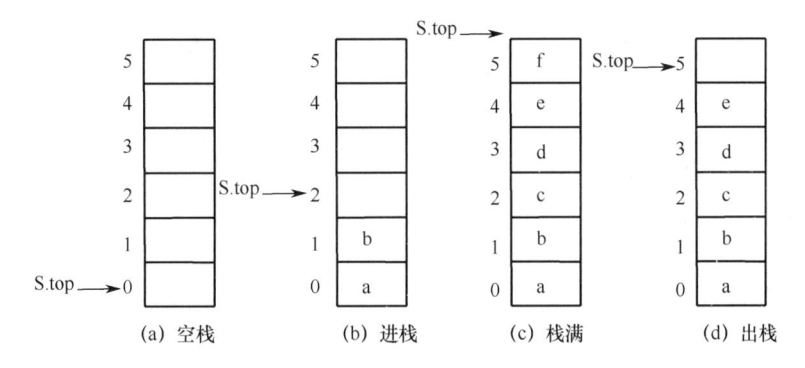

图 3-2　栈的状态变化

2．顺序栈运算的基本算法

（1）初始化栈。

【算法实现】

```
void InitStack(SqStack *S){
//建立一个空栈 S
S->top=0;
}//InitStack
```

（2）进栈。

【算法步骤】

① 检查栈是否已满，若栈已满，进行"溢出"处理，并返回 0。
② 若栈未满，将新元素赋给栈顶指针所指的单元。
③ 将栈顶指针上移一个位置（加 1）。

【算法实现】

```
int Push_Sq(SqStack*S,ElemType x)
```

if(S->top==MaxSize)return 0;//栈已满
　　　S->elem[s->top]=x;S->top++;return 1;
　　}//Push_Sq

（3）出栈。

【算法步骤】

① 检查栈是否为空，若栈空，进行"下溢"处理。

② 若栈未空，将栈顶指针下移一个位置（减1）。

③ 取栈顶元素的值，以便返回给调用者。

【算法实现】

　　int Pop_Sq(SqStack *S,ElemType *y)
　　{if(S->top==0)return 0;//栈空
　　--S->top;*y=S->elem[S->top];
　Return(1);
　}

（4）取栈顶元素。

【算法实现】

　　char Gettop(SqStack *S)
　　{int I;
　　if(S->top==0)
　　{(printf（"Underflow"）;return(0);}//若栈为空，不能读取栈顶元素，则返回0
　　else{i=top-1;
　　return(S->elem[i]);}//否则，读取栈顶元素，但指针未移动

（5）判断栈是否为空操作。

【算法实现】

　　int Empty（SqStack *S)
　　{
　　if(S->top==0) return(1);//若栈为空，则返回1
　　else return(0);//否则，则返回0
　　}

三、栈的链式存储结构

1. 链栈的定义

用链式存储结构实现的栈称为链栈。链栈的节点结构与单链表的节点结构相同，通常就用单链表来表示，栈的链式存储构描述如下：

　　typedef struct Snode
　　{ElemType data;
　　struct Snode *next;
　　};

由于栈的插入和删除操作只在表头进行，因此用指针实现栈时不是像单链表那样设置一个表头单元，链栈由它的栈顶指针唯一确定。设栈顶指针 top 是 SNode*类型的变量，则 top 指向栈顶节点。当 top=NULL 时，链栈为空。图 3-4 展示了链栈的元素的节点与栈顶指针的关系。

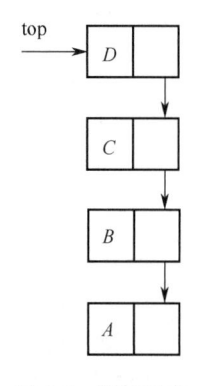

图 3-4　链栈示意

2. 链栈的基本操作

（1）进栈运算。

【算法步骤】

① 为待进栈元素 x 申请一个新节点，并把 x 赋给该节点的值域。

② 将值为 x 的节点的指针域指向栈顶节点。

③ 栈顶指针指向值为 x 的节点，即使其成为新的栈顶节点。

【算法实现】

```
SNode *Push_L(SNode *top,ElemType x)
{
SNode *p;
p=(SNode*)malloc(sizeof(SNode));
p->data=x;
p->next=top;
top=p;
return top;
}
```

（2）出栈运算。

【算法步骤】

① 检查栈是否为空，若为空，进行错误处理。

② 取出栈顶指针的值，并将栈顶指针暂存。

③ 删除栈顶节点。

【算法实现】

```
SNode *POP_L(SNode *top,ElemType *y)
{SNode *p;
if(top==NULL) return 0;//链栈已空
else{
p=top;
*y=p->data;
Top=p->next;free(p);
return top;
}
}
```

（3）取出栈顶元素。

【算法实现】

```
 void gettop(SNode *top)
{
if(top!=NULL)
return(top->data);//若栈非空，则返回栈顶元素
else
return(NULL);//否则，返回 NULL
}
```

四、栈的应用

"后进先出"的特点，使栈在计算机程序设计中成为重要的结构。栈的应用如程序设计中进行语法检查、计算表达式的值、函数的调用和实现递归等。下面主要讨论以下几个典型例子。

1. 算数表达式的求值

1）算术表达式的中缀表示

把运算符放在参与运算的两个操作数中间的算术表达式称为中缀表达式。例如，"3*4" "a+b/c"。算术表达式中包含了算术运算符和算术量（常量、变量、函数），而运算符之间又存在着优先级。例如，我们所讨论的算术运算符包括：+、−、*、/、∧、()。这些运算符的优先级为：()、∧、*、/、+、−。因此编译程序在求值时，不能简单从左到右运算，必须先运算级别高的，再运算级别低的，同一级的运算符从左到右进行。

在中缀表达式中，如运算"a+b*c−d"时，编译器并不知道要先计算"b*c"，它只能从左向右逐一检查，当检查到第一个运算符号时还无法知道是否可执行，待检查到第二个运算符乘号时，由于乘号的运算次序比加号高，才知道"a+b"是不可以执行的，当继续检查到第三个运算符减号时，方才确定应先执行"b*c"。

2）算术表达式的后缀表示

把运算符放在参与运算的两个操作数后面的算术表达式称为后缀表达式，也称为逆波兰式。

例如，对于下列各中缀表达式：

（1）20/4+10,

（2）26−7*(2+3),

对应的后缀表达式为

（1）20 4 / 10 +,

（2）26 7 2 3+ * −。

在后缀表达式中，不存在运算符的优先级问题，也不存在任何括号，计算的顺序完全按照运算符出现的先后次序进行。例如，上例（2）对后缀表达式进行运算时，自左向右进行扫描，碰到第一个运算符+时，即把前两个运算对象取出来进行运算（得到"(2+3)"的结果），再碰到"*"，把前两个运算结果取出来进行运算，得到"7*(2+3)"的结果，直到整个表达式算完为止，因此，后缀表达式比中缀表达式求值要简单得多。

与后缀表达式相对应的还有一种前缀表达式，也称为波兰式。在前缀表达式中，运算符出现在两个运算对象之前。在此不再细述。

3）后缀表达式的求值算法

设置一个栈，开始时，栈为空。然后从左到右扫描后缀表达式，若遇操作数，则进栈；若遇运算符，则从栈中退出两个元素，先退出的放到运算符的右边，后退出的放到运算符左边，运算后的结果再进栈，直到后缀表达式扫描完毕。此时，栈中仅有一个元素，即为运算的结果。

求后缀表达式"21+82−74−/*"的值。栈的变化情况如表3-1所示。

表 3-1 栈的变化情况

步　　骤	栈中元素	说　　明
1	2	2 进栈
2	21	1 进栈
3		遇+退栈 1 和 2
4	3	2+1=3 的结果 3 进栈
5	38	8 进栈
6	382	2 进栈
7	3	遇-退栈 2 和 8
8	36	8-2=6 的结果 6 进栈
9	367	7 进栈
10	3 674	4 进栈
11	36	遇-退栈 4 和 7
12	36	7-4=3 的结果 3 进栈
13	3	2/号退栈 3 和 6
14	32	6/3=2 的结果 2 进栈
15		遇*退栈 2 和 3
16	6	3*2=6 进栈
17	6	扫描完毕，运算结束

从上可知，最后求得的后缀表达式之值为 6，与用中缀表达式求得的结果一致，但用后缀表达式求值要简单得多。

4）中缀表达式变成等价的后缀表达式的算法

将中缀表达式变成等价的后缀表达式，是栈应用的典型例子，其转换规则是：设立一个栈，存放运算符，首先栈为空，编译程序从左到右扫描中缀表达式，若遇到操作数，则直接输出，并输出一个空格作为两个操作数的分隔符；若遇到运算符，则必须与栈顶比较，运算符级别比栈顶级别高则进栈，否则退出栈顶元素并输出，然后输出一个空格作分隔符；若遇到左括号则进栈；若遇到右括号，则一直退栈输出，直到退到左括号止。当栈变成空时，输出的结果即为后缀表达式。

2. 数制转换

一个非负的十进制整数 N 转换为另一个等价的基数为 B 的 B 进制数的问题，很容易通过"除 B 取余法"来解决。

例如，将十进制数 13 转化为二进制数。可采用除 2 取余法，得到的余数依次是 1、0、1、1，则十进制数转化为二进制数为 1101。

分析：由于最先得到的余数是转化结果的最低位，最后得到的余数是转化结果的最高位，因此计算过程得到的余数是从低位到高位，而输出过程是从高位到低位依次输出的，所以这一算法很容易用栈来解决。

【算法步骤】

（1）若 $N!=0$，则将 $N\%B$ 取得的余数压入栈中。

（2）用 N/B 代替 N。

（3）当 $N>0$ 时，重复步骤（1）、（2）。

【算法实现】

```
void Conversion（int N，int B）
{//设 N 是非负的十进制整数，输出等值的 B 进制数
int i;
Snode S;
InitStack(S);
while(N){//从右向左产生 B 进制的各位数字，并将其进栈
push(S,N%B);//将 bi 进栈 0<=i<=j
N=N/B;
}
while(!StackEmpty(S)){//栈为非空时退栈输出
i=Pop(S);
printf("%d",i);
}
```

任务二　队列

任务引入

小明通过学习，知道了"栈"的含义和其对应的数据结构，初步感觉到数据结构的奥妙。那么，线性表这类数据结构还有没有更多的类型呢？有，那就是"队列"。

任务分析

队列在日常生活中有极其广泛的应用，如我们去超市购物结账时需要排队，去食堂打饭时需要排队，去银行或手机营业厅办理业务时也需要排队……这些都是队列的应用。社会的和平稳定需要秩序，社会有了各种规章制度，人们的生活才能安定有序地进行。因此，每个人都应该自觉遵守秩序，排队时不插队，做守序礼让的好公民。

知识准备

一、抽象数据类型队列的定义

队列是一种特殊的线性表，特殊之处在于它只允许在表的前端进行删除操作，而在表的后端进行插入操作，和栈一样，队列是一种操作受限制的线性表。进行插入操作的端称为队尾（rear），进行删除操作的端称为队头（front）。

例如，排队购物。操作系统中的作业排队。先进入队列的成员总是先离开队列。因此，队列也称为先进先出（First In First Out）的线性表，简称 FIFO 表。

当队列中没有元素时称为空队列。在空队列中依次加入元素 $a_1,a_2,\cdots,a_n$ 之后，a_1 是队头元素，a_n 是队尾元素。显然，退出队列的次序也只能是 $a_1,a_2,\cdots,a_n$，也就是说队列的修改是依先进先出的原则进行的。队列示意图如图 3-5 所示。

队列在程序设计中也经常出现。一个最典型的例子就是操作系统中的作业排队。在允许

多道程序运行的计算机系统中，几个作业同时运行。如果运行的结果都需要通过通道输出，就要按请求输出的先后次序排队。每当通道传输完毕可以接受新的输出任务时，队头的作业先从队列中退出进行输出操作。凡是申请输出的作业都从队尾进入队列。

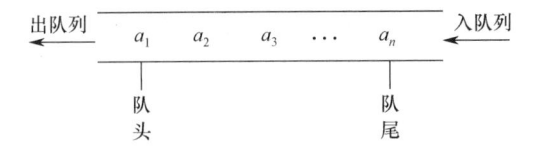

图 3-5　队列示意图

队列的操作与栈的操作类似，也有 8 个，不同的是删除是在表的头部（队头）进行。下面给出队列的基本操作。

（1）InitQueue(&Q)。

操作结果：构造一个空队列 Q。

（2）DestroyQueue(&Q)。

初始条件：队列 Q 已存在。

操作结果：队列 Q 被销毁，不再存在。

（3）ClearQueue(&Q)。

初始条件：队列 Q 已存在。

操作结果：将 Q 清空为空队列。

（4）QueueEmpty(Q)。

初始条件：队列 Q 已存在。

操作结果：若 Q 为空队列，则返回 TRUE，否则返回 FALSE。

（5）QueueLength(Q)。

初始条件：队列 Q 已存在。

操作结果：返回 Q 的元素个数，即队列的长度。

（6）GetHead(Q,&e)。

初始条件：Q 为非空队列。

操作结果：用 e 返回 Q 的队头元素。

（7）EnQueue(&Q,e)。

初始条件：队列 Q 已存在。

操作结果：插入元素 e 为 Q 的新的队尾元素。

（8）DeQueue(&Q,&e)。

初始条件：Q 为非空队列。

操作结果：删除 Q 的队头元素，并用 e 返回其值。

（9）QueueTraverse(Q,visit())。

初始条件：Q 已存在且非空。

操作结果：从队头到队尾，依次对 Q 的每个数据元素调用函数 visit。一旦调用函数失败，则操作失败。

与栈类似，在本书以后各章中引用的队列都应是如上定义的队列类型。队列的数据元素类型在应用程序内定义。

二、链队列——队列的顺序表示和实现

与线性表类似，队列也可以有两种存储表示。

用链表表示的队列简称为链队列，如图 3-6 所示。一个链队列显然需要两个分别指向队头和队尾的指针（分别称为头指针和尾指针）才能唯一确定。这里和线性表的单链表一样，为了操作方便起见，我们也给链队列添加一个头节点，并使头指针指向头节点。由此，空的链队列的判断条件为头指针和尾指针均指向头节点，如图 3-7（a）所示。

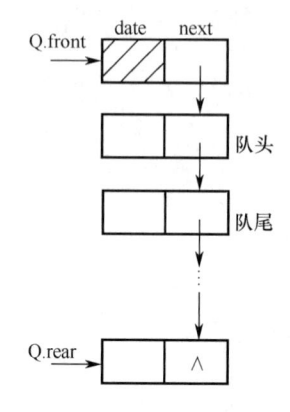

图 3-6　链队列示意图

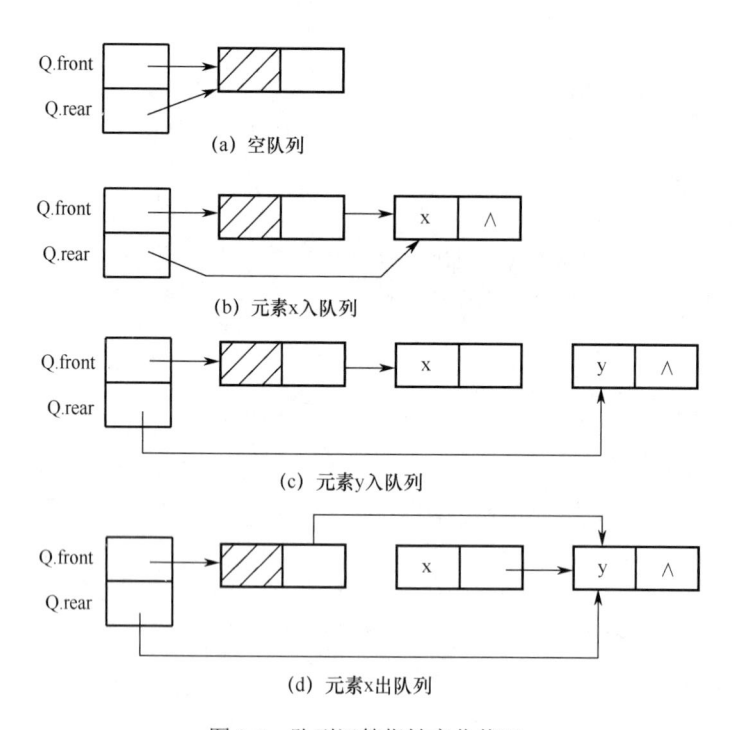

图 3-7　队列运算指针变化状况

链队列的操作即为单链表的插入和删除操作的特殊情况，只是尚需修改尾指针或头指针，图 3-7（b）～（d）展示了这两种操作进行时指针变化的情况。链队列类型的模块说明如下：

　　//ADT Queue 的表示与实现
　　//单链队列——队列的链式存储结构

```
typedef struct QNode{
      QElemType      data;
      Struct QNode   *next;
} QNode,*QueuePtr;
typedef struct {
      QueuePtr   front;//队头指针
      QueuePtr   rear;//队尾指针
}LinkQueue;
//基本操作的函数原型说明
Status InitQueue(LinkQueue &Q)
//构造一个空队列 Q
Status DestroyQueue(LinkQueue &Q)
//销毁队列 Q，Q 不再存在
Status ClearQueue(LinkQueue &Q)
//将 Q 清为空队列
Status QueueEmpty(LinkQueue Q)
//若队列 Q 为空队列，则返回 TRUE，否则返回 FALSE
int QueueLength(LinkQueue Q)
//返回 Q 的元素个数，即为队列的长度
Status GetHead(LinkQueue Q,QelemType&e)
//若队列不空，则用 e 返回 Q 的队头元素，并返回 OK；否则返回 ERROR
Status EnQueue(LinkQueue &Q,QelemType e)
//插入元素 e 为 Q 的新的队尾元素
Status DeQueue(LinkQueue &Q,QelemType &e)
//若队列不空，则删除 Q 的队头元素，用 e 返回其值，并返回 OK；
//否则返回 ERROR
Status QueueTraverse(LinkQueue Q,visit())
//从队头到队尾依次对队列 Q 中每个元素调用函数 visit。一旦调用函数失败，则操作失败。

//基本操作的算法描述（部分）
Status InitQueue(LinkQueue &Q){
//构造一个空队列 Q
Q.front=Q.rear=(QueuePtr)malloc(sizeof(QNode));
if(!Q.front) exit(OVERFLOW);
Q.front->next=NULL;
return OK;
}

Status DestroyQueue(LinkQueue &Q){
//销毁队列 Q
while (Q.fron){
    Q.rear= Q.front->next;
    Free(Q.front);
    Q.front= Q.rear
    }
    return OK;
}
```

```
Status EnQueue(LinkQueue &Q,QElemType e){
//插入元素 e 为 Q 的新的队尾元素
p=(QueuePtr)malloc(sizeof(QNode));
if(!p)   exit(OVERFLOW);              //存储分类失败
p->data=e;   p->next=NULL;
Q.rear->next=p;
Q.rear=p;
return OK;
}

Status DeQueue(LinkQueue &Q,QElemType e){
//若队列不空，则删除 Q 的队头元素，用 e 返回其值，并返回 OK；
//否则返回 ERROR
if(Q.front==Q.rear) return ERROR;
p=Q.front->next;
e=p->data;
Q.front->next=p->next;
if(Q.rear==p) Q.rear=Q.front;
Free(p);
return OK;
}
```

在上述模块的算法描述中，请读者注意删除队头元素算法中的特殊情况。一般情况下，删除队头元素时仅需修改头节点中的指针，但当队列中最后一个元素被删除后，队列指针也丢失了，因此需对队尾指针重新赋值（指向头节点）。

三、循环队列——队列的循环表示和实现

与顺序栈类似，在队列的顺序存储结构中，除了用一组地址连续的存储单元依次存放从队头到队尾的元素，尚需附设两个指针 front 和 rear 分别指示队头元素及队尾元素的位置。为了在 C 语言中描述方便，在此我们约定：初始化建空队列时，令 front=rear=0，每当插入新的队尾元素时，"尾指针增 1"；每当删除队头元素时，"头指针增 1"。因此，在非空队列中，头指针始终指向队头元素，而尾指针始终指向队尾元素的下一个位置，如图 3-8 所示。

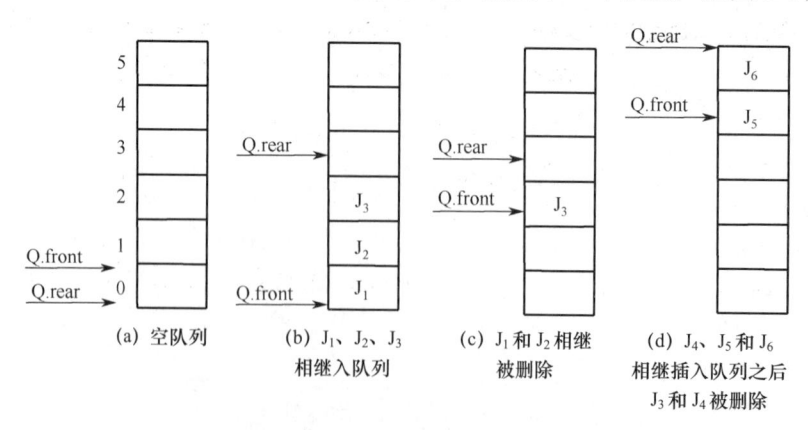

图 3-8 头、尾指针和队列中元素之间的关系

假设当前为队列分配的最大空间为6,则当队列处于图 3-8(d)的状态时不可再继续插入新的队尾元素,否则会因数组越界而致程序代码被破坏。然而此时又不宜如顺序栈那样,进行存储再分配扩大数组空间,因为队列的实际可用空间并未占满。一个较巧妙的办法是将顺序队列假设为一个环状的空间,如图 3-9 所示,称为循环队列。指针和队列元素之间关系不变,如图 3-10(a)所示循环队列中,队头元素是 J_3,队尾元素是 J_5,之后 J_6、J_7 和 J_8 相继插入,则队列空间均被占满,如图 3-10(b)所示,此时 Q.front=Q.rear;反之,若 J_3、J_4 和 J_5 相继从图 3-10(a)的队列中删除,则队列呈"空"的状态,如图 3-10(c)所示。此时也存在关系式 Q.front=Q.rear,由此可见,只凭等式 Q.front=Q.rear 无法判别队列空间是"空"还是"满"。可有两种处理方法:其一是另设一个标志位以区别队列是"空"还是"满";其二是少用一个元素空间,约定以"队头指针在队尾指针的下一位置(指环状的下一位置)上"作为队列呈"满"状态的标志。

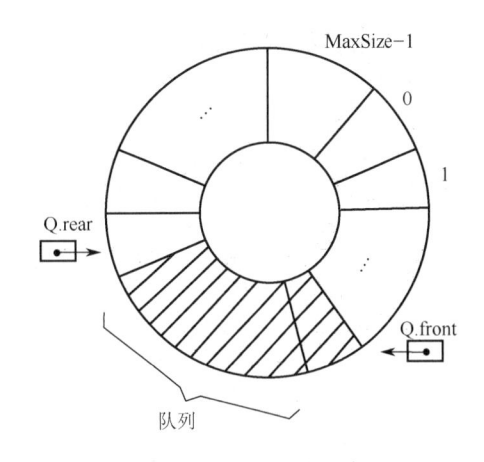

图 3-9 循环队列示意

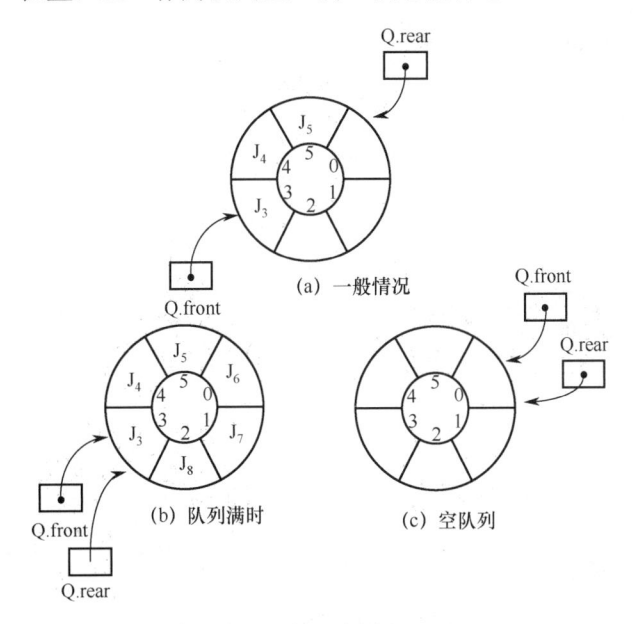

图 3-10 循环队列的头尾指针

从上述分析可见,在 C 语言中不能用动态分配的一维数组来实现循环队列。若用户的应用程序中设有循环队列,则必须为它设定一个最大队列长度;若用户无法预估所用队列的最大长度,则宜采用链队列。

循环队列类型的模块说明如下:

```
//循环队列——队列的顺序存储结构
#define MAXQSIZE      100        //最大队列长度
typedef struct{
QElemType  *base;   //初始化的动态分配存储空间
int    front;           //头指针,若队列不为空,则指向队头元素
```

· 51 ·

```
    int    rear;            //尾指针，若队列不为空，则指向队尾元素的下一个位置
}SqQueue

//循环队列的基本操作的算法描述
Status InitQueue(SqQueue &Q){
//构造一个空队列 Q
Q.base=(QElemType *)malloc(MAXQSIZE *sizeof (QElemType));
if(!Q.base)exit(OVERFLOW);//存储分配失败
Q.front=Q.rear=0;
return OK;
}

int QueueLength(SqQueue Q){
//返回 Q 的元素个数，即队列的长度
return(Q.rear-Q.front+MAXQSIZE)  %  MAXQSIZE;
}

Status EnQueue(SqQueue &Q,QElemType e){
//插入元素 e 为 Q 的新的队尾元素
if((Q.rear+1) % MAXQSIZE==Q.front) return ERROR;//队列满
Q.base[Q.rear]=e;
Q.rear=( Q.rear+1) % MAXQSIZE;
return OK;
}

Status DeQueue(SqQueue &Q,QElemType &e){
//若队列不空，则删除 Q 的队头元素，用 e 返回其值，并返回 OK
//否则返回 ERROR
if(Q.front==Q.rear) return ERROR;
e=Q.base[Q.front];
Q.front=( Q.front+1) % MAXQSIZE;
return OK;
}
```

项目总结

　　栈和队列是一种特殊的线性表。本章主要介绍了栈和队列的定义和运算方法。

　　栈根据数据存储结构不同分为顺序栈和链栈。队列根据数据存储结构不同分为链队列和循环队列。建议读者注意区分不同的栈和队列，熟练掌握在栈和队列中实现的各种基本运算及其时间、空间特性。

项目四 串

思政目标

- 教育学生要诚实守信。
- 培养学生团结协作的精神。
- 培养学生树立四个"与共"的民族共同体理念：休戚与共、荣辱与共、生死与共、命运与共。

技能目标

- 串的基本概念、基本运算。
- 串的两种存储方式。
- 串的模式匹配算法。

项目导读

字符串主要用于编程中的概念说明、函数解释。字符串在存储上类似字符数组，所以它每一位的单个元素都是可以提取的，如 s="abcdefghij"，那么 s[1]="b"，s[9]="j"。这可以给我们提供很多方便，如高精度运算时每一位都可以转化为数字存入数组中。

任务一 串及其基本运算

任务引入

研究者将人的 DNA 和病毒的 DNA 均表示成由一些字母组成的字符串序列。然后检测某种病毒的 DNA 序列是否在患者的 DNA 序列中出现过，若出现过，则此人感染了该病毒，否则没有感染，这就是串的应用。

任务分析

串也就是字符串，是一种特殊的线性表，特殊之处在于其中的数据元素必须为字符（char）类型。通常情况下，我们处理的非数值型数据对象经常是字符串，也就是说串是作为一个整体来进行处理的。

知识准备

数据结构中提到的串，即字符串，由 n 个字符组成一个整体（$n \geq 0$）。这 n 个字符可以由字母、数字或其他字符组成。

一、串的基本概念

1．串的定义

字符已成为非数值应用重要的处理对象，如文字编辑、情报检索、自然语言翻译和各种事务处理系统等。

串是由零个或多个任意字符组成的字符序列，一般记作：s="$a_1a_2 \cdots a_n$"。

其中，s 是串名；用双引号作为串的定界符，引号引起来的字符序列为串值，引号本身不属于串的内容；a_i（$1 \leq i \leq n$）可以是字母、数字或其他字符；n 是串中字符的个数，称为串的长度，n=0 时的串称为空串（Null String）。

2．常用术语

1）子串与主串

串中任意连续的字符组成的子序列称为该串的子串，包含子串的串相应地称为主串。

2）子串的位置

子串的第一个字符在主串中的序号称为子串的位置。

假如有串 A="China Beijing"，B="Beijing"，C="China"，则它们的长度分别为 13、7 和 5。B 和 C 是 A 的子串，B 在 A 中的位置是 7，C 在 A 中的位置是 1。

另外，每个字符串的最后一个有效字符之后有一个字符串结束符，结尾'\0'。字符串通常存于足够大的字符数组中。

3）串相等

所谓两个串相等是指两个串的长度相等且对应字符相等。

二、串的基本运算

1．串的抽象数据类型

串的抽象数据类型定义如下。

数据对象：$D=\{a_i|a_i \in CharacterSet, i=1,2,\cdots,n; n \geq 0\}$。

数据关系：$R=\{<a_{i-1}, a_i>| a_{i-1}, a_i \in D, i=2,\cdots,n; n \geq 0\}$。

2．基本操作

（1）求串长：StrLength(s)。

操作结果：求出串 s 的长度。

（2）串赋值：StrAssign(s1,s2)。

s1 是一个串变量，s2 或者是一个串常量，或者是一个串变量（通常，s2 是一个串常量时称为串赋值，是一个串变量时称为串拷贝）。操作结果：将 s2 的串值赋值给 s1，s1 原来的值被覆盖掉。

（3）连接操作：StrConcat(s1,s2,s)或 StrConcat(s1,s2)。

两个串的连接就是将一个串的串值紧接着放在另一个串的后面，连接成一个串。前者产生新串 s，s1 和 s2 不改变；后者在 s1 的后面连接 s2 的串值，s1 改变，s2 不改变。

例如，s1="nihao"，s2="zuguo"，前者的操作结果为 s="nihaozuguo"，后者的操作结果为 s1="nihaozuguo"。

（4）求子串：SubStr(s,i,len)。

串 s 存在并且 1≤i≤StrLength(s)，0≤len≤StrLength(s)−i+1。操作结果：求得从串 s 的第 i 个字符开始的长度为 len 的子串。len=0 得到的是空串。

（5）串比较：StrCmp(s1,s2)。

操作结果：若 s1=s2，则返回值为 0；若 s1＜s2，则返回值小于 0；若 s1＞s2，则返回值大于 0。

（6）子串定位：StrIndex(s,t)。

s 为主串，t 为子串。操作结果：若 t∈s，则返回 t 在 s 中首次出现的位置，否则返回值为 0。

（7）串插入：StrInsert(s,i,t)。

串 s、t 存在，且 1≤i≤StrLength(s)+1。操作结果：将串 t 插入到串 s 的第 i 个字符位置上，s 的串值改变。

（8）串删除：SrtDelete(s,i,len)。

串 s 存在，并且 1≤i≤StrLength(s)，1≤len≤StrLength(s)−i+1。操作结果：删除串 s 中从第 i 个字符开始的长度为 len 的子串，s 的串值改变。

（9）串替换：StrRep(s,t,r)。

串 s、t、r 存在且 t 不为空。操作结果：用串 r 替换串 s 中出现的所有与串 t 相等的不重叠的子串，s 的串值改变。

串的基本操作中前 5 个操作是最基本的，它们不能用其他的操作来合成，因此通常将这 5 个基本操作称为最小操作集。

任务二　串的存储结构及基本运算

任务引入

小明已经对串的概念及其基本运算有所了解。但是，串的具体数据结构是怎样的呢？下面学习串的基本存储方式和基本运算方法。

任务分析

在不同的事务处理中，所处理的串具有不同的特点，要有效地实现字符串的处理，就必须根据具体情况选择不同的存储结构。

知识准备

与线性表类似，串的存储也有两种基本类型：顺序存储与链式存储。下面分别讲述。

一、串的定长顺序存储

定长顺序串是将串设计成一种结构类型，串的存储分配是在编译时完成的。与前面所讲的线性表的顺序存储结构类似，用一组地址连续的存储单元存储串的字符序列，在 C 语言中用一维数组来实现。例如：
  #define MAXSIZE 256
  char s[MAXSIZE];
则串的最大长度不能超过 256。

（1）类似顺序表，用一个指针来指向最后一个字符，这样表示的串描述如下：
  typedef struct
  {char data[MAXSIZE];
   int curlen;
  }SeqString;

这种存储方式可以直接得到串的长度：s.curlen+1，如图 4-1 所示。

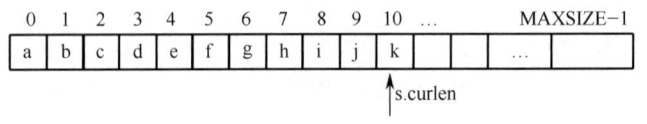

图 4-1　串的顺序存储方式 1

（2）在串尾存储一个不会在串中出现的特殊字符作为串的终结符，以此表示串的结尾。例如，C 语言中处理定长串的方法就是这样的，它用'\0'来表示串的结束。这种存储方法不能直接得到串的长度，是通过判断当前字符是否是'\0'来确定串是否结束，从而求得串的长度，如图 4-2 所示。

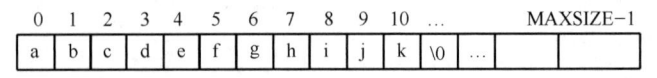

图 4-2　串的顺序存储方式 2

（3）设定长串存储空间：char s[MAXSIZE+1]。用 s[0]存放串的实际长度，串值存放在 s[1]~s[MAXSIZE]位置上，字符的序号和存储位置一致，应用更为方便，如图 4-3 所示。

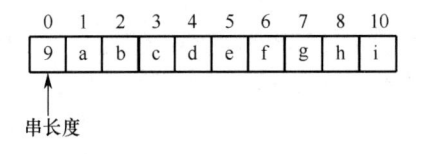

图 4-3　串实际长度

二、定长顺序串的基本运算

1. 串连接

串连接是把两个串 s1 和 s2 首尾连接成一个新串 s。
串连接算法：
  int StrConcat1(char s1[],char s2[],char s[]){
   int i,j,len1,len2;
   i=0;

```
       len1=StrLength(s1);
       len2=StrLength(s2);
       if(len1+len2>MAXSIZE-1)
         return 0;//s 串存储空间不够，返回错误代码 0
       j=0;
       while(s1[j]!='\0')
       {s[i]=s1[j];//将 s1 串值赋给 s
       i++;
       j++;
       }
       j=0;
       while(s2[j]!='\0')
       {
       [s[i]=s2[j]];
       i++;
       j++;
       }
       [s[i]='\0'];
       return 1;
       }
```

2．求子串

求子串算法：
```
       int StrSub(char *t,char *s,int i,int len){
       //用 t 返回串 s 中第 i 个字符开始的长度为 len 的子串，1≤i≤串长
       int j;
       int slen;
       slen=StrLength(s)
       if(i<1||i>slen||len<0||len>slen-i+1)
       {cout<<"参数不对"<<end|;
         return 0;//给定参数不符合要求，返回错误代码 0
       }
       for(j=0;j<len;j++)
         t[j]=s[i+j-1];//将对应子串值赋给 t
         t[j]='\0';//建立 t 串结束标记
         return 1;
       }
```

3．串比较

串比较算法：
```
       int StrComp(char *s1,char *s2){
         int i;
         i=0;
         while(s1[i]==s2[i]&&s1[i]!='\0')//两串对应位置字符比较
         i++;
```

```
    return(s1[i]-s2[i]);//返回首个对应位置不同的字符的 ASCII 码差值
}
```

三、串的链式存储结构

1. 链串的定义

串是一种特殊的线性表，和线性表相似，也可以用链表来存储串。串的这种链式存储结构简称为链串。用链表存储字符串，每个节点需要有两个域：一个数据域（data）和一个指针域（next），其中数据域存放串中的字符，指针域存放后继节点的地址。链串的存储方式有以下两种。

1）节点大小为 1 的链式存储

和前面介绍的单链表一样，每个节点为一个字符，链表也可以带头节点。s= "ABCDEFGHI" 的存储结构具体形式如图 4-4 所示。

图 4-4 节点大小为 1 的链式存储

2）节点大小为 K 的链式存储

为了提高存储空间的利用率，有人提出了大节点的结构，所谓大节点就是一个节点的值域存放多个字符，以减少链表中的节点数量，从而提高空间的利用率。假设一个字中可以存储 K 个字符，则一个节点有 K 个数据域和一个指针域，若最后一个节点中数据域少于 K 个，则必须在串的末尾加一个串的结束标志。假设 $K=4$，并且链表带头节点，串 s= "ABCDEFGHI" 的存储结构具体形式如图 4-5 所示。

图 4-5 节点大小为 4 的链式存储

2. 链串的结构类型

链串的结构类型定义如下：
```
typedef struct node{
char data;
struct node *next;
}LinkStrNode;//节点类型
typedef LinkStrNode *LinkString;//LinkString 为链串类型
LinkString S;//S 是链串的头指针
```

> **注意**
>
> （1）链串和单链表的差异仅在于其节点数据域为单个字符。
> （2）一个链串由头指针唯一确定。

任务三　串的堆存储结构

任务引入

小明通过学习，知道了串的顺序存储和链式存储的基本含义与操作方法。关于串，还有没有别的特殊存储方法呢？有，那就是堆存储。

任务分析

堆存储结构并不是一种全新的存储结构，它仍然采用一组地址连续的存储单元存储串的字符序列，类似线性表的顺序存储结构。不同的是，串的堆存储结构是在程序运行过程中动态分配存储空间的，当新生成一个串时，系统会根据串的大小从"堆"中给新串分配空间，当然系统也会动态释放掉串所占用的空间。

知识准备

一、串名的存储映像

串名的存储映像是串名-串值内存分配对照表，也称为索引表。表的形式有多种，常见的串名（索引表）有如下几种：

带串长度的索引表；
末尾指针的索引表；
带特征位的索引表。

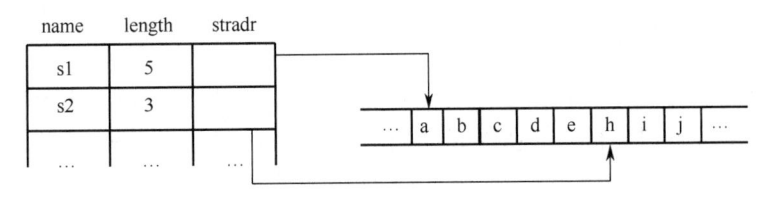

1．带串长度的索引表

带串长度的索引表如图4-6所示，索引项的节点类型如下：

```
typedef struct
{char name[MAXNAME];//串名
int length;//串长
char *stradr;//起始地址
}LNode;
```

name	length	stradr
s1	5	
s2	3	
…	…	…

… a b c d e h i j …

图4-6　带串长度的索引表

其中，length域指示串的长度，stradr域指示串的起始位置。借助此结构可以在串名和串值之间建立一个对应关系，称为串名的存储映像。系统中所有串名的存储映像构成一个符号表。

图4-7所示是一个堆存储及符号表，其中a="a program"，b="string"，c="process"。

```
Store[MAXSIZE]  FREE=23
```

a	p	r	o	g	r	a	m	s	t	r	i	n	g
p	r	o	c	e	s	s							

符号表

符号名	len	Start
a	9	0
b	7	9
c	7	16

图 4-7　堆串的存储映像示例

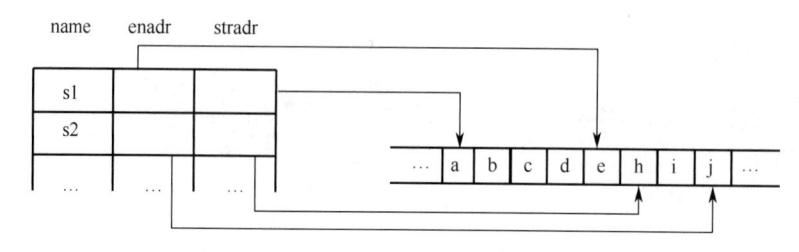

2．末尾指针的索引表

末尾指针的索引表如图 4-8 所示，索引项的节点类型如下：
```
typedef struct
{char name[MAXNAME];//串名
 char *stradr,*enadr;//起始地址，末尾地址
}ENode;
```

图 4-8　末尾指针的索引表

3．带特征位的索引表

当一个串的存储空间不超过一个指针的存储空间时，可以直接将该串存储在索引项的指针域，这样既节约了存储空间，又提高了查找速度，但这时要加一个特征位 tag 以指出指针域存放的是指针还是串。

带特征位的索引表如图 4-9 所示，索引项的节点类型如下：
```
typedef struct
{char name[MAXNAME];
 int tag;//特征位
 union    //起始地址或串值
 {char *stradr;
  char value[4];
```

}uval;
}TNode;

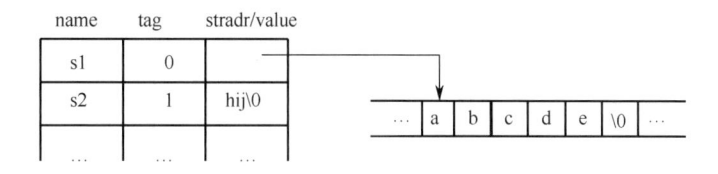

name	tag	stradr/value
s1	0	→ ... a b c d e \0 ...
s2	1	hij\0
...	...	

图 4-9　带特征位的索引表

二、堆存储结构

堆存储结构的基本思想是：在内存中开辟能存储足够多的串、地址连续的存储空间作为应用程序中所有串的可利用存储空间，称为堆空间。

例如，设堆空间为 store[SMAX+1]，根据每个串的长度，动态地为每个串在堆空间里申请相应大小的存储区域，这个串顺序存储在所申请的存储区域中，在操作过程中若原空间不够，则可以根据串的实际长度重新申请，复制原串值后再释放原空间。

如图 4-10 所示，阴影部分是已经为存在的串分配过的，free 为未分配部分的起始地址，每当向 store 中存放一个串时，要填上该串的索引项。

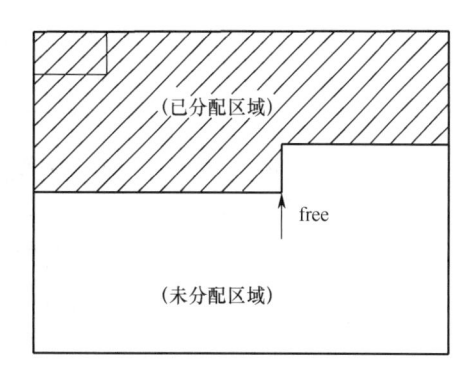

图 4-10　堆结构示意图

三、基于堆结构的基本运算

堆结构上的串运算仍然基于字符序列的复制进行，基本思想是：当需要产生一个新串时，要判断堆空间中是否还有存储空间，若有，则从 free 指针开始划出相应大小的区域为该串的存储区，然后根据运算求出串值，最后建立该串存储映像索引信息，并修改 free 指针。

设堆空间为：char store[SMAX+1]；自由区指针为：int free。
串的存储映像类型如下：
　　typedef struct
　　{int length;　//串长
　　int stradr;　//起始地址
　　}HString;

四、串的应用举例：文本编辑

文本编辑程序用于源程序的输入和修改，以及公文书信、报刊和书籍的编辑排版等。常用的文本编辑软件有 Edit、WPS、Word 等。文本编辑的实质是修改字符数据的形式和格式，虽然各个文本编辑程序的功能不同，但基本操作是一样的，都包括串的查找、插入和删除等。为了编辑方便，可以用分页符和换行符将文本分为若干页，每页有若干行。我们把文本当作一个字符串，称为文本串，页是文本串的子串，行是页的子串。

我们采用堆存储结构来存储文本,同时设立页指针、行指针和字符指针,分别指向当前操作的页、行和字符,同时建立页表和行表存储每一页、每一行的起始位置和长度。

假设有如下 PASCAL 源程序:

  FUNC max(x, y: integer): integer;
  VAR z: integer;
  BEGIN
    IF x>y THEN z:=X;
    ELSE z:=y;
    RETURN(z);
  END;

我们把此程序看成一个文本串,输入到内存后格式如图 4-11 所示,图中的↙为回车符。为了管理文本串的页和行,在进入文本编辑时,编辑程序先为文本串建立相应的页表和行表,即建立各子串的存储映像,如表 4-1 和表 4-2 所示。页表的每一项给出了页号和该页的起始行号,而行表的每一项则指示每一行的行号、起始地址和该行子串的长度。

F	U	N	C		m	a	x	(	x	,	y	:	i	n	t
e	g	e	r	)	:		i	n	t	e	g	e	r	;	↙	V
A	R		z	:		i	n	t	e	g	e	r	;	↙	B	E
G	I	N	↙			I	F		x	>	y		T	H	
E	N		z	:	=	X	;	↙			E	L	S	E	
	z	:	=	y	;	↙			R	E	T	U	R	N	
(	z	)	;	↙	E	N	D	;	↙						

图 4-11 文本格式示例

表 4-1 页表

页 号	起 始 位 置	长 度
1	0	107

表 4-2 行表

行 号	起 始 位 置	长 度
1	0	31
2	31	15
3	46	6
4	52	21
5	73	14
6	87	14
7	101	5

文本编辑程序中设立页指针、行指针和字符指针,分别指示当前操作的页、行和字符。若在某行内插入或删除了若干字符,则要修改行表中该行的长度。若该行的长度超出了分配

· 62 ·

给它的存储空间，则要重新分配空间，同时还要修改该行的起始位置。如果要插入或删除一行，就要涉及行表的插入或删除。若被删除的行是所在页的起始行，则要修改页表中相应页的起始行号（修改为下一行的行号）。

项目总结

本项目主要讲述了串的基本概念和基本操作，串操作的应用方法和特点，希望读者通过本章的学习，掌握串的顺序存储结构，并能利用基本操作来实现串的其他各种操作。

项目五 数组和广义表

思政目标
- 鼓励学生追求真理。
- 培养学生勇于担当的精神。
- 培养学生精益求精的态度。

技能目标
- 认识数组和广义表这两种数据结构。
- 掌握对特殊矩阵进行压缩存储时的下标变换公式。
- 掌握稀疏矩阵的存储方法,广义表的结构特点及其存储表示方法。

项目导读

数组和广义表,都用于存储逻辑关系为"一对一"的数据。大部分的编程语言都包含数组存储结构,其用于存储不可再分的单一数据;而广义表不同,它还可以存储子广义表。

任务一 数组

任务引入

通过对串的学习,小明已经掌握了数据结构的一些基本知识。那么,还有哪些数据结构的知识没有学习?"书山有路勤为径,学海无涯苦作舟",数据结构还有很多需要学习的知识,下面先学习数组的有关知识。

任务分析

我们在学习 C 语言时已经学习过数组,下面从数据结构的角度来研究数组。数组实际上是线性表的推广,其特点是结构中的元素本身可以是具有某种结构的数据,但属于同一数据类型。一维数组与多维数组其实际是相同的,都是线性表。

知识准备

从本质上讲,数组与顺序表、链表、栈和队列一样,都是用来存储具有"一对一"逻辑关系的数据的线性存储结构。只是各编程语言都默认将数组作为基本数据类型，使初学者对数组有了"只是基本数据类型，不是存储结构"的误解。

一、数组概念及其存储结构

1. 数组的概念

数组是几乎所有高级语言都提供的一种常用的数据结构。数组（Array）是由下标（index）和值（value）组成的序对（Indexvalue Pairs）的集合。在一般的程序设计语言中，数组必须先进行定义（或声明）后才能使用，数组的定义由以下三部分组成：

（1）数组的名词；
（2）数组的维数及各维长度；
（3）数组元素的数据类型。

例如，在 C 语言中，二维数组的定义为：

Elem Type arrayname[row][col];

由此可以看出，数组中所有的元素属于同一数据类型。数组一旦定义，它的元素个数即确定了，所需的存储空间也就确定了。因此，数组不存在线性表中的插入和删除操作，除了初始化操作，对于数组操作一般只限于两类：取得特定位置的元素值及对特定位置的元素进行赋值。

2. 数组的顺序存储

高级编程语言中，数组在计算机内是用一批连续的存储单元来表示的，称为数组的顺序存储结构。在二维数组中，每个元素都受行关系和列关系的约束，如在一个二维数组 $A[m][n]$ 中，对于第 i 行第 j 列的元素 $A[i][j]$，$A[i][j+1]$ 是该元素在行关系中的直接后继元素；而 $A[i+1][j]$ 是该元素在列关系中的直接后继元素。大部分高级编程语言采用行序为主的存储方式（如 C、Pascal），如图 5-1（a）所示；有的编程语言（如 FORTRAN）采用的是以列序为主的存储方式，如图 5-1（b）所示。

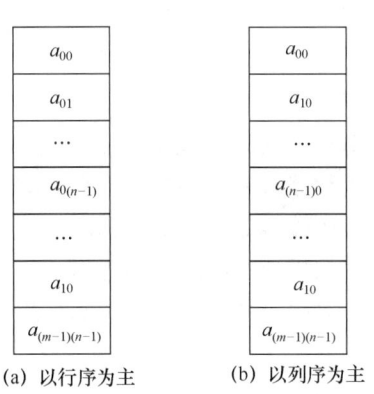

(a) 以行序为主　　(b) 以列序为主

图 5-1　二维数组的存储

首先看一维数组 $a[n]$，数组的长度为 n，每个元素所需的存储空间 L 是由数组元素的数据类型决定的，

即

$$L=\text{sizeof(Elem Type)}$$

数组的首地址为LOC[A](元素A[0]的地址),则数组A中任何一个元素A[i]的地址LOC(i)可由下式进行计算：

$$LOC[i]=LOC[A]+iL$$

对于二维数组a[n][m]来说，先依次存放第一行的元素$a_{0,0},a_{0,1},\cdots,a_{0,m-1}$；然后存放第二行的元素$a_{1,0},a_{1,1},\cdots,a_{1,m-1}$；最后存放第n行的元素$a_{n-1,0},a_{n-1,1},\cdots,a_{n-1,m-1}$；若每行的元素个数为m，每个元素所需存储单元为L，设数组中的第一个元素$a_{0,0}$存储地址为LOC[$a_{0,0}$]，如图5-2所示，则$a_{i,j}$的物理地址可计算出来：

$$LOC[a_{i,j}]=LOC[a_{0,0}]+(mi+j)L$$

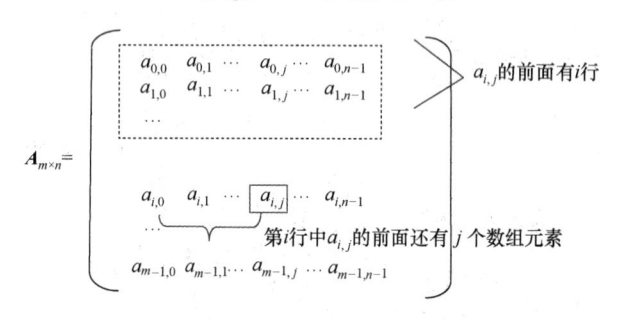

图5-2 二维数组中各元素的物理地址

同理可知，三维数组$A[c_1][c_2][c_3]$采用按行存储方式的地址映像公式为：

$$LOC[i,j,k]=LOC[0,0,0]+(c_2c_3i+c_3j+k)L$$

分析上面的公式，c_2c_3为最末两维所对应的二维数组的元素个数，c_3则是最末一维所规定的一维数组的元素个数，以上规则可以推广到多维数组的情况。

二、特殊矩阵的压缩存储

矩阵在科学与工程计算中有着广泛的应用，但在数据结构中我们研究的不是矩阵本身，而是如何在计算机中高效地存储矩阵、实现矩阵的基本运算。在高级编程语言中，通常用二维数组来表示矩阵。这样，利用上面的地址计算公式可以快速访问矩阵中的每一个元素。但实际应用中会遇到一些特殊矩阵。

所谓特殊矩阵是指矩阵中值相同的元素或者零元素的分布有一定的规律。通过分析特殊矩阵中非零元素的分布规律，只存储其中的必要的、有效的信息，为了节省存储空间，可以对这些矩阵进行压缩存储。所谓压缩就是为多个值相同的元素只分配一个存储空间。由于特殊矩阵中非零元素的分布有明显的规律，因此我们可将其压缩存储到一个一维数组中，并找到每个非零元素在一维数组中的对应关系。常见的特殊矩阵有：对称矩阵、三角矩阵和三对角矩阵。

1. 对称矩阵

若一个n阶矩阵A中的元素满足：$a_{i,j}=a_{j,i}$（1≤i≤j，1≤j≤n），则称A为n阶对阵矩阵，即元素分布关于主对角线对称。

对于对称矩阵，可以为每一对对称元素分配同一存储空间，因此具有n^2个元素的对称矩阵采用一维数组可以压缩存储到n(n+1)/2个元素空间中。

一个 4×4 对称矩阵 M，存储映像为

$$M = \begin{pmatrix} 5 & 3 & 2 & 1 \\ 3 & 4 & 3 & 6 \\ 2 & 3 & 2 & 2 \\ 1 & 6 & 2 & 3 \end{pmatrix}$$

按行序存储为

5	3	4	2	3	2	1	6	2	3
1	2	3	4	5	6	7	8	9	10

用一维数组 $M[1\cdots n(n+1/2)]$ 作为 n 阶对称矩阵 A 的存储结构时，矩阵元素 $a_{i,j}$ 与数组元素 $M[k]$ 存在一一对应的关系，则下标间的换算关系如下：

$$k = \begin{cases} \dfrac{i(i-1)}{2} + j, & \text{当} i \geqslant j \text{时（下三角部分）} \\ \dfrac{i(j-1)}{2} + j, & \text{当} i < j \text{时（上三角部分）} \end{cases}$$

2．三角矩阵

当一个方阵的主对角线以上或以下的所有元素皆为零时，该矩阵称为三角矩阵。三角矩阵分为上三角矩阵和下三角矩阵，图 5-3 是两种特殊矩阵的形式。

对于 n 阶上三角和下三角矩阵，按以行序为主序的原则，将矩阵的所有非零元素压缩存储到一个一维数组 $M[1\cdots n(n+1)/2]$ 中，则 $M[k]$ 和矩阵中非零元素 $a_{i,j}$ 之间存在一一对应的关系：

下三角矩阵：$k=i(i-1)/2+j, i \geqslant j$
上三角矩阵：$k=(2n-i+2)(i-1)/2+(j-i+1), i \leqslant j$

$$\begin{pmatrix} a_{1,1} & & & 0 \\ a_{2,1} & a_{2,2} & & \\ \vdots & \vdots & \ddots & \\ a_{n,1} & a_{n,2} & \cdots & a_{n,n} \end{pmatrix} \qquad \begin{pmatrix} a_{1,1} & a_{1,2} & \cdots & a_{1,n} \\ & a_{2,2} & \cdots & a_{2,n} \\ & & \ddots & \vdots \\ 0 & & & a_{n,n} \end{pmatrix}$$

(a) 下三角矩阵　　　(b) 上三角矩阵

图 5-3　三角矩阵

3．三对角矩阵

三对角矩阵是指除了主对角线上和直接在对角线上下的对角线上的元素，其他所有元素皆为零的矩阵，如图 5-4 所示。

对于 n 阶三对角矩阵，以按行序为主序的原则将矩阵的所有非零元素压缩到一维数组 $M[1\cdots 3n-2]$ 中，则 $M[k]$ 和矩阵中非零元素 $a_{i,j}$ 之间存在一一对应关系：$k=2i+j-2$。图 5-5 给出了三对角矩阵的压缩存储形式。

$$\begin{pmatrix} a_{1,1} & a_{1,2} & & 0 \\ a_{2,1} & \ddots & \ddots & \\ & \ddots & \ddots & a_{n-1,n} \\ 0 & & a_{n,n-1} & a_{n,n} \end{pmatrix}$$

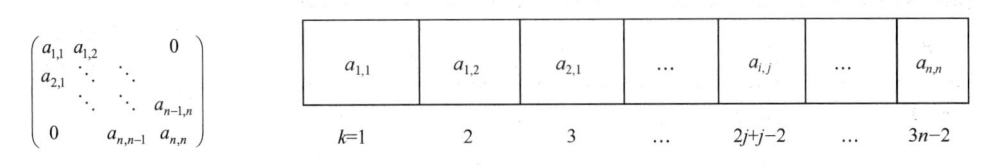

$a_{1,1}$	$a_{1,2}$	$a_{2,1}$	...	$a_{i,j}$	...	$a_{n,n}$
$k=1$	2	3	...	$2i+j-2$	...	$3n-2$

图 5-4　三对角矩阵　　　　图 5-5　三对角矩阵的压缩存储形式

三、稀疏矩阵

所谓稀疏矩阵，是指矩阵中大多数元素为零的矩阵。一般地，当非零元素的个数占元素

$$M = \begin{pmatrix} 5 & 0 & 8 & 0 & 0 & 0 \\ 0 & 0 & 0 & 0 & 6 & 0 \\ 8 & 0 & 0 & 0 & 0 & 0 \\ 0 & 0 & 4 & 0 & 0 & 0 \\ 0 & 0 & 0 & 0 & 0 & 3 \end{pmatrix}$$

图 5-6 稀疏矩阵

总数的比例低于 20%时，称这样的矩阵为稀疏矩阵。例如，矩阵 M 中 30 个元素中只有 6 个非零元素，这显然是一个稀疏矩阵，如图 5-6 所示。

对于这样的矩阵，如果采用二维数组存储全部元素，显然会浪费大量的存储空间，因此一般采用压缩存储方式。稀疏矩阵进行压缩存储通常有两类方法：顺序存储和链式存储。

1．稀疏矩阵的三元组表示法

由于稀疏矩阵中非零元素的分布不像特殊矩阵那样有规律，因此无法在矩阵的下标与存储位置间建立直接联系，对于矩阵中的每一个非零元素，除了存储非零元素，还要存储非零元素所在的行号、列号，才能迅速确定一个非零元素是矩阵中的哪一个元素。

其中，每一个非零元素所在的行号、列号和值组成一个三元组（$i,j,a_{i,j}$），下列 6 个三元组表示了稀疏矩阵 A 的 6 个非零元素：

（1,1,5）（1,3,8）（2,5,6）（3,1,8）（4,3,4）（5,6,3）

用 C 语言描述三元组表结构如下：

```
typedef struct{
    int row,col;         //该非零元素的行、列下标
    ElemType data;       //非零元素的值
}TripleTp;
typedef struct{
    TripleTP elem[maxsize];   //非零元素三元组表
    int m,n,t;                //矩阵的行数、列数和非零元素个数
}SpmatTp;
```

2．稀疏矩阵的转置运算

稀疏矩阵的转置运算就是对一个 $m \times n$ 的矩阵 A，它的转置矩阵 B 是一个 $n \times m$ 的矩阵，且

$$a_{i,j}=b_{j,i}, 0 \leq m, \ 0 \leq j < n$$

即 A 的行是 B 的列，A 的列是 B 的行。

三元组转置的方法有两种。

1）按照矩阵 M 的列序进行转置

【算法步骤】

第一次扫描把 a.data 中所有 $j=1$（列号为 1）的三元组（对应 M 中第一列的非零元素）存入 b.data 中，第二次扫描把 a.data 中所有 $j=2$ 的三元组（对应 M 中第二列的非零元素）存入 b.data 中，最后经过对 a.data 进行 n 次扫描（n 为 M 的列数）才能完成。具体的算法描述如下。

【算法实现】

```
void TransMatrix（TriTuple Table *b, TriTuple Table *a）
{//a 和 b 是矩阵 A、B 的三元组表，将 A 转置为 B
int p,q,col;
p->m=a->n;   b->=a->m;//A 和 B 的行列总数互换
p->t=a->t; //非零元素总数
if(a->t!=0){
q=0;
for(col=1;col<a->n;col++)//扫描 A 的每一列
```

```
        for(p=0;p<a->t;p++)//扫描 A 的三元组表
        if(a->data[p].j==col){//找列号为 col 的三元组
        b->data[q].  i=a->data[p].j;
        b->data[q].  j=a->data[p].i;
        b->data[q].  v=a->data[p].v;
        q++;
        }
            }
}//TransMatrix
```

【算法分析】

该算法除少数附加空间，如 p、q 和 col 之外，所需要的存储量仅为两个三元组表 a、b 所需要的空间。因此，当非零元素个数 $t<m×n/3$ 时，其所需存储空间比直接用二维数组要少。该算法的时间主要耗费在 col 和 p 的二重循环上，若 A 的列数为 n，非零元素个数为 t，则执行时间为 $O(n×t)$，即与 A 的列数和非零元素个数的乘积成正比。通常用二维数组表示矩阵时，其转置算法的执行时间是 $O(m×n)$，它与行数和列数的乘积成正比。由于非零元素个数一般远远大于行数，因此上述稀疏矩阵转置算法的时间大于通常的转置算法的时间，为此我们提出另一种方法。

2）按照 a.data 中三元组的次序进行转置

【算法步骤】

该算法实现对 a.data 扫描一次就能得到 b.data，因此首先要知道 a.data 中元素在 b.data 中的存储位置，才能每扫描到一个元素就直接将它放在 b.data 中应有的位置上。为此需要设置两个数组 num[1…n]和 pot[1…n]，分别存放在矩阵 *M* 中每一列的非零元素个数和每一列第一个非零元素在 b.data 中的位置。因此有：

pot[1]=0;

pot[col]=pot[col-1]+num[col-1](2≤col≤n);

对于图 5-5 中的矩阵，其 num 和 pot 的值如表 5-1 所示。

表 5-1 矩阵的 num 和 pot 的值

col	1	2	3	4	5	6
num	2	0	2	0	1	1
pot	0	2	2	4	4	5

具体转置算法描述如下。

【算法实现】

```
        void FTran(TriTupleTable *b, TriTupleTable *a)
        {//a,b 是矩阵 A、B 的三元组表，B 是 A 的转置矩阵
        Int p,q,col;
        b->m=a->n;    b->n=a->m;   //A 和 B 的行列总数互换
        b->t=a->t//非零元数总数
        if(a->t!=0){
        for(col=1;col<=a->n;cpl++)    num[col]=0;
        for(k=0;k<a->t;k++)num[a->data[k].j]++;
        pot[1]=0;
```

```
        for(col=2;col<=a->n;col++)
           pot[col]= pot[col-1]+num[col-1];
        for(p=0;p<a->t;p++){
        col=a->elem[p].j;q=pot[col];
        b->data[q].i=a->data[p].j;
        b->data[q].j=a->data[p].i;
        b->data[q].v=a->data[p].v;
        pet[col]++;}
        }
    }/*FTran*/
```

此算法比前一个算法多用了两个数组，但从时间上看，由于 4 个并列的循环语句分别执行了 n、t、n-1 和 t 次，因此算法的执行时间为 $O(n+t)$，当 t 和 m×n 等数量级时，该算法的执行时间为 $O(m×n)$，但在 t<<m×n 时，此算法比较高效。

3．稀疏矩阵的十字链表结构

稀疏矩阵的三元组结构与传统的二维数组相比节约了大量的存储空间，但是在进行某些运算，如矩阵相加乘法运算时，非零元素的个数和位置会发生很大的变化，采用三元组的顺序结构势必需要移动大量元素。为了避免移动元素，可以采用链式存储结构——十字链表。

在十字链表中，每一个非零元素用一个节点表示，节点中除了表示非零元素所在的行（row）、列（col）和值（val）的域，还需增加两个链域：行指针域（right），用来指向本行中下一个非零元素；列指针域（down），用来指向本列中下一个非零元素。整个链表构成一个十字交叉的链表，我们称这样的存储结构为十字链表。十字链表可用两个分别存储行链表的头指针和列链表的头指针的一维数组表示。图 5-7 为稀疏矩阵 *M* 的十字链表。

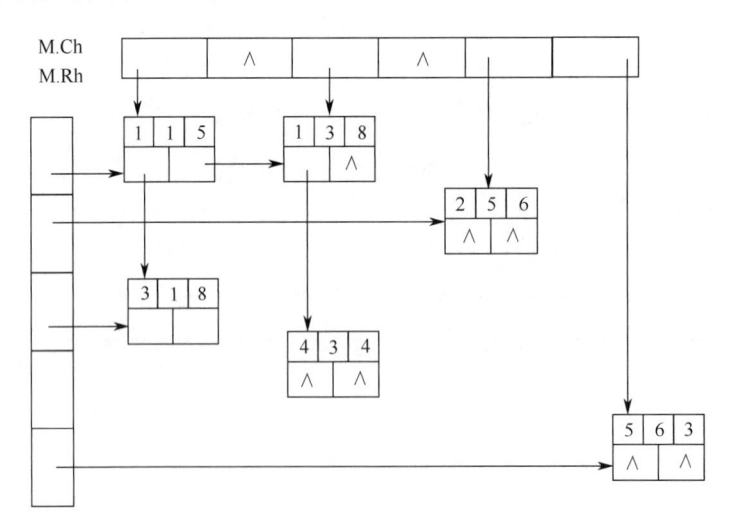

图 5-7 稀疏矩阵 *M* 的十字链表

十字链表的结构描述如下：

```
    typedef struct ONode
    {int row,col;ElemType val;//非零元素节点用 val 域
    struct node *right,*down;
    }Onode;
```

当稀疏矩阵用三元组表进行相加时,有可能出现非零元素的位置变动,这时候,不宜采用三元组表作为存储结构,而应该采用十字链表。但由于每个非零元素节点既在行链表中又在列链表中,因此在插入或删除节点时,既要在行链表中进行又要在相应的列链表中进行,这样指针的修改会复杂些。

任务二　广义表

任务引入

小明通过学习,掌握了数组的有关知识。"百尺竿头,更进一步",下面继续学习广义表这种数据结构的相关知识。

任务分析

广义表是线性表的推广,也称为列表(List)。广义表中的元素可以是一个原子元素,也可以是一个广义表。

知识准备

一、广义表的定义

广义表是线性表的推广,也称为列表。广义表一般记作

$$L=(d_0, d_1, \cdots, d_{n-1})$$

其中,L 是广义表 $(d_0, d_1, \cdots, d_{n-1})$ 的名称,表中元素的个数 n 称为广义表的长度。在线性表的定义中,a_i($1 \leq i \leq n$) 只限于单个元素。而在广义表的定义中,d_i 既可以是单个元素,也可以是广义表,分别称为广义表 L 的单元素(称为原子数据)和子表。习惯上,用大写字母表示广义表的名称,用小写字母表示单元素。当广义表 L 非空时,称第一个元素 d_0 为广义表的表头(head),称其余元素组成的表 $(d_1,d_2,\cdots,d_{n-1})$ 是 L 的表尾(tail)。

一个广义表的深度是指该广义表展开后所含括号的层数。

显然,广义表的定义是一个递归的定义,因为在描述广义表时又用到了广义表的概念。下面列举一些广义表的例子。

(1) $A=()$：A 是一个空表,它的长度为 0；深度为 1。

(2) $B=(e)$：广义表 B 只有一个单元 e,B 的长度为 1；深度为 1。

(3) $C=(a,(b,c,d))$：广义表 C 的长度为 2,两个元素分别为单元素 a 和子表(b,c,d),a 是表头,表尾是(b,c,d),深度为 2。

(4) $D=(A,B,C)$：广义表 D 的长度为 3,三个元素都是列表。显然,将子表的值代入后,则有 $D=((),(e),(a,(b,c,d)))$,深度为 3。

(5) $E=(a,E)$：这是一个递归的表,它的长度为 2。E 相当于一个无限的广义表 $E=(a(a(a\cdots)))$,深度无法确定。

由上述定义和例子可知广义表的三个重要结论：

(1) 广义表的元素可以是子表,而子表的元素还可以是子表；

(2) 广义表可为其他广义表所共享；

（3）广义表可以是一个递归的表，即广义表也可以是其本身的一个子表。

此外，由广义表的深度定义可知，空表或只含原子数据的广义表深度为 1，任一非空广义表的深度=最大子表深度+1。由表头和表尾的定义可知，任何一个非空的广义表，其表头可能是原子数据，也可能是子表，但表尾必定为子表。

二、广义表的存储结构

由于广义表的元素类型不一定相同，因此，很难用顺序结构存储表中元素，通常采用链存储方法来存储广义表中元素，并称之为广义链表。采用链式存储结构，每个数据元素可用一个节点表示。

根据上一节的分析，广义表中有两类节点：一类是原子节点，另一类是子表节点。为了将两者统一，用了一个标志 tag，当其为 0 时，表示是原子节点，其 data 域存储节点值，link 域指向下一个节点；当其 tag 为 1 时表示是子表节点，其 sublist 域为指向子表的指针，如图 5-8 所示。

| tag=1 | sublist | link |

(a) 子表节点

| tag=0 | date | link |

(b) 原子节点

图 5-8　广义表的链表节点结构

用 C 语言描述节点的类型如下：

```
typedef struct GLnode
{
int tag;//公共部分，用于区分原子节点（tag=0）和子表节点（tag=1）
union{
struct GLnode *sublist}val;//子表节点的指针域
Elemtype data;//原子节点的数据域
    };
struct Glnode *link;
}Gnode;
```

广义表有两种类型的存储结构，第一种是将广义表分为表头和表尾存储，第二种是在同层存储所有的数据。

【算法步骤】

$C=(a,(b,c,d))$ 的存储结构示意图如图 5-9 所示。

图 5-9（b）的存储结构容易分清广义表中原子和子表所在层次；最高层的表节点个数即广义表的长度；最低层的表节点所在层数即广义表的深度。

广义表的基本运算有：向广义表插入元素和从广义表中查找或删除元素，求广义表的长度和深度、输出广义表及广义表的复制等操作。由于广义表定义具有递归性质，因此采用递归算法是很自然的，本节采用带表头节点的广义表第二种存储结构实现下列基本运算。

(a) 第一种存储结构

(b) 不带表头节点的第二种存储结构

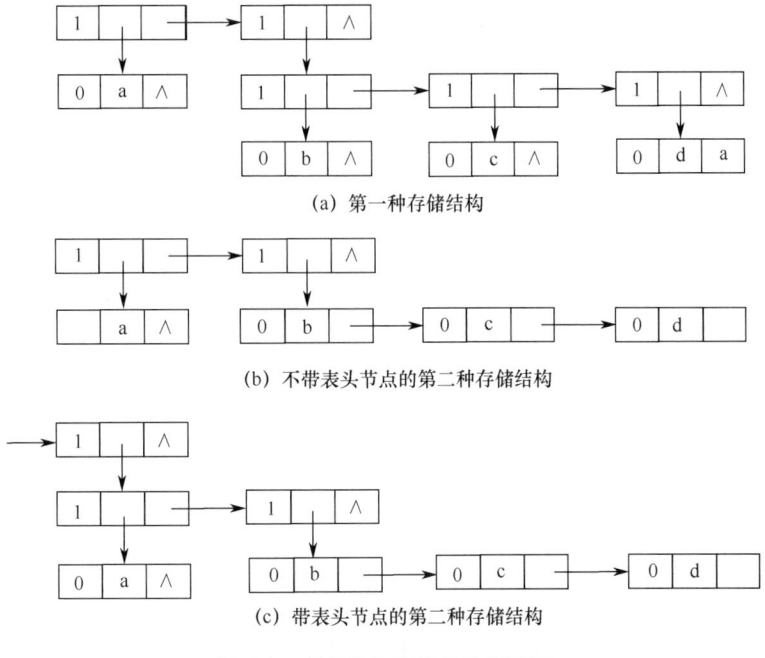

(c) 带表头节点的第二种存储结构

图 5-9 广义表的存储结构示意图

1．求广义表的深度

【算法步骤】

求广义表的深度公式如下：

（1）depdh(p)=1，当为空表时。

（2）depdh(p)=max(depdh(p1),…, depdh(pn))+1，其余情况。

其中，p=(p1,p2,…,pn)。

【算法实现】

```
int GLDepth(GLNode *g){       //求带头节点的广义表 g 的深度
    int max=0,dep;
    if (g->tag==0) return 0;   //为原子时返回 0
    g=g->val.sublist;           //g 指向第一个元素
    if (g==NULL) return 1;      //为空表时返回 1
    while (g!=NULL){             //遍历表中的每一个元素
        if (g->tag==1){          //元素为子表的情况
            dep=GLDepth(g);      //递归调用求出子表的深度
            if (dep>max) max=dep; //max 为同一层所求过的子表中深度的最大值
        }
        g=g->link;               //使 g 指向下一个元素
    }
    return(max+1);               //返回表的深度
}
```

2．计算一个广义表 h 中所有原子的个数

算法思想：设 num 为存储原子的个数，对广义表的每个元素进行循环操作，若为子表，

· 73 ·

递归计算该子表，并将其返回值累加到 num 中；否则，让 num 增 1，最后返回 num 的值。

【算法实现】

```
int atomnum(Gnode*H)
{
int num=0;
while(H!=Null)
{
if(H->tag==1)
num+=atomnue(H->val.sublist);
else
num+=1;
H-H->link;}
return num;
}
```

项目总结

数组和广义表是线性结构的一种扩展，本章主要讲述了数组的两种存储表示方法与实现，特殊矩阵的压缩存储，稀疏矩阵的三元组存储和十字链存储，广义表的基本概念及其存储表示方法，要求读者通过本章的学习认识数组和广义表这两种数据结构。

项目六 树与二叉树

思政目标

- 教育学生保护树木，爱惜环境，创建绿色生态家园。
- 由树结构引出家谱、国家区域结构等，培养学生爱家、爱国的情怀。
- 通过哈夫曼编码的由来，学习哈夫曼的科学研究精神，以及对职业的热爱和对信念的执着追求。

技能目标

- 掌握二叉树的基本概念、性质和存储结构。
- 熟练掌握二叉树的前、中、后序遍历方法。
- 了解线索化二叉树的思想。
- 了解树的存储方法，重点掌握孩子兄弟表示法。
- 掌握森林与二叉树的转换，树的遍历方法。
- 掌握哈夫曼树的实现方法、构造哈夫曼编码的方法。

项目导读

我们前面学习的线性表、队列、栈、字符串等都是线性结构，线性结构中元素之间都是一对一的关系。本项目要学习的树形结构是一种更复杂的数据结构，元素之间是一对多的关系。

任务一 树

任务引入

大自然中的树（见图 6-1）与我们的生活息息相关，树能防风固沙，涵养水土，还可以净化空气，保持生态平衡。树每天都在进行光合作用，释放出大量的氧气，这也正是我们所需要。总之，树能使我们的生活环境更加绿色健康。

图 6-1 树

任务分析

大自然中的每棵树都有一个树根,根上会有很多大小不同的分支和树叶。其实,数据结构中也有一种树形结构,与现实生活中的树非常类似。但是,树形结构与大自然中的树也不完全相同,它们到底有哪些区别呢?本项目我们重点研究树形结构。

知识准备

一、树的定义

树(Tree)是 n($n \geq 0$)个节点的有限集,它或为空树($n=0$),或为非空树。对于非空树 T:

(1)有且仅有一个称之为根的节点;

(2)除根节点以外的其余节点可分为 m($m>0$)个互不相交的有限集 $T_1, T_2, \cdots, T_m$,其中每一个集合本身又是一棵树,并且称为根的子树(SubTree),如图 6-2 所示。

图 6-2 所示的树根节点为 A,其余节点分成 3 个互不相交的子集:$T_1=\{B, E, F, K, L\}$、$T_2=\{C, G\}$、$T_3 = \{D, H, I, J, M\}$。T_1、T_2 和 T_3 都是根 A 的子树,且本身也是一棵树。例如,T_1 的根为 B,其余节点分为两个互不相交的子集:$T_{11} = \{E, K, L\}$,$T_{12} = \{F\}$。T_{11} 和 T_{12} 都是 B 的子树。而 T_{11} 中 E 是根,$\{K\}$ 和 $\{L\}$ 是 E 的两棵互不相交的子树,其本身又是只有一个根节点的树。

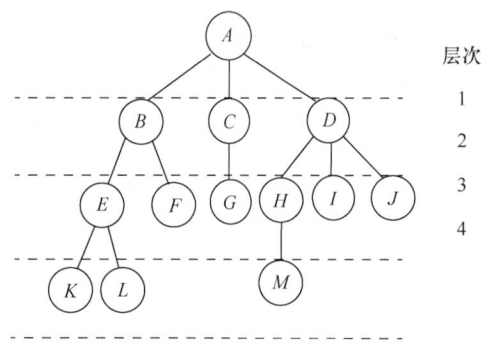

图 6-2 树的结构示意

二、树的基本术语

以图 6-2 的树为例介绍树的基本术语。

节点:树中一个独立单元。包含一个数据元素及若干指向其子树的分支。

节点的度:节点拥有的子树数。节点 A 的度为 3,节点 B 的度为 2,节点 M 的度为 0。

树的度:树中各节点度的最大值。

叶子节点:度为 0 的节点,也称终端节点。叶子节点有 K,L,F,G,M,I,J。

分支节点:度不为 0 的节点称为非终端节点,也称为内部节点。

层次:节点的层次从根节点开始定义起,根为第一层,根的孩子为第二层。树中任一节点的层次等于其双亲节点的层次加 1。节点 A 的层次为 1,节点 M 的层次为 4。

树的深度:树中节点的最大层次称为树的深度或高度。树的深度为 4。

双亲与孩子:节点的子树的根称为该节点的孩子,该节点称为孩子的双亲。节点 A 的孩子有 B、C、D;节点 B 的孩子有 E、F。节点 I 的双亲是 D,节点 L 的双亲是 E,而根节点 A 是树中唯一没有双亲的节点。

兄弟:同一双亲的孩子之间互称兄弟。节点 B、C、D 互为兄弟。

堂兄弟:双亲在同一层的节点为堂兄弟,但并非同一双亲。节点 F、G 互为堂兄弟。

祖先:从根到该节点所经分支的所有节点,节点 F 的祖先是 A、B。

子孙:以某节点为根的子树中任一节点称为该节点子孙。E、F、K、L 都是 B 的子孙。

有序树：节点各子树从左至右有序，不能互换。
无序树：节点各子树可互换位置。
森林：指 $m(m>0)$ 棵不相交的树的集合。对树中每个节点而言，其子树的集合即森林。删除根节点 A 后就是由三棵树构成的森林。

任务二 二叉树

任务引入

树是一种一对多的复杂逻辑结构，二叉树通常是研究的重点，为何要重点研究每个节点最多只有两个"叉"的树？

任务分析

二叉树的结构最简单，规律性最强，可以证明所有树都能转为唯一对应的二叉树，不失一般性。普通树若不转化为二叉树，则运算很难实现，因此我们重点学习二叉树。

知识准备

一、二叉树的定义

二叉树是 $n(n≥0)$ 个节点所构成的集合，它或为空树（$n=0$），或为非空树。对于非空树 T：

（1）有且仅有一个称之为根的节点；

（2）除根节点以外的其余节点分为两个互不相交的子集 T_1 和 T_2，分别称为 T 的左子树和右子树，且 T_1 和 T_2 本身又都是二叉树。图 6-3 就是一棵二叉树。

由二叉树定义可知二叉树或为空树，或由一个根节点和其左子树与右子树构成。二叉树的定义是递归的，它的两棵子树也是二叉树，因而子树也符合二叉树的定义，或为空树，或由根节点和其左右子树构成……由此，二叉树有 5 种基本形态，如图 6-4 所示。

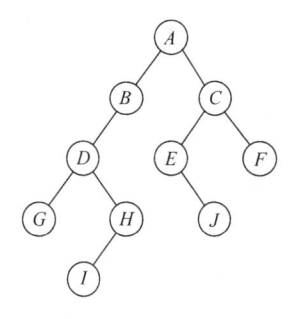

图 6-3 二叉树

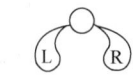

(a) 空二叉树 (b) 只有一个根节点 (c) 根节点只有左子树 (d) 根节点只有右子树 (e) 根节点既有左子树又有右子树

图 6-4 二叉树的 5 种基本形态

读者可以思考一下：具有 3 个节点的二叉树可能有几种不同形态？具有 3 个节点的普通树有几种不同的形态？

由于二叉树是有序树，因此具有 3 个节点的二叉树可能有 5 种不同形态，图 6-5（b）、(c)、(d)、(e) 表示不同的二叉树。而对于具有 3 个节点的普通树来说仅有两种不同形态。

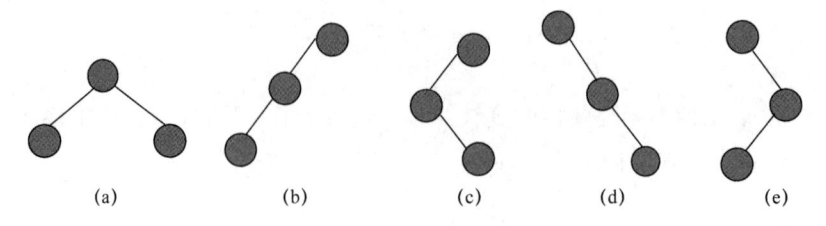

图 6-5　3 个节点的二叉树不同的形态

二、二叉树的基本特点

二叉树有以下两个基本特点。

（1）节点的度小于或等于 2，每个节点最多有两棵子树。需要注意的是二叉树不是只有两棵子树，而是最多有两棵子树，没有子树或有一棵子树都是可以的。

（2）有序树，左子树和右子树是有顺序的，不能任意颠倒。

三、二叉树的基本操作

二叉树的基本操作如下。

（1）InitBiTree(&T)：构造一棵空二叉树 T。

（2）DestroyBiTree(&T)：销毁二叉树 T。

（3）CreateBiTree(&T,definition)：按 definition 定义的二叉树构造二叉树 T。

（4）BiTreeDepth(T)：求二叉树 T 的深度。

（5）Parent(T,e)：若 e 是 T 中的非根节点，则返回它的双亲，否则返回"空"。

（6）LeftChild(T,e)：若 e 是 T 上的非终端节点，则返回 e 的左子树；若 e 无左子树，则返回"空"。

（7）RightChild(T,e)：若 e 是 T 上的非终端节点，则返回 e 的右子树；若 e 无右子树，则返回"空"。

（8）LeftSibling(T,e)：若 e 有左兄弟，则返回 e 的左兄弟；否则返回"空"。

（9）RightSibling(T,e)：若 e 有右兄弟，则返回 e 的右兄弟；否则返回"空"。

（10）InsertChild(&T,p,LR,c)：p 指向 T 中某个节点，LR 为 0 或 1，非空二叉树 c 与 T 不相交且右子树为空。根据 LR 为 0 或 1，插入 c 为 T 中 p 所指节点的左或右子树。p 所指向节点的原有左或右子树则成为 c 的右子树。

（11）DeleteChild (&T, p, LR)：p 指向 T 中某个节点，LR 为 0 或 1。根据 LR 为 0 或 1，删除 T 中 p 所指节点的左或右子树。

（12）PreOrderTraverse(T)：先序遍历 T，对每个节点访问一次。

（13）InOrderTraverse(T)：中序遍历 T，对每个节点访问一次。

（14）PostOrderTraverse(T)：后序遍历 T，对每个节点访问一次。

四、特殊形态的二叉树

1．满二叉树

在一棵二叉树中，若所有分支节点都存在左子树和右子树，并且所有叶子都在同一层上，则称这样的二叉树为满二叉树。图 6-6 就是一棵满二叉树。

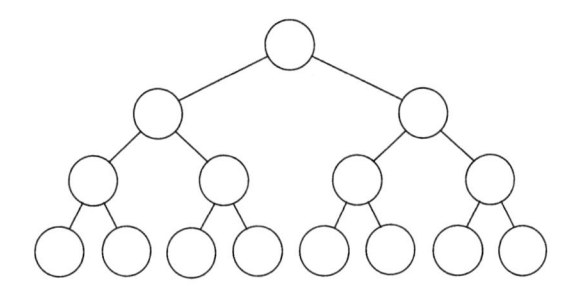

图 6-6　满二叉树

如果只是每个节点都存在左、右子树,那么不能算是满二叉树,还必须要所有的叶子都在同一层上,这就做到了整棵树的平衡。因此,满二叉树的特点有:

(1) 叶子只能出现在最下一层,出现在其他层就不可能达成平衡;
(2) 非叶子节点的度一定是2;
(3) 在同样深度的二叉树中,满二叉树的节点个数最多,叶子数最多。

2. 完全二叉树

深度为 k、有 n 个节点的二叉树,当且仅当其每一个节点都与深度为 k 的满二叉树中编号从 1 至 n 的节点一一对应,这棵二叉树称为完全二叉树。

图 6-7(a)为满二叉树,图 6-7(b)为相同深度的完全二叉树。若对满二叉树按照从上至下、从左至右的次序对每个节点进行编号,完全二叉树上任意一个节点的编号都与同样深度的满二叉树的对应节点的编号一一对应,否则这棵树就不是完全二叉树。

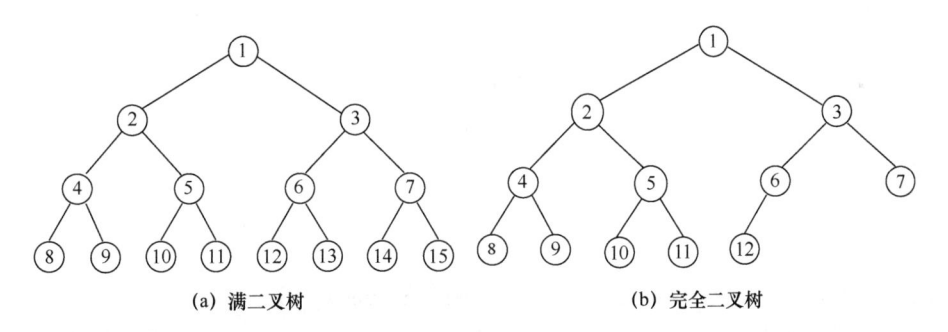

(a) 满二叉树　　　　　　　　　　(b) 完全二叉树

图 6-7　完全二叉树

完全二叉树的特点:
(1) 叶子节点只可能在层次最大的两层上出现;
(2) 最下层的叶子一定集中在左部连续位置;
(3) 倒数第二层若有叶子节点,一定都在右部连续位置。
(4) 若节点度为1,则该节点只有左子树,即不存在只有右子树的情况。
(5) 同样节点数的二叉树,完全二叉树的深度最小。

由满二叉树和完全二叉树的定义可知,满二叉树一定是一棵完全二叉树,但完全二叉树不一定是满二叉树。满二叉树是叶子一个也不少的树,而完全二叉树虽然前 $n-1$ 层是满的,但最底层却允许在右边缺少连续若干个节点,所以满二叉树是完全二叉树的一个特例。

五、二叉树的性质

性质 1：在二叉树的第 i 层上至多有 2^{i-1} 个节点。

通过观察图 6-7（a），我们可以发现：

第一层只有一个根节点，$2^{1-1}=1$；

第二层最多有 $2^{2-1}=2$ 个节点；

第三层最多有 $2^{3-1}=4$ 个节点；

以此类推，第 i 层最多有 2^{i-1} 个节点，是一个公比为 2 的等比数列。

性质 2：深度为 k 的二叉树至多有 2^k-1 个节点。

求深度为 k 的二叉树至多有多少个节点，其实就是求当二叉树深度为 k 时每一层节点数的累加和，设深度为 k 的二叉树至多有 S_k 个节点，则

$$S_k = \sum_{i=1}^{k} 2^{i-1}$$

由性质 1，我们可根据等比数列前 n 项和的公式来计算，公比 $q=2$，数列的第一项 $a_1=1$，数列的第 k 项 $a_k=2^{k-1}$，则

$$S_k = \frac{a_1 - a_n q}{1-q} = \frac{1 - 2 \times 2^{k-1}}{1-2} = 2^k - 1$$

性质 3：对于任何一棵二叉树，若深度为 2 的节点数有 n_2 个，则叶子数 n_0 必定为 n_2+1（$n_0=n_2+1$）。

设二叉树的分支数为 B，则这棵二叉树上必有 $n=B+1$ 个节点，因为除了根节点，每个节点都由一个分支发射出来。设二叉树上深度为 2 的节点个数是 n_2，深度为 1 的节点个数是 n_1，深度为 0 的节点数为 n_0，则

$$B = n_2 \times 2 + n_1 \times 1$$

树上节点总数又等于各个度的节点个数相加，则

$$n = n_2 + n_1 + n_0$$

于是

$$n_2 \times 2 + n_1 \times 1 + 1 = n_2 + n_1 + n_0$$

整理后得 $n_0=n_2+1$。

性质 4：具有 n 个节点的完全二叉树的深度必为 $\lfloor \log_2 n \rfloor + 1$。

若一棵完全二叉树的高度为 k，前 $k-1$ 层共有 $2^{k-1}-1$ 个节点，第 k 层最多有 2^k-1 个节点。对于这棵完全二叉树来说，它的节点数一定小于或等于同样深度的满二叉树的节点数 2^k-1，但一定多于 $2^{k-1}-1$，即满足 $2^{k-1}-1 < n \leq 2^k-1$。由于节点数 n 是整数，$n \leq 2^k-1$ 意味着 $n < 2^k$，$n > 2^{k-1}-1$ 意味着 $n \geq 2^{k-1}$，因此 $2^{k-1} \leq n < 2^k$，不等式两边取对数，得到 $k-1 \leq \log_2 n < k$，而 k 作为深度数也是整数，因此 $k = \lfloor \log_2 n \rfloor + 1$，如图 6-8 所示。

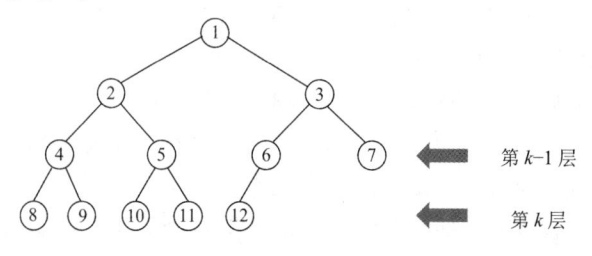

图 6-8 完全二叉树

性质 5：对一棵有 n 个节点的完全二叉树（其深度为 $\lfloor \log_2 n \rfloor +1$），其节点按层次编号，若从上至下、从左至右编号，对任一节点 i，有以下内容。

若 $i=1$，则 i 为根节点，无双亲；若 $i>1$，则其双亲节点编号为 $\lfloor i/2 \rfloor$。

若 $2i>n$，则 i 无左孩子，否则左孩子是节点 $2i$。

若 $2i+1>n$，则 i 无右孩子，否则右孩子是节点 $2i+1$。

六、二叉树的存储结构

二叉树有顺序存储和链式存储两种形式，我们先来讨论二叉树的顺序存储方式。

1. 二叉树的顺序存储

二叉树的顺序存储结构就是用一维数组存储二叉树中的节点，节点在数组中的位置要能够体现节点之间的关系，如双亲与孩子，节点之间的兄弟关系等。对于完全二叉树，采取从上至下，从左至右的顺序依次将节点存储在一维数组中。图 6-9 所示为将一棵完全二叉树顺序存储在一维数组中。

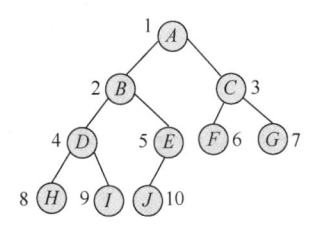

图 6-9 完全二叉树的顺序存储

完全二叉树的顺序存储结构既能够最大可能地节省空间，又能够利用数组下标值确定节点在二叉树中的位置，以及节点之间的关系。而对于普通二叉树，若仍按从上至下和从左至右的顺序将树中的节点顺序存储在一维数组中，则数组元素下标值之间的关系不能反映二叉树中节点之间的逻辑，如图 6-10 所示。

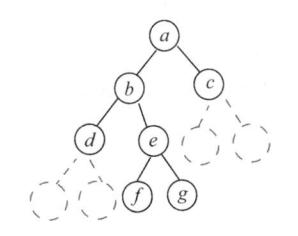

图 6-10 普通树的顺序存储

可以将普通的二叉树虚化成一棵完全二叉树实现顺序存储，也就是将二叉树中每个节点与完全二叉树上的节点对照，存储在一维数组对应的位置，没有节点的地方存储 "0" 或 "空"。

二叉树的顺序存储将节点间关系蕴含在其存储位置中，但是对于普通二叉树来说，会造成一定的空间浪费。如图 6-11 所示的单支树，存储这棵二叉树总共需要

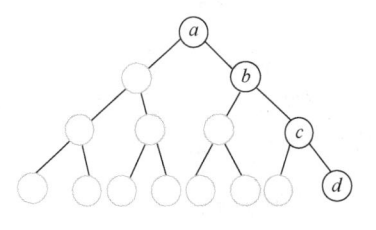

图 6-11 单支树

$2^4-1=15$ 个存储空间，但实际有用的只有 4 个。因此，二叉树的顺序存储方式仅适用于满二叉树和完全二叉树，对于普通二叉树而言更适合采用链式存储。

2．二叉树的链式存储

二叉树每个节点最多有两个子树，所以一个节点设置一个数据域和两个指针域分别指向它的左子树和右子树，这种存储结构称为二叉链表，如图 6-12 所示。二叉链表中每个节点至少包含三个域：数据域（data），左指针域（lchild）和右指针域（rchild），节点结构如图 6-13 所示。

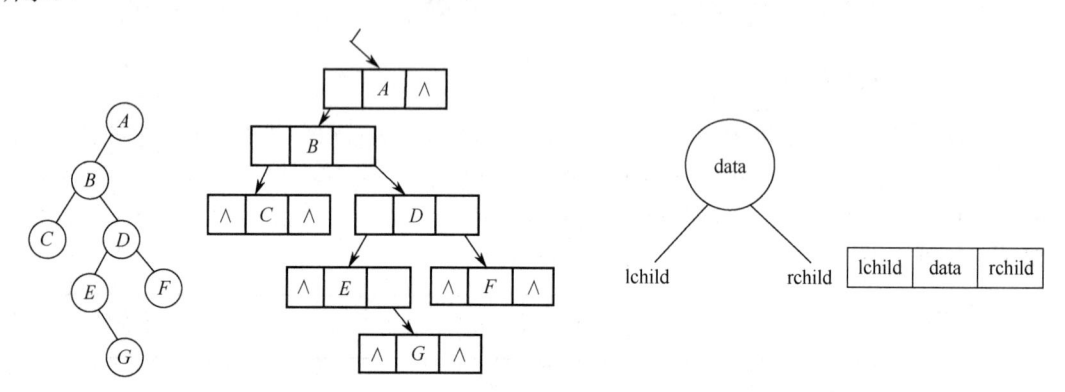

图 6-12　二叉链表　　　　　图 6-13　二叉树的节点及存储结构

二叉链表的节点结构定义代码如下：

```
typedef struct BiNode{
    TElemType data;                    //数据域
    struct  BiNode    *lchild,*rchild; //左右子树指针
}BiNode,*BiTree;
```

在实际应用中，如果需要经常访问节点的双亲节点，可以在节点中增加指向其双亲的指针域，就形成了三叉链表。

n 个节点的二叉链表中有多少个空的指针域呢？在二叉链表存储结构中，每个节点有两个指针域，n 个节点则有 $2n$ 个指针域，除根节点外其余每个节点都有一个指针指向该节点，因此有 $n-1$ 个非空指针，空指针域的个数为 $2n-(n-1)=n+1$。实际上，我们可以利用这 $n+1$ 个空指域存储一些有用的信息。

任务三　遍历二叉树

任务引入

二叉树是一种非线性结构，而计算机处理的指令序列是一个线性序列，二叉树的遍历可把二叉树中的节点信息由非线序列变为线性序列便于计算机处理。遍历二叉树是二叉树一切操作的基础与核心。

任务分析

根据二叉树的定义，二叉树或为空树，或由其根节点和其左、右子树构成，左、右子树也满足二叉树的定义。因此，遍历二叉树的实质就是按照不同的次序访问根节点、左子树和右子树。

知识准备

一、相关概念

遍历二叉树（Traversing Binary Tree）是指按某条搜索路径遍访树中每个节点，使得每个节点均被访问一次，而且仅被访问一次。访问的含义很广，可以是对节点做各种处理，包括输出节点的信息，对节点进行运算和修改等。遍历是树结构插入、删除、修改、查找和排序运算的前提，是二叉树一切运算的基础和核心。

二叉树是一种非线性结构，节点之间不再是简单的一对一关系，每个节点最多可能有两棵子树，对根节点（D）、左子树（L）和右子树（R）可以有不同的访问次序，最多有6种可能。按照先遍历左子树再遍历右子树的原则，常见的遍历次序有先序（DLR）、中序（LDR）和后序（LRD）三种，如图6-14所示。

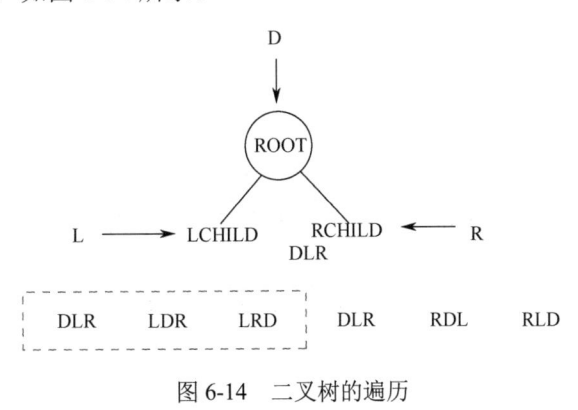

图6-14 二叉树的遍历

二、遍历二叉树的操作及算法

1. 先序遍历操作过程

若二叉树为空，则不执行任何操作，返回；否则按如下过程进行遍历：
（1）访问根节点（D）；
（2）先序遍历左子树（L）；
（3）先序遍历右子树（R）。

对图 6-15（a）中的二叉树进行先序遍历（假定这里的访问操作就是输出节点操作），遍历过程和结果如下：

（1）访问二叉树的根节点 A；

（2）先序遍历 A 的左子树，先访问这棵子树的根节点 B，接着访问 B 的左子树，左子树为空返回至 B，访问 B 的右子树，右子树的根节点是 D，再依次遍历 D 的左子树和右子树，D 的左、右子树都为空，此时完成对 A 的左子树的遍历；

（3）先序遍历 A 的右子树，A 的右子树的根节点为 C，而 C 的左、右子树均为空。

(a) 二叉树　　　　　　　　(b) 先序遍历过程

图 6-15　先序遍历二叉树

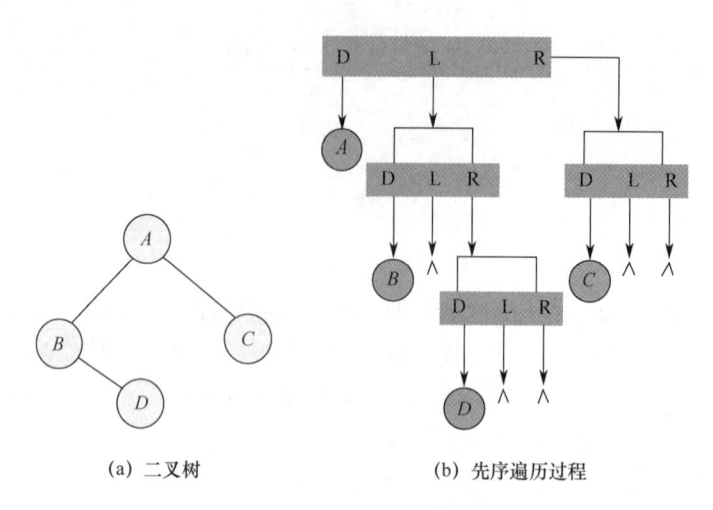

此时，对二叉树上的所有节点访问且仅访问了一次，遍历结束，如图 6-15（b）所示，得到先序遍历序列为：A、B、D、C。

2．先序遍历算法

先序遍历算法如下：

```
Status PreOrderTraverse(BiTree T){//先序遍历二叉链表表示的二叉树
    if(T==NULL) return OK;           //空二叉树
    else{
        cout<<T->data;                //访问根节点
        PreOrderTraverse(T->lchild);  //递归遍历左子树
        PreOrderTraverse(T->rchild);  //递归遍历右子树
    }
}
```

3．中序遍历操作过程

若二叉树为空，则不执行任何操作，返回；否则按如下过程进行遍历：

（1）中序遍历左子树（L）；

（2）访问根节点（D）；

（3）中序遍历右子树（R）。

对图 6-15（a）中的二叉树进行中序遍历，遍历过程和结果如下：

（1）中序遍历左子树，A 的左子树的根节点为 B，B 的左子树为空，因此先访问 B，再遍历 B 的右子树，右子树的左、右子树都为空，因此访问 D，此时左子树遍历完成；

（2）访问二叉树的根节点 A；

（3）中序遍历右子树，A 的右子树的根节点为 C，C 的左子树为空，访问 C，C 的右子树为空。

中序遍历完成，如图 6-16 所示，得到中序遍历序列为：B、D、A、C。

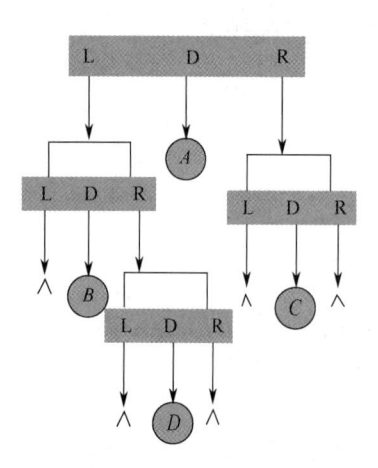

图 6-16　中序遍历过程

4．中序遍历算法

中序遍历算法如下：
```
Status InOrderTraverse(BiTree T){        //中序遍历二叉链表表示的二叉树
    if(T==NULL) return OK;               //空二叉树
    else{
        InOrderTraverse(T->lchild);      //递归遍历左子树
        cout<<T->data;                   //访问根节点
        InOrderTraverse(T->rchild);      //递归遍历右子树
    }
}
```

5．后序遍历操作过程

若二叉树为空，则不执行任何操作，返回；否则按如下过程进行遍历：
（1）后序遍历左子树（L）；
（2）后序遍历右子树（R）；
（3）访问根节点（D）。

对图 6-15（a）中的二叉树实现后序遍历，遍历过程和结果如下：

（1）后序遍历左子树，二叉树的根节点为 *A*，*A* 的左子树的根节点为 *B*，*B* 的左子树为空，右子树的根节点为 *D*，而 *D* 的左、右子树均为空，因此先访问 *D*，再访问 *B*；

（2）后序遍历右子树，右子树的根节点为 *C*，而 *C* 的左、右子树均为空，因此访问这棵子树的根节点 *C*；

（3）遍历节点 *A*，此时已经完成了对左子树、右子树及根节点的遍历，如图 6-17 所示，得到的后序遍历结果为：*D*、*B*、*C*、*A*。

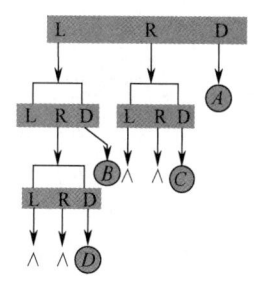

图 6-17　后序遍历过程

6．后序遍历算法

后序遍历算法如下：
```
Status PostOrderTraverse(BiTree T){
    if(T==NULL) return OK;               //空二叉树
    else{
        PostOrderTraverse(T->lchild);    //递归遍历左子树
        PostOrderTraverse(T->rchild);    //递归遍历右子树
        cout<<T->data;                   //访问根节点
    }
}
```

以上遍历算法采用了递归的方法，简单明了，容易理解。可以借助栈写出二叉树遍历的非递归算法，请读者自行完成。

案例——二叉树的遍历

对图 6-18 所示的二叉树分别进行先序、中序和后序遍历。
先序遍历此二叉树，得到此二叉树的先序遍历序列为

$$++a*bc*ef$$

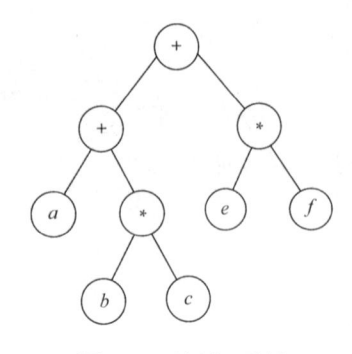

图 6-18 遍历二叉树

中序遍历此二叉树，得到此二叉树的中序遍历序列为

a+b*c+e*f

后序遍历此二叉树，得到此二叉树的后序遍历序列为

abc*+ef*+

由以上结果可知，对于这棵表达式树，先序遍历的结果恰为此表达的前缀式；中序遍历的结果恰为此表达式的中缀式；后序遍历的结果恰为表达式的后缀式。

通过以上分析的遍历算法，不难发现二叉树的 3 种遍历算法如果去掉输出语句，从递归的角度看是完全相同的，或说这 3 种算法的访问路径是相同的，只是访问节点的时机不同。

1）时间效率

不论哪种遍历方法，都是将二叉树中每个节点都访问一次，若二叉树中有 n 个节点，则时间复杂度为 $O(n)$。

2）空间效率

遍历二叉树采用了递归算法，所需辅助空间为遍历过程中栈的最大容量，即树的深度，最坏情况下为 n，则空间复杂度也为 $O(n)$。

三、根据遍历序列推导二叉树

若二叉树中各节点的值均不相同，则由二叉树的先序遍历序列和中序遍历序列，或者由其后序遍历序列和中序遍历序列均能唯一地确定一棵二叉树，但由先序遍历序列和后序遍历序列却不一定能唯一地确定一棵二叉树。

根据先序遍历的规则，第一个访问的必定是二叉树的根节点；而在中序遍历序列中，根节点必然将中序遍历序列分割成两个子序列，根节点之前的序列一定是根节点左子树上的节点，而根节点之后的序列一定是根节点右子树上的节点，对每一个子序列再重复上述过程，根据先序遍历序列确定左（右）子树的根节点，确定左（右）子树根节点的左子树和左子树根节点的右子树……如此递归下去，推导出唯一的二叉树。

同理，由二叉树的后序遍历序列和中序遍历序列也可以唯一地确定一棵二叉树。根据后序遍历的规则，最后访问的必定是二叉树的根节点，根节点将中序遍历序列分成两个子序列，分别表示根的左子树和右子树，然后采用类似的方法递归地进行划分，进而得到一棵二叉树。

案例——根据二叉树的遍历序列推导二叉树

已知一棵二叉树的中序遍历序列和后序遍历序列分别是 B、D、C、E、A、F、H、G 和 D、E、C、B、H、G、F、A，请画出这棵二叉树。

（1）由后序遍历的结果可知根节点必在后序序列尾部，可以确定二叉树的根节点是 A；

（2）由中序遍历特征可知根节点必在其中间，而且其左部（B、D、C、E）必全部是左子树子孙，其右部（F、H、G）必全部是右子树子孙；

（3）根据后序遍历序列中的的 D、E、C、B 子序列可确定 B 是左子树的根节点，根据 H、G、F 子序列可确定 F 为右子树的根节点；以此类推，将剩下的节点继续分解，可以得到二叉树如图 6-19 所示。

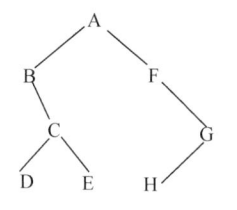

图 6-19　推导二叉树

任务四　线索二叉树

任务引入

遍历二叉树就是以一定的规则将树形结构转化成一个线性结构，在线性结构中除第一个和最后一个节点外，每个节点有且仅有一个直接前驱和直接后继（简称为前驱和后继）。要想知道某个节点的前驱和后继，必须要遍历一次，如果经常访问节点的前驱和后继，就要不断地重复遍历二叉树，这将造成时间的浪费，能不能在创建这棵二叉树时就将节点的前驱和后继信息保存下来呢？

任务分析

在 n 个节点的二叉链表中，有 $n+1$ 个空指针域。线索二叉树就是利用这些空指针域存放某种遍历次序下节点的直接前驱和直接后继节点的地址，以加快查找前驱和后继速度。指向节点前驱和后继的指针称为线索，加上线索的二叉链表称为线索链表，相应的二叉树就称为线索二叉树（Threaded Binary Tree）。对二叉树以某种次序遍历使其变为线索二叉树的过程叫作线索化。

普通二叉树只能找到节点的左、右孩子信息，若将遍历后对应的有关前驱和后继预存起来，则从第一个节点（可能是根或最左（右）叶子）开始就能很快"顺藤摸瓜"而遍历整个树。

知识准备

1. 构造线索二叉树

构造线索二叉树的过程实质就是修改二叉链表中的空指针域，将空指针域改为某一遍历次序下的直接前驱或后继的线索，而节点的直接前驱和后继只是遍历过程中得到的。对二叉树按照不同的遍历次序进行线索化，可以得到不同的线索二叉树，包括先序线索二叉树、中序线索二叉树和后序线索二叉树。下面重点介绍中序线索化的算法，先序线索化和后序线索化的过程与中序线索化的过程类似。

（1）若节点有左子树，则 lchild 指向其左子树；否则，lchild 指向其直接前驱。
（2）若节点有右子树，则 rchild 指向其右子树；否则，rchild 指向其直接后继。
为了避免混淆，增加两个标志域：LTag 和 RTag，其节点结构如图 6-20 所示。

| lchild | LTag | data | RTag | rchild |

图 6-20　线索二叉树的节点结构

$$LTag=\begin{cases}0, \text{lchild 域指向左子树;}\\1, \text{lchild 域指向其前驱。}\end{cases}$$

$$RTag=\begin{cases}0, \text{rchild 域指向右子树;}\\1, \text{rchild 域指向其后继。}\end{cases}$$

线索二叉树的存储结构如下：

```
typedef struct BiThrNode{
    TElemType data;                       //数据域
    struct BiThrNode *lchild,*rchild;     //左、右子树指针
    int LTag,RTag;                        //左、右标志
}BiThrNode,*BiThrTree;
```

2．中序线索二叉树

图 6-21（a）为中序线索二叉树，图 6-21（b）为与其对应的中序线索二叉链表，图中实线表示 lchild 和 rchild 分别指向左、右子树，虚线为线索，分别指问前驱和后继。

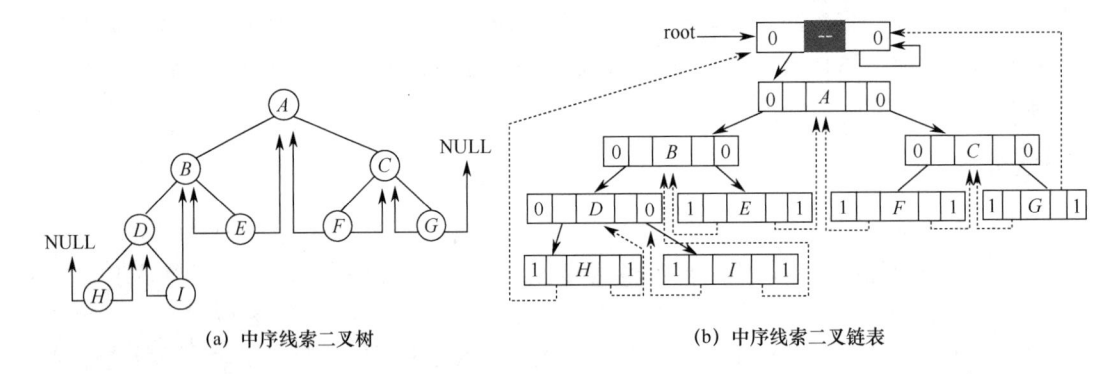

(a) 中序线索二叉树

(b) 中序线索二叉链表

图 6-21　线索二叉树与线索二叉链表

对这棵二叉树进行中序遍历，得到的遍历结果为 H、D、I、B、E、A、F、C、G，将所有的空指针域中的 lchild 指向它的前驱节点。二叉树中所有的叶子节点既没有左子树也没有右子树，所以叶子节点的空指针域可以指向它的前驱和后继。H 是中序遍历序列的第一个节点，无前驱，故而指向 NULL，后继为 D；I 节点的前驱是 D，后继是 B；E 的前驱是 B，后继是 A；F 的前驱是 A，后继是 C；G 的前驱是 C，由于 G 是最后一个节点，因此没有后继，故指向 NULL。

此时，共利用了 10 个空指针域。

在图 6-21（b）中如何知道指针指向的是子树还是线索呢？我们在二叉链表的节点中设置了 LTag 和 RTag 两个标志域，如 A、B、C、D 这 4 个节点既有左子树又有右子树，因此这 4 个节点的 LTag 和 Rtag 都置为 0，说明 lchild 指向的是节点的左子树，rchild 指向的是节点的右子树，而 H、I、E、F、G 是叶子节点没有左子树和右子树，因此这 5 个节点的 LTag 和 Rtag 都置为 1，说明 lchild 指向的是节点的前驱，rchild 指向的是节点的后继。

为了避免第一个节点和最后一个节点悬空，如图 6-21 中的 H 节点和 G 节点，在线索链表中增加一个头节点，头节点的 lchild 指向二叉树的根节点，其 rchild 指向中序遍历序列的最后一个节点；同时，令二叉树中序遍历序列的第一个节点的 lchild 和最后一个节点 rchild 均指向头节点。这样做有什么好处呢？增加头节点以后，既可从第一个节点起沿后继依次进行遍

历，也可从最后一个节点起沿前驱依次进行遍历，线索链表就变成了一个双向链表。

3．中序线索二叉树的构造

二叉树的线索化是将二叉链表中的空指针域改为指向前驱或后继的线索。而前驱或后继的信息只有在遍历时才能得到，因此线索化的实质就是遍历一次二叉树。

【算法步骤】

对二叉树中任意节点 p 为根的子树中序线索化，使用递归算法完成二叉树的中序线索化。分别对 p 的左子树和右子树进行递归调用线索化。

（1）指针 p 指向正在访问的节点，附设指针 pre 指向刚刚访问过的节点，即 pre 指向 p 的前驱。

（2）若 p 无左子树，则给 p 加左线索，即修改 p 的 lchild 指针使其指向中序遍历序列的前驱 pre，同时设置标志域 LTag。

（3）若 pre 无右子树，则给 pre 加右线索，即修改 pre 的 rchild 指针使其指向中序遍历序列的后继 p，同时设置标志域 RTag。

【算法实现】

```
void InThreading(BiThrTree p){          //对二叉树中任意节点 p 为根的子树中序线索化
    if(p){                              //若 p 不为空
        InThreading (p->lchild) ;       //递归调用，对 p 的左子树线索化
        if (!p->lchild){                //若 p 的左子树为空
            p->lchild=pre;              //p 的左子树指针指向其前驱 pre
            p->LTag=1;                  //修改标志域
        }else p->LTag=0;                //若 p 的左子树不为空，则 lchild 指向左子树
        if (!pre->rchild){              //若 pre 的右子树为空
            pre-> rchld=p;              //pre 的右子树指针指向后继 p
            pre-> RTag=1;               //修改标志域
        }else p->RTag=0;                //若 pre 的右子树不为空，则 rchild 指向右子树
        pre=p;                          //重新设置 pre，以便继续线索化
        InThrending (p->rchild) ;       //递归调用，对 p 右子树线索化
    }
}
```

4．中序线索二叉树的遍历

中序线索二叉树的存储结构中隐含了节点的前驱和后继信息，因此遍历二叉树就变得简单了很多。

【算法步骤】

（1）指针 p 指向二叉树的根节点。

（2）沿 p 的左子树指针域 lchild 向下，找到以 p 为根的二叉树的最左下的节点，也就是中序遍历的第一个节点，访问该二叉树最左下的节点。

（3）若 p 没有右子树，则沿 p 的右子树指针域 rchild 找到并访问 p 的后继。

（4）访问 p 的右子树，对右子树进行同样的操作，即找到右子树中最左下的节点，然后依次寻找后继。

【算法实现】

```
void InorderTraverse_Thr(BiThrTree T){
```

```
//T 指向线索二叉链表的头节点,头节点的 lchild 指向根节点,头节点的 rchild 指向最后一个节点。
//中序遍历二叉线索树 T
p=T->lchild;                        //p 指向二叉树的根节点
while(p!=T){                        //当 p 非空时
    while(p->LTag==0)               //当 p 有左子树时
        p=p->lchild;                //沿左子树向下,直到找到最左下的节点
    cout<<p->data;                  //访问 p 节点
    while(p->RTag==1&&p->rchild!=T){ //当 p 无右子树且遍历没有结束时
        p=p->rchild;                //p 指向 p 的右线索
        cout<<p->data;              //访问 p 的后继
    }
    p=p->rchild;                    //遍历右子树
}
```

【算法分析】

线索二叉树的遍历使用了非递归算法,不必再借助递归工作栈。遍历线索二叉树过程中对二叉树中每个节点都访问一次,因此,时间复杂度为 $O(n)$,空间复杂度为 $O(1)$。

任务五 树、森林与二叉树的转换

任务引入

树是一种一对多的数据结构,一个节点可以有多个孩子(子树),显然树的结构比较复杂。研究树的性质和算法是一件比较困难的事,有没有比较简单的方法解决对树的处理难的问题呢?

任务分析

二叉树每个节点最多有两个孩子,是一种最简单、规律性最强的树,我们能不能把树转化成二叉树来处理呢?从而把一个复杂的问题变得更简单。我们先来看如何将一棵树存储在计算机中。

知识准备

一、树的存储结构

树的存储结构既可以采用顺序存储结构又可以采用链式存储结构,常用的存储方法主要有双亲表示法、孩子表示法、孩子兄弟表示法。

1. 双亲表示法

双亲表示法就是以一组连续空间存储树的节点,同时在每个节点中附设一个指示器指示其双亲节点在数组中的位置。定义结构数组存放树的节点,每个节点含两个域:数据域(data)和双亲域(parent)。其中,data 是节点的数据域,parent 是双亲节点在数组中的下标。

例如,图 6-22 所示为一棵树及其双亲表示的存储结构,表格旁数字 0~9 表示数组的下标。

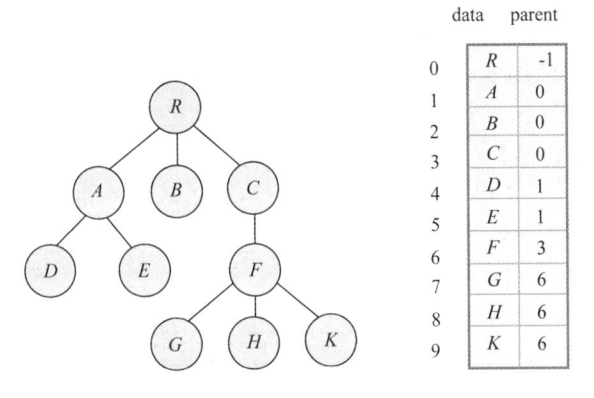

图 6-22 树的双亲表示法

从表格中可以看出节点 A、B、C 的双亲存储在数组中 0 的位置，0 位置中存储的节点是 R，因此可以判断出 R、A、B、C 的关系，R 是 A、B、C 的双亲，A、B、C 是 R 的孩子。再如，D、E 的双亲域是 1，而 1 中存储的节点是 A，由此可以判断出 A 是 D、E 的双亲，D、E 是 A 的孩子。

通过以上分析可以看出，双亲表示法找双亲比较容易，若要找孩子节点则需要遍历整个数组，是比较困难的。

2. 孩子表示法

由于树中每个节点可能有多棵子树，因此可用多重链表，即每个节点有多个指针域，其中每个指针指向一棵子树的根节点，此时链表中的节点可以有如图 6-23 所示的两种节点格式。

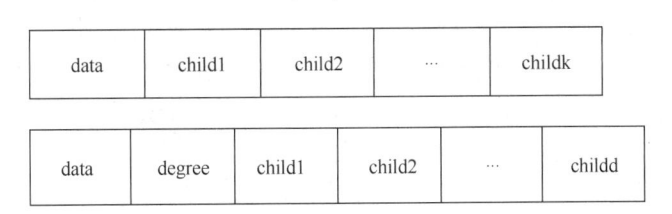

图 6-23 孩子表示法的两种节点格式

第一种方案是树中各节点是同构的，即每个节点指针域的个数是相同的，指针域的个数为树的度 k。若树中很多节点的度小于 k，则链表中有很多空链域，会造成空间浪费。可以证明，在一棵 n 个节点度为 k 的树中必有 nk-(n-1)=n(k-1)+1 个空链域。因此，这种存储方法仅适合各节点度数相差不大的情况。

第二种方案是树中各节点是不同构的，每个节点指针域的多少由节点本身的度 d 决定，由于每个节点的度不同，因此每个节点的指针域的个数也不同。节点中设置 degree 域专门用来存储指针域的个数，因此 degree 与 d 相同。这种存储方法的特点是节约空间，但操作不方便。

由于每个节点的孩子有多少是不确定的，因此把每个节点的孩子排列起来，组成一个单链表，则 n 个节点有 n 个孩子链表，若是叶子则此单链表为空；再把 n 个节点的头指针组成一个线性表，存放到顺序存储结构的数组中，这就是孩子链表表示法，是一种顺序存储和链式存储相结合的存储方法。结构体数组中每个节点包含 data 和 firstchild 两个域，数据域存储每个节点的数据信息,firstchild 指向该节点孩子链表的第一个节点,也就是孩子链表的头指针。图 6-24(a)为图 6-22 所示树的孩子链表表示法,单链表中每个节点的数据域为节点在数组中的下标,指针域指向下一个节点的位置。

孩子表示法找孩子容易,但找双亲难,因此可以将双亲表示法和孩子表示法结合起来,形成一种双亲孩子表示法,如图 6-24(b)所示,与孩子链表不同的是在结构数组节点中增加了 parent 域,存储双亲节点在数组中的位置可以方便找到节点的双亲,该节点既可以方便地找到双亲又可以快速地找到孩子。

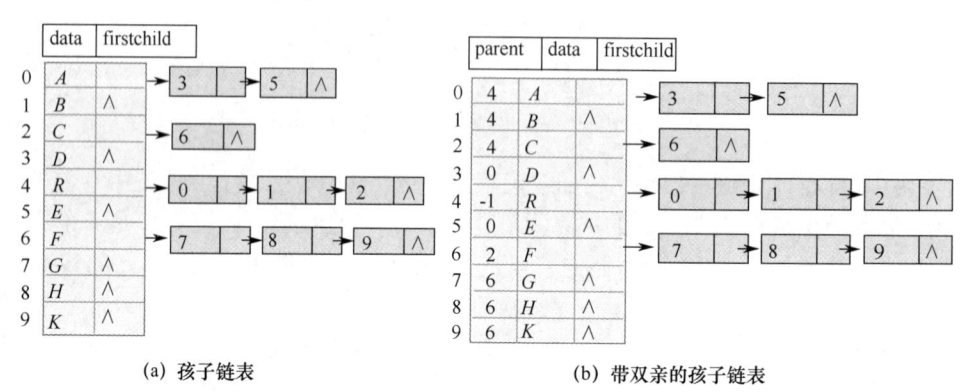

(a) 孩子链表

(b) 带双亲的孩子链表

图 6-24 孩子链表表示法

3. 孩子兄弟表示法

孩子兄弟表示法又称二叉树表示法,或二叉链表表示法,即以二叉链表作为树的存储结构。节点结构如图 6-25 所示,非常类似于二叉树的二叉链表存储结构,不同的是树的二叉链表结构中每个节点的两个指针域 firstchild 和 nextsibling 分别指向节点的第一个孩子和下一个兄弟。图 6-26 为图 6-22 所示的树对应的二叉链表表示。

图 6-25 孩子兄弟表示法的节点

树的二叉链表存储表示如下:

```
typedef struct CSNode{
    ElemType    data;
    struct CSNode  *firstchild,*nextsibling;
}CSNode,*CSTree;
```

孩子兄弟表示法是将一棵树转换成二叉树来处理,将树的操作转化为对二叉树的操作,从而方便了对树的操作。给定一棵树,可以找到与之对应的唯一的一棵二叉树。从物理结构上看,它们的二叉链表是相同的,只是解释不同而已。

图 6-26 二叉链表

二、树、森林与二叉树的转换方法

1. 树转换为二叉树

树和二叉树都可以采用二叉链表存储方式,因此借助二叉链表可以实现树与二叉树的转换,也可以经过如下步骤将树转换为二叉树。

(1)加线:树中所有相邻兄弟之间加一条连线。

(2)去线：对树中的每个节点，只保留它与第一个孩子节点之间的连线，删去它与其他孩子节点之间的连线。

(3)调整：以树的根节点为轴心，将整棵树顺时针转动一定的角度，使之结构层次分明。

如图 6-27 所示，一棵树经过三个步骤转换为一棵二叉树，每棵树都唯一地对应一棵二叉树。

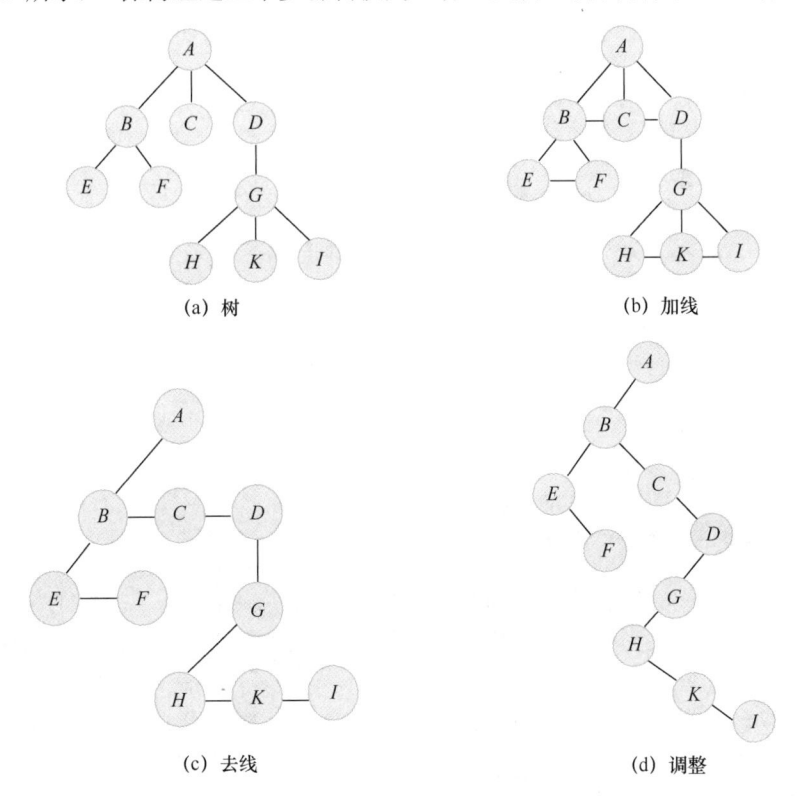

(a) 树　　(b) 加线　　(c) 去线　　(d) 调整

图 6-27　树转换成二叉树的过程

由以上例子可知，在二叉树中，左分支上的各节点在原来的树中是父子关系，而右分支上的各节点在原来的树中是兄弟关系。由于树的根节点没有兄弟，因此变换后的二叉树的根节点的右孩子必为空。

2. 森林转换为二叉树

将森林转换成二叉树与树转换成二叉树类似，森林是由零棵或多棵树组成的，只要将森林中各棵树的根视为兄弟，森林也同样可以用二叉链表表示。因为树转换所得的二叉树的根节点的右子树均为空，所以可将各二叉树的根节点视为兄弟从左至右连在一起，就形成了一棵二叉树。步骤如下：

(1)森林中各树先各自转为二叉树；

(2)第一棵二叉树不动，从第二棵二叉树开始，依次把后一棵二叉树的根节点作为前一棵二叉树根节点的右孩子，当所有二叉树连起来后，此时所得到的二叉树就是由森林转换得到的二叉树。

如图 6-28（a）所示，森林中有三棵树；首先按照树转二叉树的规则将森林中的每棵树转换成一棵二叉树，如图 6-28（b）所示；然后将第一棵二叉树的根节点作为整棵二叉树的根节点，如图 6-28（c）所示；最后将森林中其余二叉树相连，如图 6-28（d）所示。

(a) 森林

(b) 森林中每棵树转换成二叉树

(c) 将二叉树的根相连

(d) 森林转换成的二叉树

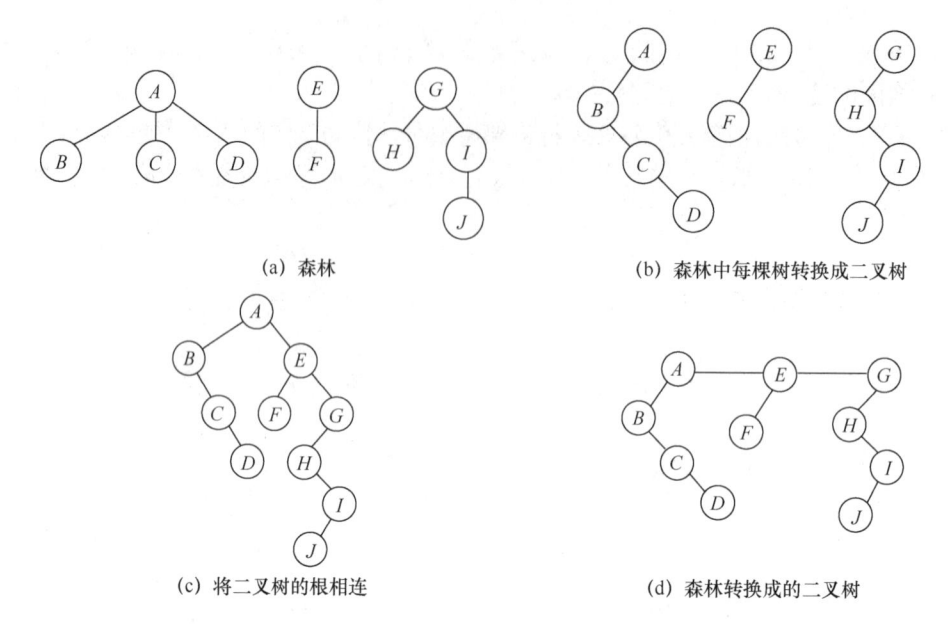

图 6-28　森林转换成二叉树的过程

3．二叉树转换为森林

二叉树转换为森林其实就是将二叉树转换成一棵或多棵树，若二叉树的根节点只有左孩子没有右孩子，则这棵二叉树可以看作由一棵树转换后得到的二叉树；若二叉树有右孩子，则这棵二叉树可以转换成森林，因为二叉树的右子树可以看作由除第一棵树外的森林转换的，森林中的第一棵树对应二叉树的根节点及左子树构成的二叉树。因此，二叉树转换为森林是一次或多次执行树转换为二叉树的逆过程。步骤如下。

（1）加线：若某节点是其双亲的左孩子，则把该节点的右孩子、右孩子的右孩子……都与该节点的双亲节点用线连起来。

（2）去线：删去原二叉树中所有的双亲节点与右孩子节点的连线。

（3）调整：使之结构层次分明。

二叉树转换成森林的过程如图 6-29 所示。

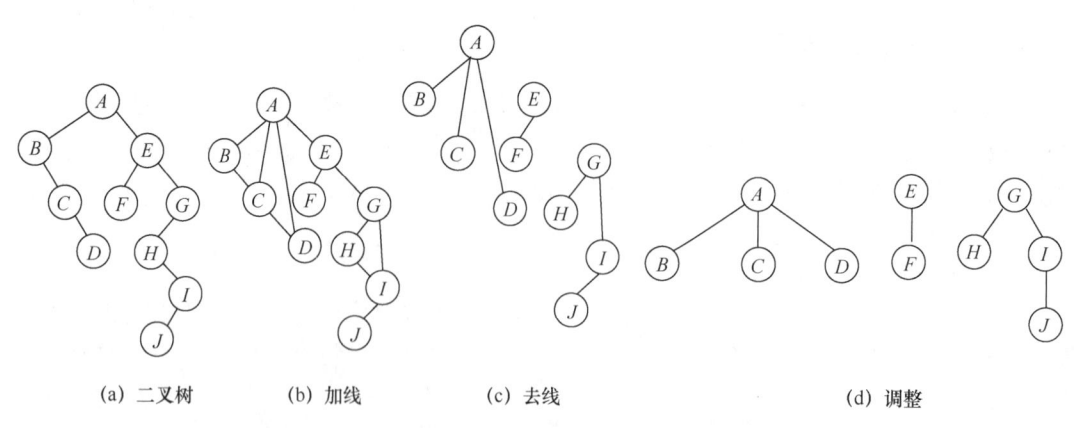

(a) 二叉树　　(b) 加线　　(c) 去线　　(d) 调整

图 6-29　二叉树转换成森林

三、树与森林的遍历

1．树的遍历

树的遍历分为先根遍历和后根遍历两种方式。因为树的子树无左右之分，所以树没有中序遍历。

（1）先根遍历：先访问树的根节点，然后依次先根遍历根的每棵子树。

（2）后根遍历：先依次后根遍历每棵子树，然后访问根节点。

对图6-27（a）所示的树进行先根遍历得到的结果是：A、B、C、D、E、F、G、H、K、I；对该树进行后根遍历得到的结果是：E、B、F、C、H、K、I、G、D、A。

树若采用"先转换，后遍历"方式，结果是否一样？我们对6-27（a）所示的树对应的二叉树即图6-27（d）分别进行先序遍历结果是A、B、C、D、E、F、G、H、K、I，中序遍历（结果是E、B、F、C、H、K、I、G、D、A），以及后序遍历。我们可以得到如下结论：

（1）树的先根遍历与二叉树的先序遍历相同；

（2）树的后根遍历相当于二叉树的中序遍历。

2．森林的遍历

森林的遍历分为先序遍历和中序遍历两种方式。

1）先序遍历

（1）访问森林中第一棵树的根节点；

（2）先序遍历第一棵树中根节点的子树森林；

（3）先序遍历除第一棵树外其他树构成的森林。

2）中序遍历

（1）中序遍历森林中第一棵树的根节点的子树森林；

（2）访问第一棵树的根节点；

（3）中序遍历除第一棵树外其他的树构成的森林。

例如，对图6-29（d）所示的森林进行遍历，先序遍历序列的结果是A、B、C、D、E、F、G、H、I、J；中序遍历的结果是B、C、D、A、F、E、H、J、I、G。

若先将森林转换成二叉树，再对二叉树进行遍历，遍历结果与上述遍历森林的结果是否相同呢？我们可以得到如下结论：森林的先序遍历和二叉树的先序遍历结果相同，森林的中序遍历和二叉树的中序遍历结果相同。由此可见，当树采用二叉链表存储结构时，对树的遍历可以转换为对二叉树的遍历。

任务六　哈夫曼树及其应用

任务引入

在计算机和互联网技术中，文本压缩是一个非常重要的技术。压缩的目的有两个：在网络上快速传递大量数据和节省磁盘空间。简单来说，就是把要压缩的文本进行重新编码，以减少不必要的空间。

任务分析

哈夫曼编码是一种基本的压缩编码方法，是美国数学家哈夫曼于 1952 年发明的，为了纪念他的特殊成就，把哈夫曼编码过程中用的树称为哈夫曼树，它的编码就叫作哈夫曼编码，哈夫曼编码是一个无损的压缩编码，一般用来压缩文本和程序。

在远程通信中，要将待传字符转换成二进制的字符串，怎样编码才能使它们组成的报文在网络中传得最快？

知识准备

一、基本概念

（1）路径：由一节点到另一节点间的分支所构成。

（2）路径长度：路径上的分支数目。

（3）带权路径长度：节点到根的路径长度与节点上权的乘积。

（4）树的带权路径长度：树中所有叶子节点的带权路径长度之和，通常记作 $WPL=\sum_{k=1}^{n}w_k l_k$。

（5）哈夫曼树：带权路径长度最小的树。

例如，4 个节点权值分别为 7、5、2、4，构造有 4 个叶子节点的二叉树。

给定一组权值，用以作为叶子节点可以构造出不同形状的二叉树。依次求得图 6-30 中三棵二叉树的带权路径长度：

$$WPL(a)=7\times2+5\times2+2\times2+4\times2=36$$
$$WPL(b)=7\times3+5\times3+2\times1+4\times2=46$$
$$WPL(c)=7\times1+5\times2+2\times3+4\times3=35$$

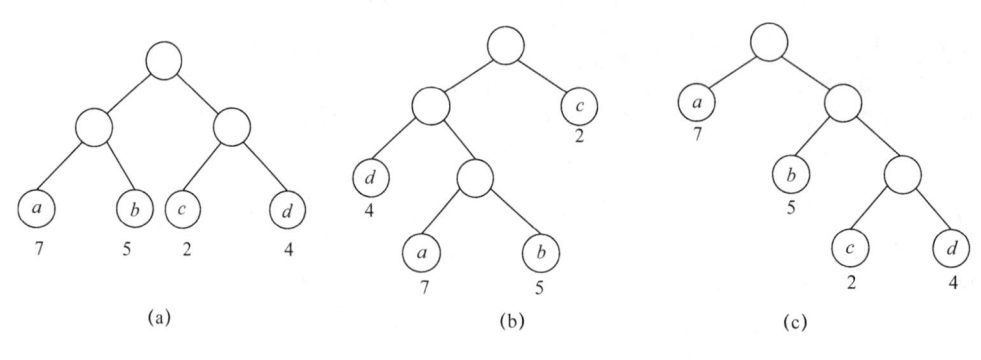

图 6-30　带权路径长度

我们的目的就是找到一棵带权路径长度最小的二叉树，这棵二叉树就是哈夫曼树。

二、哈夫曼树的构造过程

构造哈夫曼树的基本思想是使权值大的节点靠近根节点，而权值小的节点远离根节点。

哈夫曼树的构造过程如下：

（1）根据给定的 n 个权值 $\{w_1,w_2,\cdots,w_n\}$，构造 n 棵只有根节点的二叉树；

（2）在森林中选取两棵根节点权值最小的树作为左、右子树，构造一棵新的二叉树，置新二叉树根节点权值为其左、右子树根节点权值之和；

（3）在森林中删除这两棵树，同时将新得到的二叉树加入森林；

（4）重复步骤（2）、（3），直到只含一棵树为止，这棵树即哈夫曼树。

对于给定权值集 w={5,29,7,8,14,23,3,11}，构造关于 w 的一棵哈夫曼树，并求其带权路径长度。

哈夫曼树的构造过程如图 6-31 所示，求得哈夫曼树的 WPL=(7+8+3+5)×4+(14+11)×3+(23+29)×2=271。

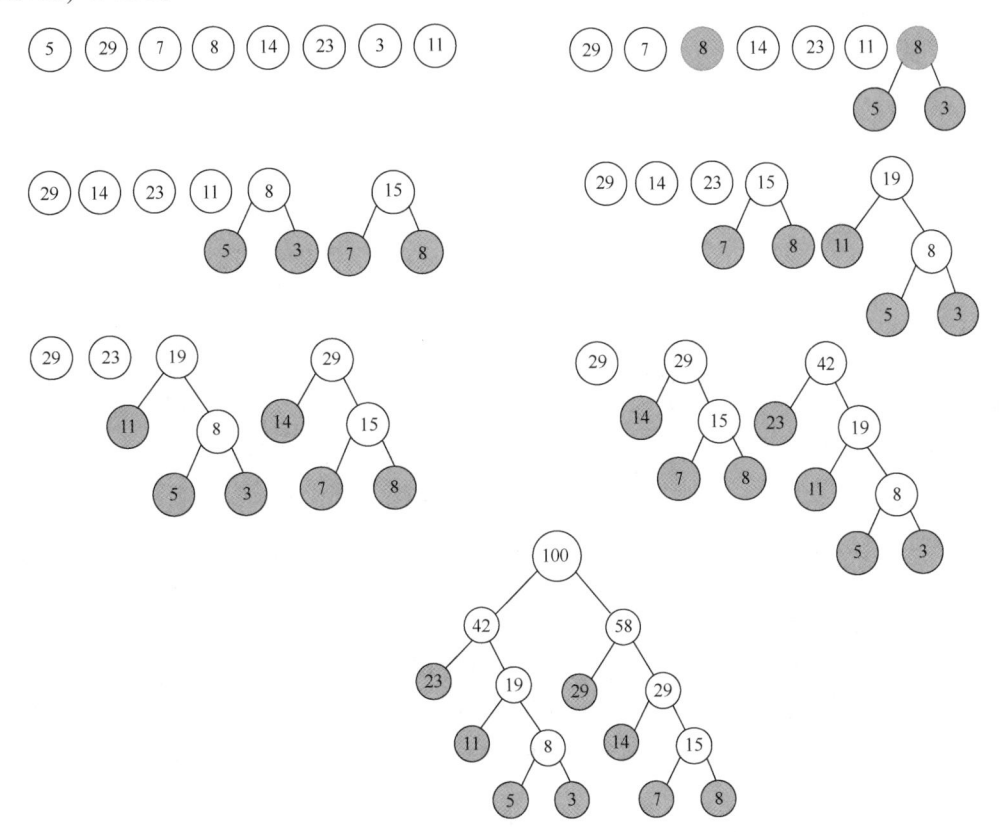

图 6-31　哈夫曼树的构造过程

> 注意
>
> 当有多个权值相同的树可作为候选树时，选择谁未作规定。因此，对于给定的权值集合，哈夫曼树不唯一。

三、哈夫曼编码的构造

假设现在网络中要传输的报文字符为"ABACCDA"，报文中包含 4 个字符"ABCD"，若采用等长编码方式，每个字符需要 2 位二进制位，这段文字对应的编码长度为 14，对方接收到之后可以按照 3 位一分来译码。这种方式编码方便，解码容易。但是如果文章很长，产生的二进制串也相当长。

相同字符的编码方式有多种，除了使用图 6-32（a）所示的等长编码外，还可以采用一种不等长编码方式，如图 6-32（b）所示。这种编码方式可以大大缩短报文总长度，加快报文在网络中的传输速度。但是，根据以上设计的不等长编码式，对方在接收到报文后进行译码时会出现二义性，因为"000011010"的前四位都是"0"，这 4 个"0"有多种译码方式，是表示 4 个 A 呢，还是表示 ABA、BB，还是其他呢？这样的编码不能保证译码的唯一性。为什么会出现这种问题呢？通过观察一下可以发现，A 的编码 0 是 B 的编码 00 的前缀，同时也是 D 的编码 01 的前缀，如图 6-32（b）所示。因此，设计不等长编码的关键就是必须使任一字符的编码都不是另一个字符的编码的前缀，这种编码方式称为前缀编码，哈夫曼编码就是一种前缀编码。

字符	编码
A	00
B	01
C	10
D	11

00010010101100

（a）等长编码方式

ABACCDA

字符	编码
A	0
B	00
C	1
D	01

000011010

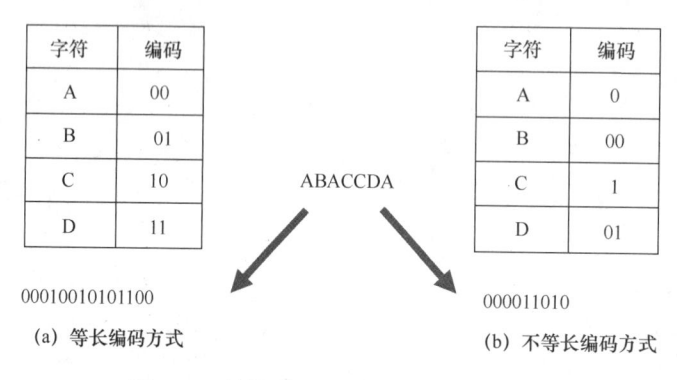

（b）不等长编码方式

图 6-32　等长编码方式与不等长编码方式

在任何语言中字符出现的频率都是不同的，有的字符出现的频率非常高，如英文中的"a""e""o"等，而也有一种字符出现频率非常低，如汉语中的一些生僻字。假定字符在报文中出现的频率是已知的，在编码时考虑字符出现的频率，让出现频率高的字符采用尽可能短的编码，出现频率低的字符采用稍长的编码，构造不等长编码，这样报文的总长度就会更短。

哈夫曼编码的基本思想是以字符在报文中出现的频率作权，构造一棵哈夫曼树，使用概率大的字符用短码，使用概率小的字符用长码。约定：哈夫曼树中的左分支代表 0，右分支代表 1。则从根节点到叶子节点路径分支上的字符组成该叶子节点对应字符的编码，我们称之为哈夫曼编码。

案例——构造哈夫曼编码

假设用于通信的报文仅由 8 个字母{a,b,c,d,e,f,g,h}构成，它们在报文中出现的概率分别为{0.07,0.19,0.02,0.06,0.32,0.03,0.21,0.10}，试为这 8 个字母设计哈夫曼编码。

为了方便计算，将概率放大 100 倍，放大后的权值集合 w={7,19,2,6,32,3,21,10}。

解题思路：

（1）构造哈夫曼树；

（2）按照左 0 右 1 的规则进行编码；

（3）取从根节点到叶子节点路径分支上的编码。

得到的哈夫曼树和哈夫曼编码如图 6-33 所示。

哈夫曼编码的 WPL=2(19+32+21)+4(7+6+10)+5(2+3)=261。

仔细观察可以发现，哈夫曼树中没有一片叶子是另一片叶子的祖先，每片叶子对应的编码就不可能是其他叶子编码的前缀。

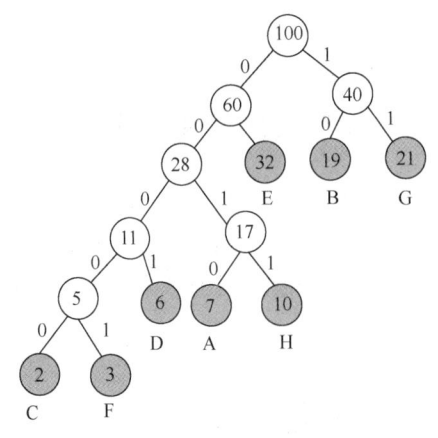

(a) 哈夫曼树

字符	编码	概率
A	0010	0.07
B	10	0.19
C	00000	0.02
D	0001	0.06
E	01	0.32
F	000001	0.03
G	11	0.21
H	0011	0.10

(b) 哈夫曼编码

图 6-33　构造哈夫曼编码

由以上构造的哈夫曼编码和哈夫曼树可知，报文总长度=2(19+32+21)+4(7+6+10)+5(2+3)=261，恰恰是二叉树的带权路径长度 WPL。在哈夫曼树中，树的带权路径长度的含义是各个字符的编码长与其出现次数的乘积之和，也就是报文的代码总长，所以采用哈夫曼树构造的编码是一种能使报文代码总长最短的不等长编码。

我们再来看如何译码，在构成哈夫曼树以后，译码需要走一条从根到叶子的路径，设一个指针 p 指向根节点，读第一个编码，若读到的是 0，则走左分支；若读到是 1，则走右分支。这里读到的第 1 个字符是 1，走右分支，指针 p 下移，继续读取下一个字符 0，走左分支，指针 p 继续下移，这时指针 p 指向了叶子节点 B，可以解码第一个字符 B，指针 p 指回根节点，0010 解出第二个字符为 h，以此类推，可以无二义性地解码。

四、哈夫曼编码的几点结论

（1）哈夫曼编码是不等长编码。

（2）哈夫曼编码是前缀编码，即任一字符的编码都不是另一字符编码的前缀。

（3）哈夫曼树中没有度为 1 的节点。若叶子节点的个数为 n，则哈夫曼编码树的节点总数为 $2n-1$。

（4）哈夫曼树是 WPL 最小的二叉树，因此编码的平均码长亦最小。

（5）发送过程：根据由哈夫曼树得到的编码表送出字符数据

（6）接收过程：按左 0 右 1 的规定，从根节点走到一个叶子节点，完成一个字符的译码，反复此过程，直到接收数据结束。

项目总结

树形结构是一种非线性结构，二叉树是一种常用的树形结构。

二叉树满足 5 个性质。

满二叉树和完全二叉树是两种特殊形态的二叉树；满二叉树的特点是每层都"充满"了节点，在同样深度的二叉树中，满二叉树的节点个数最多，叶子数最多。完全二叉树的特点是只有最后一层叶子不满，且全部集中在左边。满二叉树是完全二叉树的一个特例，而完全二叉树不一定是满二叉树。

二叉树可采用顺序存储和链式存储。顺序存储就是把二叉树的所有节点按照从上至下，从左至右的顺序进行编号并依次存放在一组地址连续的存储单元中，这种存储方式更适用于完全二叉树。链式存储结构又称二叉链表，每个节点包括两个指针域，分别指向其左孩子和右孩子。

树的存储结构有三种：双亲表示法、孩子表示法和孩子兄弟表示法。孩子兄弟表示法也称树的二叉链表表示法，任意一棵树都能通过孩子兄弟表示法转换为二叉树进行存储。

二叉树的遍历包括：先序遍历、中序遍历、后序遍历。遍历是二叉树一切操作的基础与核心。

线索化二叉树，利用二叉链表中的 $n+1$ 个空指针域来存放指向某种遍历次序下的前驱节点和后继节点的指针。引入二叉线索树的目的是加快查找节点前驱或后继的速度。

哈夫曼编码是一种数据压缩技术，按照字符在报文中出现的概率进行编码，哈夫曼编码是一种优秀的前缀编码。

项目七 图

思政目标

- 图的遍历——教育学生做好个人防护，为他人负责，减少新冠肺炎的传播。
- 拓扑排序——找出事物间的关系，善于规划。
- 最小生成树——了解国家在交通、通信等领域的突出成就，培养学生对伟大祖国的认同。
- 最短路径——学习 Dijstra 的科学家故事，使学生追求梦想，对科学执着追求。
- 关键路径——找出关键活动，计算工程的最短工期，培养学生的时间意识，解决问题时抓住问题的主要矛盾的哲学思想。

技能目标

- 掌握图的基本概念、相关术语和性质。
- 掌握图的邻接矩阵和邻接表两种存储表示方法。
- 掌握图的两种遍历方法：DFS 和 BFS。
- 掌握最短路径算法（Dijkstra 算法）的实现。
- 掌握最小生成树的两种算法思想。
- 掌握拓扑排序算法思想。
- 掌握算法关键路径的应用场合和算法思想。

项目导读

图是一种多对多的数据结构，在图结构中，节点之间的关系可以是任意的，图中任意两个节点之间都可能相关。图在生活中的应用非常广泛，涉及多个领域。

任务一 图的定义和基本术语

任务引入

你和任何一个陌生人之间所间隔的人不会超过 6 个，也就是说，最多通过 6 个中间人你就能认识任何一个陌生人。这就是由美国的心理学家米格兰姆提出的著名的六度空间理论（Six Degrees of Separation），又称六度分割理论或小世界理论，如图 7-1 所示，这是一个数学领域的猜想。

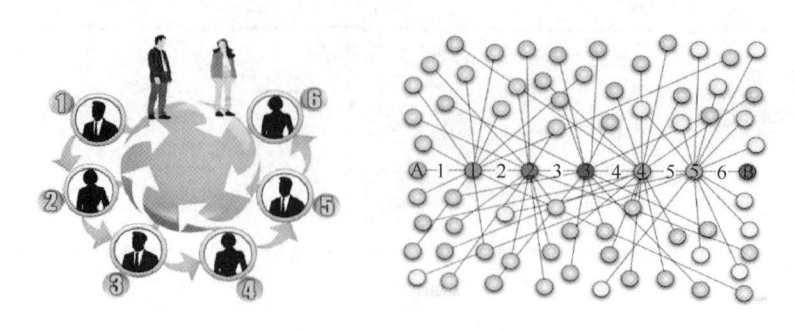

图 7-1　六度空间理论示意图

任务分析

人际关系是比较复杂的,无法用一对一的线性结构或一对多的树形结构来表示。六度空间理论中的人际关系网可以抽象化为一个无向图 G,图 G 中的一个顶点表示一个人,两个人若认识,则两个顶点之间有一条边相连。相反,若两个人不认识,则两个顶点之间没有边相连。图是一种更为复杂的结构,下面我们将学习图的相关知识。

知识准备

一、图的定义

图 G 由两个集合 V 和 E 组成,记为 $G=(V,E)$,其中 V 表示顶点的有穷非空集合,E 表示边的有穷集合。用顶点来表示图中的数据元素,顶点在不同的应用中表示的含义不同,可以表示地点、课程、工程等,图中数据元素之间的关系用边或弧来表示。图 7-2 中有两个图分别是 G_1 和 G_2。

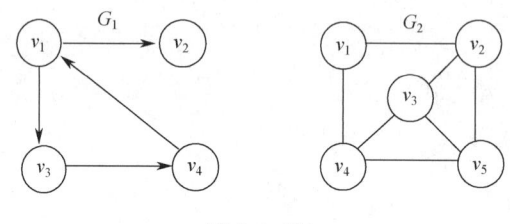

图 7-2　图

二、图的基本术语

1. 有向图

有向图中的每条边都是有方向的,如图 7-2 中的 G_1 就是一个有向图。在有向图中,$<v_i,v_j>$ 和 $<v_j,v_i>$ 不是同一条边,通常用有向边表示非对称关系,如城市中的单行道用有向边表示。

2. 弧头和弧尾

有向边 $<u,v>$ 称为弧,边的始点 u 叫弧尾,终点 v 叫弧头。例如,在图 7-2 所示的有向图 G_1 中,$<v_1,v_2>$ 称为弧,其中 v_1 为弧尾,v_2 为弧头。

3. 无向图

无向图 G 中的每条边都是无方向的，如图 7-2 中的 G_2。在无向图中，(v_i, v_j) 和 (v_j, v_i) 是同一条边。无向边用于表示"对称关系"，如城市中的双行道可以用无向边表示。

如图 7-3 所示，G_1 是一个有向图，G_2 是一个无向图，下面使用顶点集合（V）和边的集合（E）表示这两个图。

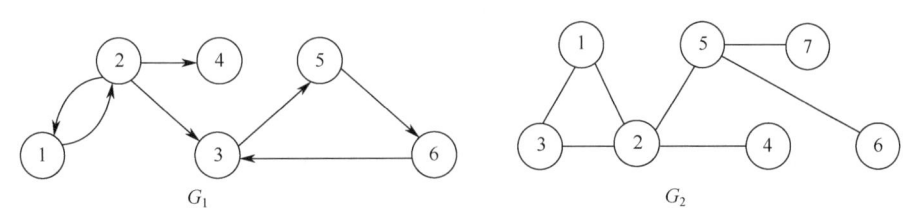

图 7-3 图的表示

图 G_1 中：$V(G_1)=\{1,2,3,4,5,6\}$；
$E(G_1)=\{<1,2>, <2,1>, <2,3>, <2,4>, <3,5>, <5,6>, <6,3>\}$。

图 G_2 中：$V(G_2)=\{1,2,3,4,5,6,7\}$；
$E(G_1)=\{(1,2), (1,3), (2,3), (2,4),(2,5), (5,6), (5,7)\}$。

4. 网或网络

在一个反映城市交通线路的图中，边或弧上的权值可以表示该条线路的长度或等级；对于一个电子线路图，权值可以表示两个端点之间的电阻、电流、电压等；对于一个反映工程进度的图，边或弧上的权值可以表示从前一个工程至后一个工程所需要的时间等。这种带权的图称为网或网络，如图 7-4 所示。

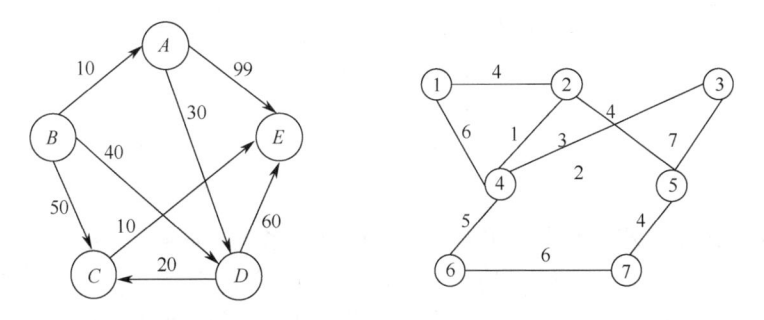

图 7-4 网

5. 完全图

完全图：任意两个点都有一条边相连。如图 7-5 所示，在无向完全图中有 $n(n-1)/2$ 条边；而在有向完全图中弧是有方向的，有 $n(n-1)$ 条边。

6. 稀疏图

稀疏图：有很少边或弧的图，通常边数远少于 $n\log_2 n$。

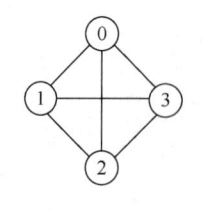

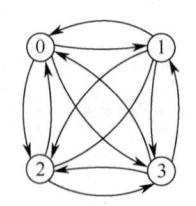

(a) 无向完全图　　　　(b) 有向完全图

图 7-5　完全图

7．稠密图

稠密图：有较多边或弧的图。在无向稠密图中，边数接近 $n(n-1)/2$；在有向稠密图中，边数接近 $n(n-1)$。

8．邻接点

如果边(u, v)是$E(G)$中的一条边，则称u与v互为邻接点，即u和v相邻接。边(u, v)依附于顶点u和v，或者说边(u, v)和顶点u及v相关联。

9．顶点的度

顶点 v 的度是与它相关联的边的数目，记作 $TD(v)$。在有向图中，顶点的度分为出度和入度。

（1）入度：以顶点 v 为弧头的弧的数目，记作 $ID(v)$。

（2）出度：以顶点 v 为弧尾的弧的数目，记作 $OD(v)$。

在有向图中顶点的度表示为 $TD(v)= ID(v)+ OD(v)$。

在图 7-6 所示的有向图中，以 v_1 为弧头的弧有一条，这条弧是$<v_4,v_1>$，因此，v_1 的入度($ID(v_1)$)为 1；以 v_1 为弧尾的弧有两条，分别是$<v_1,v_2>$和$<v_1,v_3>$，v_1 的出度($OD(v_1)$)=2，v_1 的度 $TD(v_1)= ID(v_1)+ OD(v_2)=3$。

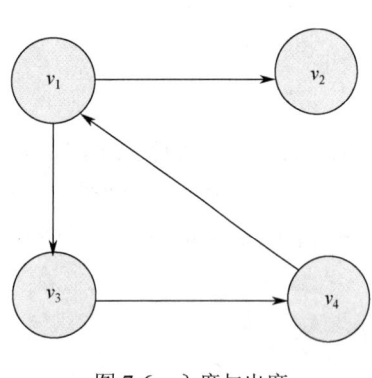

图 7-6　入度与出度

10．路径

在图 $G=(V, E)$中，若从顶点 v_i 出发，沿一些边经过一些顶点 $v_1, v_2, \cdots, v_m$，到达顶点 v_j。则称顶点序列$(v_i,v_1,v_2,\ldots v_m,v_j)$ 为从顶点 v_i 到顶点 v_j 的路径。

在图 7-6 所示的有向图中，顶点序列(v_1,v_3,v_4)是从顶点 v_1 到达顶点 v_4 的路径；(v_4,v_1,v_2)是从顶点 v_4 到达 v_2 的路径。

11．路径长度

非带权图的路径长度：路径上边或弧的数目。
带权图的路径长度：路径上各边的权值之和。

12．简单路径与简单环

环（回路）：第一个顶点和最后一个顶点相同的路径。
简单路径：路径上各顶点 $v_1,v_2,\cdots,v_m$ 均不互相重复。

简单环（回路）：除路径起点和终点相同外，其余顶点均不相同的路径。

13．连通图

在无向图 G 中，若从顶点 v_i 到顶点 v_j 有路径，则称 v_i 和 v_j 是连通的。若对于图中任意两个顶点 v_i、$v_j \in v$，v_i 和 v_j 都是连通的，则称图 G 是连通图。

14．子图

设有两个图 $G=(V,E)$、$G_1=(V_1,E_1)$，若 $v_1 \subseteq V$，$E_1 \subseteq E$，则称 G_1 是 G 的子图。

例如，图 7-7（b）、（c）是（a）的子图。

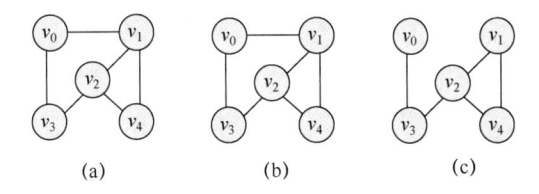

图 7-7　图与子图

15．连通分量

连通分量：无向图的极大连通子图叫作连通分量，图 7-8（a）中的无向图有两个连通分量，如图 7-8（b）所示。

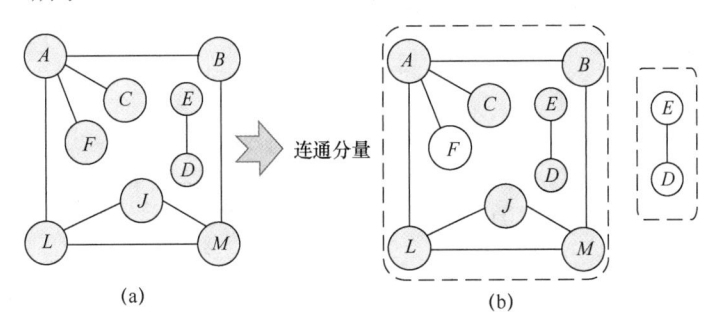

图 7-8　连通分量

极大连通子图：含有极大顶点数及依附于这些顶点的所有的边。对于任何连通图，其连通分量只有一个，即其自身；非连通的无向图有多个连通分量。

16．强连通图

在有向图 G 中，如果对于每一对 $v_i,v_j \in v$，$v_i \neq v_j$，从 v_i 到 v_j 和从 v_j 到 v_i 都存在路径，则称 G 是强连通图。例如，图 7-9（a）为强连通图，图 7-9（b）为非强连通图。

17．强连通分量

有向图中的极大强连通子图叫作强连通分量。强连通图只有一个强连通分量，即其自身，而非强连通的有向图

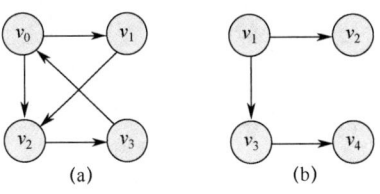

图 7-9　强连通图与非强连通图

有多个强连通分量。

图 7-10（a）所示的有向图不是强连通图，因为从 v_2 出发不能到达其他顶点，但它有两个强连通分量，如图 7-10（b）所示。

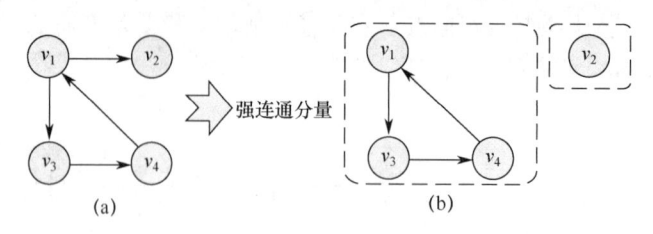

图 7-10　强连通分量

18．连通图的生成树

连通图的生成树是一个极小连通子图，它含有图中全部顶点，若连通图中有 n 个顶点，则它的生成树含有 $n-1$ 条边。如果在生成树上添加一条边，那么必定构成一个环。若图中有 n 个顶点，却少于 $n-1$ 条边，则其必为非连通图。

如图 7-11（a）所示的连通图显然不是一棵生成树，去掉两条构成环的边以后，则满足 n 个顶点，$n-1$ 条边而且连通，所以图 7-11（b）为一棵生成树。当然，连通图的生成树并不唯一，只要满足连通图生成树的特点就可以。

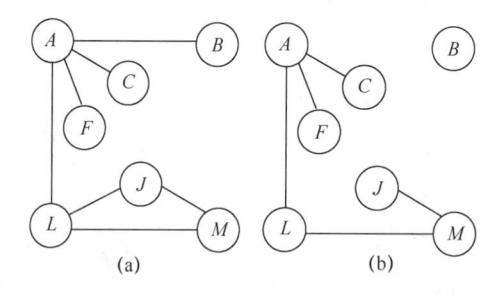

图 7-11　生成树

19．生成森林

对于非连通图，由各个连通分量的生成树构成的集合就是生成森林，如图 7-12 所示。

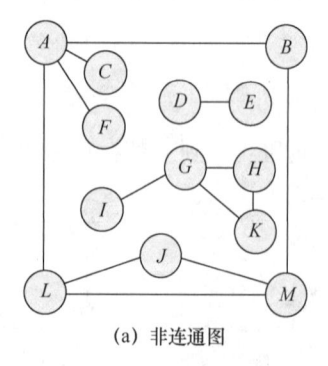

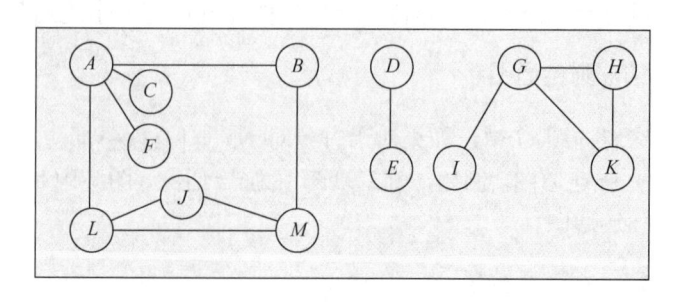

（a）非连通图　　　　　　　　　　（b）连通分量

图 7-12　生成森林

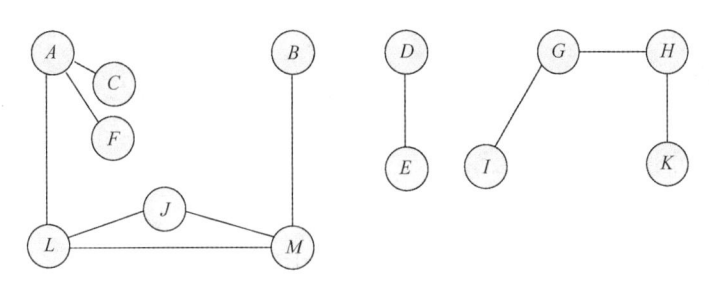

(c) 各连通分量的生成树

图 7-12 生成森林（续）

三、图的抽象数据类型

图是一种数据结构，加上一组基本操作，就构成了抽象数据类型。抽象数据类型图的基本操作如下。

（1）CreateGraph(&G,V,R)：按顶点集 V 和边集 R 的定义构造图 G。
（2）DestroyGraph(&G)：销毁图 G。
（3）LocateVex(G,u)：若 G 中存在顶点 u，则返回该顶点在图中的位置。
（4）GetVex(G,v)：返回图 G 中顶点 v 的值。
（5）PutVex(&G,v,value)：对图 G 中的顶点 v 赋值为 value。
（6）FirstAdjVex(G,v)：返回图 G 中顶点 v 的第一个邻接点，若 v 无邻接点则返回空。
（7）NextAdjVex(G,v,w)：返回图 G 中 v 的相对于 w 的下一个邻接点。若 w 是 v 的最后一个邻接点，则返回空 。
（8）InsertVex(&G,v)：在图 G 中插入新顶点 v。
（9）DeleteVex(&G,v)：删除 G 中顶点 v 及其相关的弧。
（10）InsertArc(&G,v,w)：在 G 中增添弧<v, w>，若 G 是无向图，则还增添对称弧<w, v>。
（11）DeleteArc(&G,v,w)：在 G 中删除弧<v, w>，若 G 是无向图，则还删除对称弧<w, v>。
（12）DFSTraverse(G)：对图 G 进行深度优先遍历。
（13）BFSTraverse(G)：对图 G 进行广度优先遍历。

任务二　图的存储

任务引入

图是一种多对多的复杂的数据结构，任意两个顶点之间都可能存在关系，因此无法用数据元素在内存中的物理位置来存储元素之间的关系，也就是说图不能用简单顺序存储结构来存储图，那么如何将图存储在计算机呢？

任务分析

图中任意两个顶点之间要么有关系，要么没有关系，我们可以采用二维数组也就是邻接矩阵来表示顶点之间的关系，用邻接矩阵中的元素 0 或 1 来表示两个顶点之间有边或没有边。当然，图也可以采用链式存储结构，图的链式存储有多种，如邻接表、十字链表和邻接多重表，在实际应用中根据不同的需要选择不同的存储结构。本节重点讲解邻接矩阵和邻接表。

知识准备

一、图的邻接矩阵表示法

建立一个顶点表记录各个顶点的信息，再建立一个邻接矩阵表示各个顶点之间关系。也就是说使用一维数组来存储图中各顶点的信息，使用二维数组来表示各个顶点之间有没有边（弧）。

设图 $A = (V, E)$ 有 n 个顶点，则图的邻接矩阵是一个二维数组，定义为

$$A[i][j] = \begin{cases} 1, <i,j> \in E \text{ 或 } (i,j) \in E \\ 0, \text{其他} \end{cases}$$

1. 无向图的邻接矩阵表示

无向图 G 及其邻接矩阵如图 7-13 所示，若两个顶点 v_i 和 v_j 之间有边，则矩阵元 $A[i][j]$ 为 1，否则为 0。

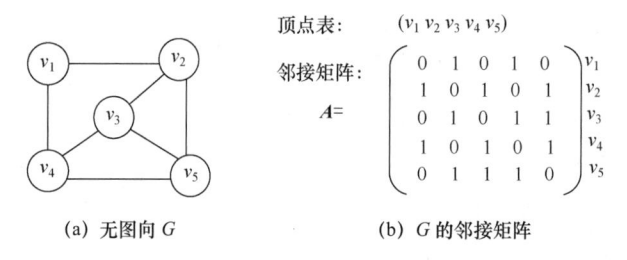

顶点表： $(v_1\ v_2\ v_3\ v_4\ v_5)$

邻接矩阵：
$$A = \begin{pmatrix} 0 & 1 & 0 & 1 & 0 \\ 1 & 0 & 1 & 0 & 1 \\ 0 & 1 & 0 & 1 & 1 \\ 1 & 0 & 1 & 0 & 1 \\ 0 & 1 & 1 & 1 & 0 \end{pmatrix} \begin{matrix} v_1 \\ v_2 \\ v_3 \\ v_4 \\ v_5 \end{matrix}$$

(a) 无图向 G　　　　(b) G 的邻接矩阵

图 7-13　无向图 G 及其邻接矩阵

我们可以得出如下结论。

（1）在无向图中判断顶点 v_i 至 v_j 是否有边，只需判断 $A[i][j]$ 是否等于 1 即可。若 $A[i][j]=1$，说明 v_i 至 v_j 有边，v_j 是 v_i 的邻接点；若 $A[i][j]=0$，说明 v_i 至 v_j 没有边。

（2）若要找顶点 v_i 的所有邻接点，可查找第 i 行值为 1 的矩阵元，其所在列的序号即为其邻接点的序号。

（3）邻接矩阵的对角线的值全部为 0，说明顶点不存在自己到自己的边。

（4）无向图中每条边被表示了两次，若存在边 (v_i,v_j)，则 $A[i][j]=A[j][i]=1(0 \leqslant i,j \leqslant n)$，因此，无向图的邻接矩阵是对称矩阵，对规模大的邻接矩阵可采用压缩存储。

（5）顶点 i 的度=第 i 行或第 i 列中 1 的个数。

（6）完全图的邻接矩阵中，对角元素为 0，其余 1。

2. 有向图的邻接矩阵表示法

有向图 G 及其邻接矩阵如图 7-14（b）所示，第 i 行表示以顶点 v_i 为弧尾的弧，也就是从 v_i 出发的弧，即出度边；矩阵中第 i 列表示以顶点 v_i 为弧头的弧，也就是进入顶点 v_i 的弧，即入度边。

我们可以得出如下结论。

（1）由于有向图中每条弧是有方向的，且有向图中的每条弧在邻接矩阵中仅被表示一次，因此，有向图邻接矩阵可能是不对称的。

（2）顶点 v_i 的出度=第 i 行元素之和。
（3）顶点 v_i 的入度=第 i 列元素之和。
（4）顶点 v_i 的度=第 i 行元素之和+第 i 列元素之和。

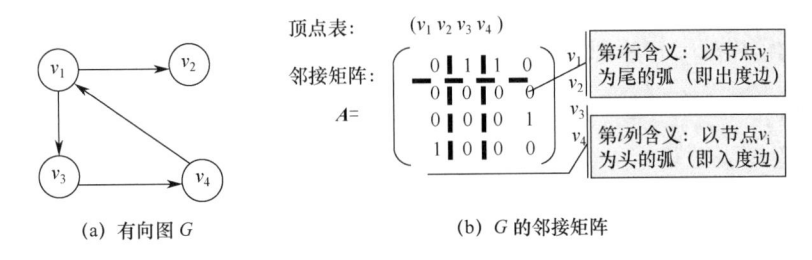

(a) 有向图 G

(b) G 的邻接矩阵

图 7-14 有向图 G 及其邻接矩阵

3．网的邻接矩阵表示法

网的邻接矩阵表示法定义为：当图中顶点 v_i 和顶点 v_j 之间有边/弧时，矩阵元 $A[i][j]$ 就等于 $<v_i,v_j>$ 或 (v_i,v_j) 上的权值，当顶点 v_i 和顶点 v_j 之间没有边/弧时，矩阵元 $A[i][j]=\infty$。

4．邻接矩阵表示法的特点

邻接矩阵表示法有以下 4 个特点。

（1）通过邻接矩阵可以判断图中两顶点 v、u 是否为邻接点，即判断邻接矩阵对应的矩阵元 $A[u][v]$ 是否为 1。

（2）假设图 G 中有 n 个顶点，则存储顶点的一维数组大小为 n，邻接矩阵所占的空间为 n^2，图 G 占用存储空间为 $n+n^2$，由此可见，采用邻接矩阵存储方式时，图 G 占用存储空间只与它的顶点数有关，与边数无关。

（3）若图中顶点数不变，则在图中增加或删除边，只需对二维数组对应分量赋值 1 或清 0。

（4）每增加或删除一个顶点，都要改变邻接矩阵的大小。

邻接矩阵表示法的优点：容易实现图的操作，如求某顶点的度、判断顶点之间是否有边、找顶点的邻接点等。

邻接矩阵表示法的缺点：n 个顶点需要 n^2 个单元存储边/弧，空间效率为 $O(n^2)$。这种存储方法较适用于稠密图，因为稀疏矩阵中边/弧比较少，而邻接矩阵的大小只与顶点数有关，不论有多少条边都需要占用 n^2 个存储空间，当顶点 n 较大时，邻接矩阵存储稀疏图无疑会造成空间的浪费。

5．邻接矩阵的存储表示

【算法实现】
```
//用两个数组分别存储顶点表和邻接矩阵
typedef char vexType;                    //顶点类型
typedef int arcType;                     //边（弧）类型
#define INIFINITY 32767                  //表示极大值，即∞
#define MVNum 20                         //最大顶点数
typedef struct{
```

```
    vexType vexList[MVNum];              //顶点表
    arcType arcList[MVNum][MVNum];       //邻接矩阵
    int vexNum,arcNum;                   //图的当前点数和边数
}graph;
```

6．采用邻接矩阵表示法创建无向网

【算法步骤】

（1）输入总顶点数和总边数。
（2）依次输入点的信息存入顶点表中。
（3）初始化邻接矩阵，使每个权值初始化为极大值。
（4）构造邻接矩阵。

【算法实现】

```
Status CreateAdjMatrix(graph &G){        //创建一个无向网 G
    int i,j,k,w;
    vexType v1,v2;
    cout<<"please input vex number and arc number:"<<endl;
    cin>>G.vexNum>>G.arcNum;             //输入顶点数和边数
    cout<<"please input vex infomation:"<<endl;
    for(i=0;i<G.vexNum;i++){             //输入顶点信息，创建顶点表
        cin>>G.vexList[i];
    }
    for(i=0;i<G.vexNum;i++){             //初始化矩阵
        for(j=0;j<G.vexNum;j++){
            G.arcList[i][j]=INIFINITY;   //边的权值均置为极大值
        }
    }
    //根据边信息创建矩阵
    cout<<"please input arc information:"<<endl;
    for(k=0;k<G.arcNum;k++){
        cin>>v1>>v2>>w;                  //输入一条边依附的顶点及权值
        i=Locate(G,v1);                  //确定 v1 在 G 中的位置
        j=Locate(G,v2);                  //确定 v2 在 G 中的位置
        G.arcList[i][j]=w;               //边<v1, v2>的权值置为 w
        G.arcList[j][i]=w;               //置<v1, v2>的对称边<v2, v1>的权值为 w
    }
    return OK;
}
```

下面的算法是实现在图 *G* 中查找顶点 *v* 的位置：

```
int Locate(graph G,vexType v){  //在图 G 中查找顶点 v
    int i;
    for(i=0;i<G.vexNum;i++){             //遍历顶点表
        if(v==G.vexList[i]){             //若找到
            return i;                    //则返回 v 的位置序号
        }
```

```
        }
        return -1;                        //否则返回-1
}
```

二、图的邻接表表示法

邻接矩阵存储稀疏图会造成空间浪费，将图的边/弧采用链式存储结构可以解决这个问题。邻接表是一种顺序存储结构和链式存储结构相结合的存储方式，其存储结构如图 7-15 所示。

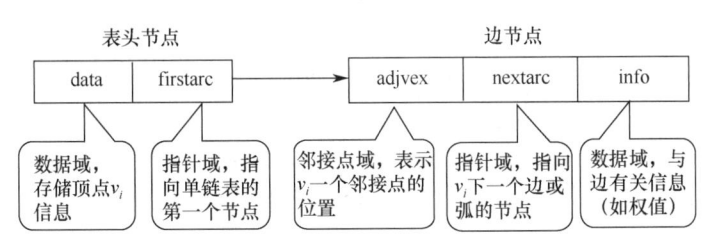

图 7-15　邻接表的存储结构

（1）顶点表：采用顺序存储结构，图中的顶点用一维数组存储，每个数组元素包含两部分，一部分是数据域（data），存储顶点 v_i 的信息；另一部分是指针域（firstarc），存储单链表的第一个节点（头节点），指向顶点 v_i 的第一个邻接点。

（2）边表：边节点采用链式存储结构，图中每个顶点 v_i 的所有邻接点构成一个单链表。

（3）单链表每个节点由三个域构成：邻接点域（adjvex），存储表头节点的下一个邻接点的存储位置；指针域（nextarc），指向 v_i 的下一个边/弧节点；数据域（info），存储与边/弧相关的信息。

（4）若是无向图，则顶点 v_i 对应的单链表表示顶点 v_i 的边表。

（5）若是有向图，则顶点 v_i 对应的单链表表示以顶点 v_i 为弧尾的出边表。

1．无向图的邻接表表示

如图 7-16 所示，无向图 G 有 5 个顶点，因此在顶点表（一维数组）中有 5 个元素存储这 5 个顶点的信息。另外，为每个顶点构造一个单链表，5 个顶点就有 5 个单链表，分别存储每个顶点的邻接点，单链表的表头存储在一维数组的指针域。例如，v_1 有两个邻接点，分别是是 v_2 和 v_4，这两个节点构成一个单链表，该单链表的表头指针存储在顶点表的指针域中。由于 v_2 在一维数组中的存储位置是 1，v_4 的存储位置是 3，因此 v_1 的边表中有 3 和 1 两个节点，这两个节点的顺序是任意的。

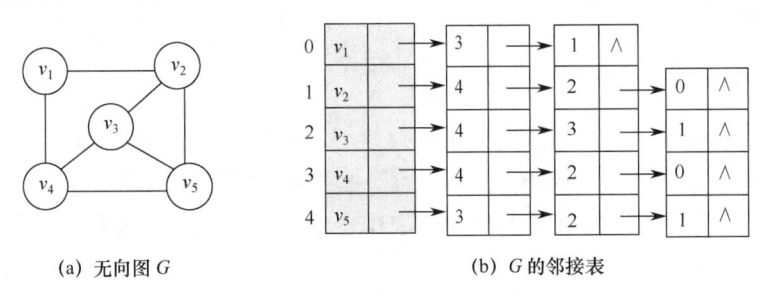

(a) 无向图 G　　　　(b) G 的邻接表

图 7-16　无向图 G 及其邻接表

由以上分析可以得到如下结论。

（1）邻接表不唯一，因为各个边节点的链入顺序是任意的。

（2）对于有 n 个顶点、e 条边的无向图而言，若采用邻接表作为存储结构，则需要 n 个表头节点和 $2e$ 个边节点。

（3）若是稀疏图($e<<\frac{n(n-1)}{2}$)，邻接表存储比邻接矩阵存储更节省空间。

（4）顶点 v_i 的度 $TD(v_i)$ 恰为顶点 v_i 边表中节点的个数。

（5）若要判断顶点 v_i 和 v_j 是否存在边，需要在 v_i（或 v_j）的邻接点单链表中查找邻接点 adjvex 域是否存在节点 v_j（或 v_i）的下标 j（或 i）。

（6）求顶点的所有邻接点，就是对此顶点的邻接点单链表进行遍历，得到邻接点 adjvex 域对应的顶点。

（7）对于无向图，图中每条边被表示了两次，如图 7-16 所示无向图 G 中的边(v_1,v_4)，在顶点 v_1 的邻接表中表示了一次，同时也在顶点 v_4 的邻接表中表示了一次。

2．有向图的邻接表表示

类似于无向图，有向图采用邻接表存储结构，不同于无向图的是有向图中的弧是有方向的，因此每条弧仅被表示一次，以顶点为弧尾来存储弧，有向图的邻接表是出边表。有如下结论。

（1）有向图邻接表中顶点 v_i 对应的边表中的节点是以 v_i 为弧尾的弧，因此有向图的邻接表也叫出边表。如图 7-17 所示，有向图 G 的邻接表中有 v_1-2-1，其中 v_1-2 表示弧$<v_1,v_3>$，v_1-1 表示弧$<v_1,v_2>$。因此，有向图的邻接表存储求顶点的出度比较容易，顶点 v_i 的出度 $OD(v_i)$ 恰为顶点 v_i 对应的单链表中节点的个数。

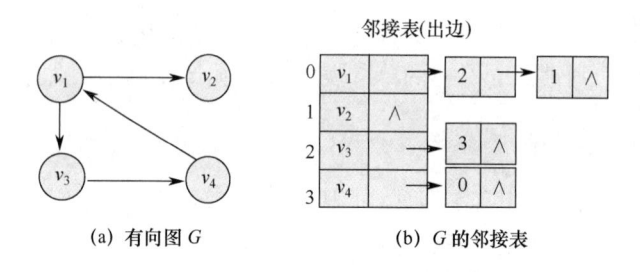

(a) 有向图 G (b) G 的邻接表

图 7-17 有向图 G 及其邻接表

（2）若要求顶点 v_i 的入度，需要扫描整个邻接表，顶点 v_i 的入度 $ID(v_i)$ 等于所有单链表中邻接点域为 v_i 的节点个数。

（3）有向图中每条弧仅被表示一次，若有向图有 n 个顶点、e 条边，则空间效率为 $O(n+e)$。

3．有向图的逆邻接表表示

在有向图的邻接表中，求顶点 v_i 的出度只需扫描 v_i 的边表，统计出边表中的节点个数即可，但是若要求顶点 v_i 的入度就不那么容易了，需要扫描整个邻接表。为了方便求顶点的入度，引入逆邻接表，在逆邻接表中每个单链表中各边节点的邻接点域存放的是这个边节点所表示的弧头顶点在表头节点表中的位置。因此，利用逆邻接表很容易求出顶点的入度，第 i 个顶点的入度等于第 i 条单链表中边节点的个数。

如图 7-18 所示，以 v_1 为弧头的弧只有一条，就是 $<v_4,v_1>$，v_4 在一维数组中的存储位置是 3，因此 v_1 的逆邻接表中的节点只有 3，该单链表中只有一个节点，意味着 v_1 的入度为 1。

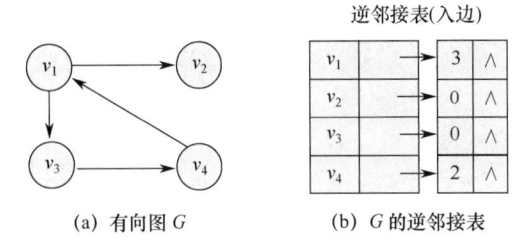

(a) 有向图 G　　　　(b) G 的逆邻接表

图 7-18　有向图 G 及其逆邻接表

4. 邻接表的存储表示

【算法实现】

```
typedef char vertexType;              //顶点类型
#define MVNum 30                      //最大顶点数
typedef struct vertexNode{            //定义顶点节点
    vertexType data;                  //顶点信息
    arcNode *firstarc;                //指向该顶点的第一条边的指针
}vertexNode;
typedef struct arcNode{               //定义边节点
    int adjver;                       //邻接点的位置
    struct arcNode *nextarc;          //指向下一条边的指针
    int weight;                       //边上的权重信息
}arcNode;
typedef struct{                       //定义邻接表
    vertexNode adjList[MVNum];        //邻接表
    int vertexNum,arcNum;             //图的当前顶点数和边数
}UDgraph;
```

5. 采用邻接表表示法创建无向网

【算法步骤】

（1）输入总顶点数和总边数。
（2）依次输入点的信息存入顶点表中，使每个表头节点的指针域初始化为 NULL。
（3）创建邻接表。

【算法实现】

```
Status createUDG(UDgraph &G){                    //采用邻接表表示法，创建无向图 G
    int i,j,k;                                    //初始化
    vertexType v1,v2;
    arcNode *p1,*p2;
    cout<<"please input vertex number and arc number:"<<endl;
    cin>>G.vertexNum>>G.arcNum;                  //输入总顶点数，总边数
    cout<<"please input vertex :"<<endl;
    for(i=0;i<G.vertexNum;i++){                  //输入各顶点信息，构造表头节点表
        cin>>G.adjList[i].data;                  //输入顶点值
```

```
                G.adjList[i].firstarc=NULL;              //初始化表头节点的指针域为 NULL
        }
        cout<<"please input arc :"<<endl;
        for(k=0;k<G.arcNum;k++){                         //输入各边，构造邻接表
                cin>>v1>>v2;                             //输入一条边依附的两个顶点
                i=Locate(G,v1); j=Locate(G,v2);
                //先插入顶点 vi 的邻接点
                p1 = new arcNode;                        //生成一个新的边节点*p1
                p1->adjver = j;                          //邻接点序号为 j
                p1->nextarc = G.adjList[i].firstarc;     //将新节点*p1 插入顶点 vi 的边表头部
                G.adjList[i].firstarc = p1;
                //再插入顶点 vj 的邻接点
                p2 = new arcNode;                        //生成另一个对称的新的边节点*p2
                p2->adjver = i;                          //邻接点序号为 i
                p2->nextarc = G.adjList[j].firstarc;     //将新节点*p2 插入顶点 vj 的边表头部
                G.adjList[j].firstarc = p2;
        }
        return OK;
}
```

6．邻接表表示法的特点

优点：空间效率高，容易寻找顶点的邻接点。
缺点：判断两顶点间是否有边或弧，需搜索两节点对应的单链表，没有邻接矩阵方便。

7．邻接矩阵表示法与邻接表表示法的关系

联系：邻接表中每个链表对应于邻接矩阵中的一行，链表中节点个数等于一行中非零元素的个数。
区别：
（1）对于任一确定的无向图，邻接矩阵是唯一的，但邻接表不唯一，因为节点连接次序是任意的；
（2）邻接矩阵的空间复杂度为 $O(n^2)$，而邻接表的空间复杂度为 $O(n+e)$。
（3）邻接矩阵多用于稠密图，而邻接表多用于稀疏图。

8．十字链表表示法

既然邻接表求出度容易，求入度难，而逆邻接表求入度容易，求出度难。如果我们经常需要求顶点的入度和出度，为何不把这两种方法结合起来呢？十字链表就是这样一种存储结构，其设计思路就是将有向图的邻接矩阵用链表存储，是邻接表、逆邻接表的结合。
（1）开设弧节点，设 5 个域，每段弧是一个数据元素，每个域表示的含义如图 7-19 所示；
（2）开设顶点节点，设 3 个域，每个顶点也是一个数据元素。
图 7-20 为有向图及其十字链表。
由以上例子可以看出，在十字链表中既容易找到以 v_i 为尾的弧，也容易找到以 v_i 为头的弧，因而容易求出顶点的出度和入度。

图 7-19 十字链表表示法

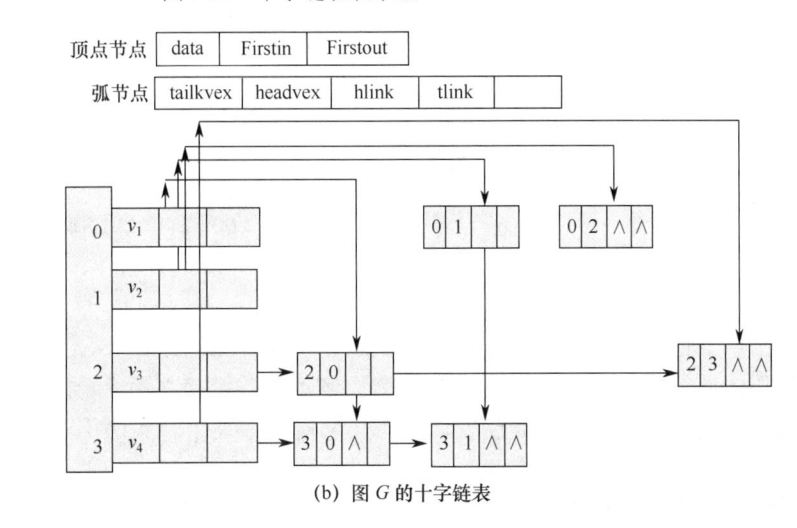

图 7-20 有向图 G 及其十字链表

三、邻接多重表

如果我们在无向图的应用中关注的重点是顶点，那么可以采用邻接表存储结构。但是如果我们经常对边进行操作，如对已访问过的边做标记，删除某一条边等，由于在无向图中一条边被表示了两次，如(v_i,v_j)这条边在v_i的边表中表示了一次，同时在v_j的边表中表示了一次，若要操作这条边，则需要找到这条边所在两个边表节点，因此操作极为不便。邻接多重表是无向图的另一种存储结构，当对边进行操作时建议采用此种结构存储，在邻接多重表中将每一个顶点和每一条边都表示为一个节点。

（1）边节点，设置 6 个域，每条边是一个数据元素；
（2）顶点节点，设置 2 个域，每个顶点也是一个数据元素。
各个域的含义如图 7-21 所示。

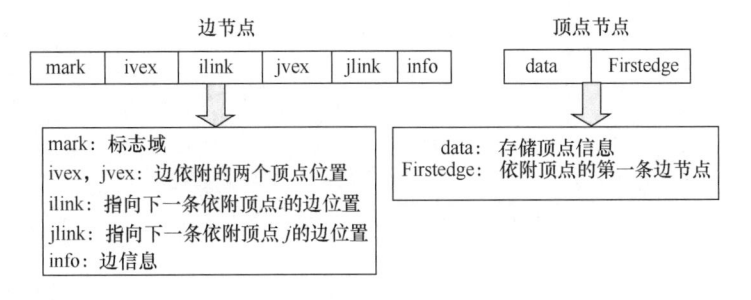

图 7-21 邻接多重表中各个域的含义

图 7-22 为无向图及其邻接多重表。

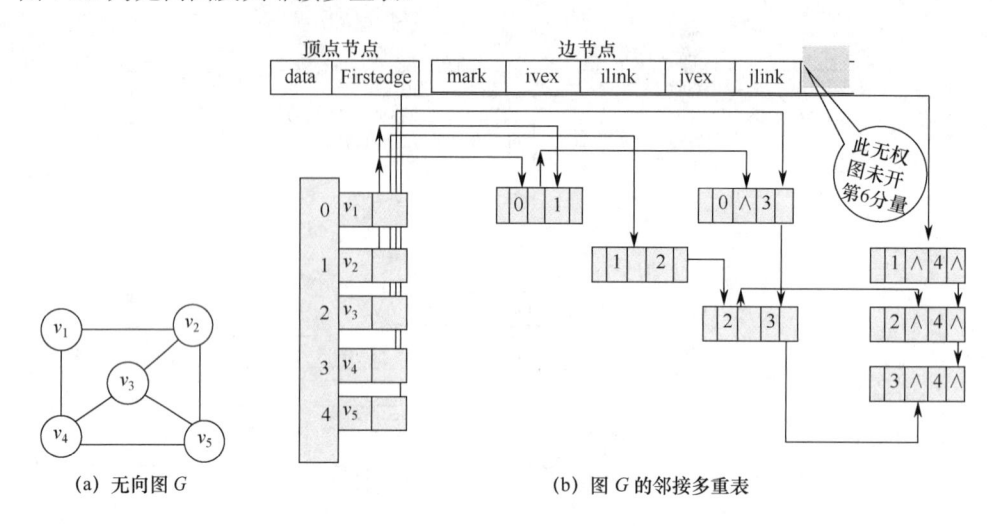

(a) 无向图 G

(b) 图 G 的邻接多重表

图 7-22　无向图 G 及其邻接多重表

由以上例子可以看出，在邻接多重表中，所有依附于同一顶点的边串联在同一链表中，由于每条边依附于两个顶点，因此每个边节点同时链接在两个链表中。可见，在无向图的邻接表中，同一条边用两个节点表示，而在邻接多重表中一条边用一个节点表示。

任务三　图的遍历

任务引入

2022 年 4 月 10 日，×市出现一新冠肺炎阳性确认病例 A，为了防止疫情的进一步扩散，现疾控中心要追踪患者 A 的密切接触者及次密切接触者，并对这些人员逐个进行隔离排查，根据 A 的生活轨迹抽象出如图 7-23 所示的有向图，对所有密切接触者及次密切接触者排查且仅排查一次，分析并写出排查的顺序。

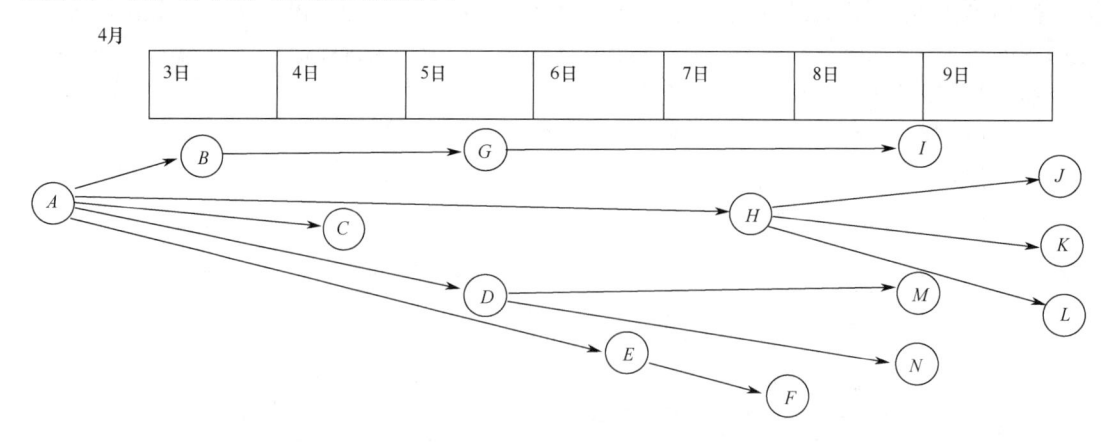

图 7-23　患者 A 确诊前接触的人员

任务分析

将患者 A 的密切接触者及次密切接触者之间的联系抽象成一个有向图,如图 7-23 所示,按照对接触者全部排查且每个接触者排查一次的原则,排查工作就转变为从图中顶点 A 出发,访问图中的每个顶点且每个顶点仅被访问一次,这就是图的遍历。

知识准备

一、图的遍历

遍历定义:从图中某一顶点出发,按照某种方法对图中所有顶点访问且仅访问一次。遍历实质就是找每个顶点的邻接点的过程,它是图的基本运算。

根据搜索路径的方向,通常有两条遍历图的路径:深度优先遍历(Depth First Search,DFS)和广度优先遍历(Breadth First Search,BFS)。它们对无向图和有向图都适用。

二、深度优先遍历

1. 基本思想

遍历过程如下:
(1)访问指定的某顶点 v,将 v 作为当前顶点;
(2)访问当前顶点的下一个未被访问过的邻接点,并以该邻接点作为当前顶点;
(3)重复步骤(2),直到所有和当前顶点有路径相通的顶点都被访问到;
(4)沿搜索路径回退,退到尚有邻接点未被访问过的某节点;
(5)将该节点作为当前节点,重复以上步骤,直到所有顶点被访问过为止。

对图 7-24,从 v_1 出发进行深度优先遍历,过程如下。

$v_1 \rightarrow v_2 \rightarrow v_4 \rightarrow v_8 \rightarrow v_5 \rightarrow v_3 \rightarrow v_6 \rightarrow v_7$

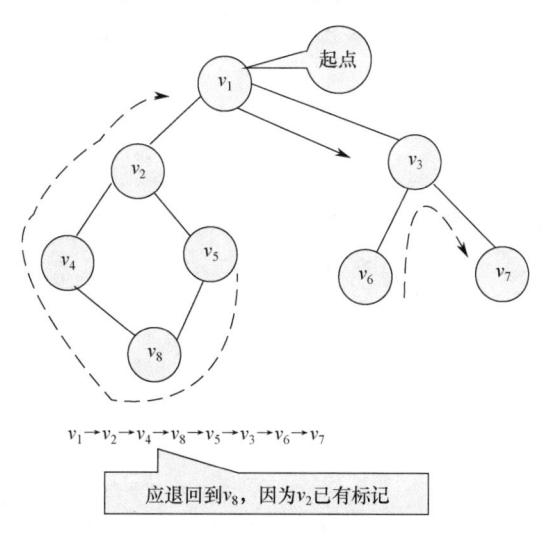

应退回到 v_8,因为 v_2 已有标记

图 7-24 图的深度优先遍历

(1)从 v_1 出发,将 v_1 作为当前顶点。
(2)访问 v_1 的下一个没有被访问过的邻接点 v_2。

说明：v_1 未被访问过的邻接点有两个，分别是 v_2、v_3，在此我们可以选择 v_2 也可以选择 v_3 进行访问，因此深度优先遍历的结果不唯一。

（3）重复步骤（2），访问 v_4、v_8、v_5，但此时发现 v_5 已经没有未被访问过的邻接点，此步结束。

（4）从 v_5 回退到 v_8，v_8 的所有邻接点也已经被访问过了，继续回退到 v_4、v_2，一直回退到 v_1，发现 v_1 还有未被访问过的邻接点 v_3，访问 v_3。

（5）继续访问 v_3 的未被访问过的邻接点 v_6，此时 v_6 没有未被访问过的邻接点，回退到 v_3，v_3 还有未被访问过的邻接点 v_7，访问 v_7，至此所有的顶点均被访问过一次，遍历结束。

因此，得到遍历序列：$v_1 \to v_2 \to v_4 \to v_8 \to v_5 \to v_3 \to v_6 \to v_7$。

对于图 7-23，以患者 A 为线索对其密切接触者进行深度优先遍历，疾控中心工作人员可以按照以下次序对人员进行排查：$A \to B \to G \to I \to H \to J \to K \to L \to C \to D \to M \to N \to E \to F$。

思考：基于图的特点，图中可能存在回路，且图的任一顶点都可能与其他顶点相通，在访问完某个顶点之后可能会沿着某些边又回到了曾经访问过的顶点。那么，怎样才能避免重复访问呢？

这就好比我们去深山探险，走着走着发现自己又回到了走过的地方，为此我们在已经走的路上做个记号，标志这条路已经走过了。同理，在图的遍历过程中，我们也可以设置一个标志，其作用就是标志某个顶点是否被访问过，同时也可以避免同一个顶点被访问多次。

解决思路：设置辅助数组 visited[n]，用来标记每个被访问过的顶点。

（1）初始状态为 0 或 false，表示在初始状态下所有的顶点都没有被访问过。

（2）i 被访问，改 visited[i] 为 1 或 true，防止被多次访问。

2．邻接矩阵表示图的深度优先遍历算法实现

【算法步骤】

（1）从图中某个顶点 v 出发，访问 v，并置 visited[v] 的值为 true。

（2）依次检查 v 的所有邻接点 w，如果 visited[w] 的值为 false，再从 w 出发进行递归遍历，直到图中所有顶点都被访问过。

【算法实现】

```
void DFS(AMGraph G, int v){         //图 G 为邻接矩阵类型
    cout<<v;    visited[v] = true;  //访问第 v 个顶点
    for(w = 0; w< G.vexnum; w++)    //依次检查邻接矩阵 v 所在的行
        if((G.arcs[v][w]!=0)&& (!visited[w]))
            DFS(G, w);              //若 w 是 v 的邻接点且 w 未访问,则递归调用 DFS
}
```

3．邻接表的深度优先遍历算法实现

```
void DFS(ALGraph G, int v){         //图 G 为邻接表类型
    cout<<v;    visited[v] = true;  //访问第 v 个顶点
    p= G.vertices[v].firstarc;      //p 指向 v 的边链表的第一个边节点
    while(p!=NULL){                 //边节点非空
        w=p->adjvex;                //表示 w 是 v 的邻接点
        if(!visited[w])    DFS(G, w); //如果 w 未访问,则递归调用 DFS
        p=p->nextarc;               //p 指向下一个边节点
```

    }
  }

以上讲解的是连通图的深度优先遍历，每调用一次将遍历一个连通分量，有多少个连通分量就调用多少次。对于非连通图，只需要对它的连通分量分别进行深度优先遍历，先选择一个顶点进行深度优先遍历，若图中尚有顶点未被访问，则再将另一个未被访问的顶点作为起点，重复上述过程，直至图中所有顶点都被访问到为止。

4. 非连通图的深度优先遍历算法实现

```
void DFSTraverse(Graph G){                    //对非连通图 G 进行深度优先遍历
  for(v=0;v<G.vexnum;++v) visited[v]=false;   //访问标志数组初始化
  for(v=0;v<G.vexnum;++v)                     //对每个顶点进行判断，若顶点未被访问过则进行深度优先遍历
    if(!visited[v]) DFS(G,v);                 //对尚未访问的顶点调用 DFS
}
```

5. 深度优先遍历算法效率分析

分析上述算法，在遍历图时，对图中每个顶点至多调用一次 DFS 函数，因为一旦某个顶点被标志成已被访问，就不再从它出发进行搜索。因此，遍历图的过程实质上是对每个顶点查找其邻接点的过程，其耗费的时间则取决于所采用的存储结构。

（1）用邻接矩阵来表示图，遍历图中每一个顶点都要从头扫描该顶点所在行，时间复杂度为 $O(n^2)$。

（2）用邻接表来表示图，虽然有 $2e$ 个表节点，但只需扫描 e 个节点即可完成遍历，加上访问 n 个头节点的时间，时间复杂度为 $O(n+e)$。

结论：

（1）稠密图适合在邻接矩阵上进行深度遍历；

（2）稀疏图适合在邻接表上进行深度遍历。

三、广度优先遍历

1. 基本思想

遍历过程如下：

（1）首先访问指定顶点 v，将 v 作为当前顶点；

（2）访问当前顶点的所有未访问过的邻接点；

（3）依次将访问的这些邻接点作为当前顶点，假设顶点 v_i 先于顶点 v_j 被访问，则 v_i 的邻接点也先于 v_j 的邻接点被访问（$i \neq j$）。

（4）重复步骤（2），直到所有的顶点被访问为止。

对图 7-25 所示的图，以 v_1 为起点进行广度优先遍历。

（1）从 v_1 开始先将 v_1 作为当前顶点；

（2）访问 v_1 所有未被访问过的邻接点 v_2、v_3，当然也可以先访问 v_3 再访问 v_2，所以广度优先遍历的结果也不唯一；

（3）将 v_2 作为当前顶点，访问 v_2 的所有未被访问过的邻接点 v_4、v_5；

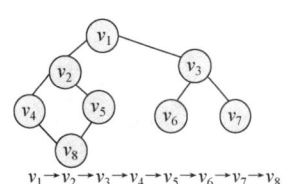

图 7-25 树的广度优先遍历

（4）将 v_3 作为当前顶点，访问 v_3 的所有未被访问过的邻接点 v_6、v_7；

（5）将 v_4 作为当前顶点，访问 v_4 的所有未被访问过的邻接点 v_8，此时图中所有顶点都被访问一次，遍历结束。得到的遍历序列是 $v_1 \to v_2 \to v_3 \to v_4 \to v_5 \to v_6 \to v_7 \to v_8$。

对于图 7-23，以患者 A 为线索对其密切接触者进行广度优先遍历，疾控中心工作人员可以按照以下次序对人员进行排查：$A \to B \to H \to C \to D \to E \to G \to J \to K \to L \to M \to N \to F \to I$。

> **注意**
>
> 广度优先遍历是一种分层的搜索过程，每向前走一步可能访问一批顶点，不像深度优先遍历那样有回退的情况。

广度优先遍历不是一个递归的过程，其算法也不是递归的。

2．广度优先遍历算法

在广度优先遍历算法中先被访问的顶点其邻接点也先被访问，为此借助队列来保存访问过的顶点。

【算法步骤】

（1）设图 G 的初态是所有顶点均未访问，设置辅助队列 Q，队列 Q 置空；

（2）任选图中一个未被访问过的顶点 v 作为遍历起点；

（3）访问 v，并将其访问标识置为已被访问，即置 visited[v]=1，并且将 v 入队列；

（4）若队列 Q 不空，从队头取出一个顶点 v；

（5）查找 v 的所有未被访问的邻接点 v_i 并对其访问，将其访问标识置为已被访问，即 visited[i]= 1，并入队列，转步骤（4），直到队列 Q 为空；

（6）若此时图中还有未被访问过的顶点，则转步骤（2），否则，遍历结束。

【算法实现】

```
void BFS (Graph G, int v){
    //按广度优先非递归遍历连通图 G
    cout<<v; visited[v] = true;              //访问第 v 个顶点
    InitQueue(Q);                            //辅助队列 Q 初始化，置空
    EnQueue(Q, v);                           //v 入队列
    while(!QueueEmpty(Q)){                   //队列非空
        DeQueue(Q, u);                       //队头元素出队列并置为 u
        for(w = FirstAdjVex(G, u); w>=0; w = NextAdjVex(G, u, w))
            if(!visited[w]){                 //w 为 u 的尚未被访问的邻接顶点
                cout<<w;
                visited[w] = true;
                EnQueue(Q, w);               //w 入队列
            }
    }
}//BFS
```

3．广度优先遍历算法效率分析

（1）若使用邻接矩阵来表示图，则广度优先遍历对于每一个被访问到的顶点，都要循环检测矩阵中的整整一行，时间复杂度为 $O(n^2)$。

（2）用邻接表来表示图，虽然有 2e 个表节点，但只需扫描 e 个节点即可完成遍历，加上访问 n 个头节点的时间，时间复杂度为 O(n+e)。
（3）由于借助了队列，因此其空间复杂度是 O(n)。
（4）时间复杂度只与存储结构有关，而与搜索路径无关。
（5）两种遍历方法的不同之处仅仅在于对顶点访问的顺序不同。

四、图的连通性问题

图的遍历可以用来判断图的连通性。对于无向图来说，若无向图是连通的，则从任一顶点出发，仅需一次就能访问图中的所有顶点；当无向图为非连通图时，从图中某一顶点出发，利用深度优先遍历算法或广度优先遍历算法不可能遍历到图中的所有顶点，只能访问到该顶点所在的连通分量的所有顶点，而对于图中其他连通分量无法通过这次遍历访问。

图 7-26 是一个非连通的无向图，该图有三个连通分量，每次从一个顶点出发进行遍历只能遍历到该连通分量上的所有顶点。

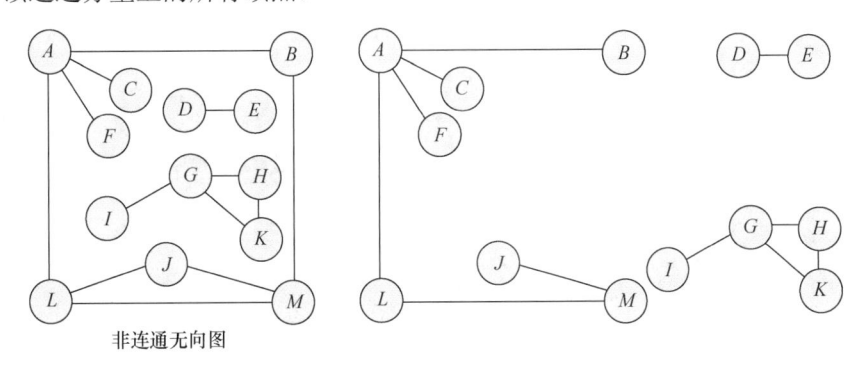

非连通无向图

深度优先遍历访问序列：$A \to L \to M \to J \to B \to F \to C$　　$D \to E$　　$G \to K \to H \to I$

图 7-26　非连通无向图的遍历

任务四　图的应用

现实生活中的许多问题都可以转化为图来解决。例如，如何以最小成本构建一个通信网络，如何计算地图中两地之间的最短路径，如何为复杂活动中各子任务的完成寻找一个较优的顺序等。本任务将结合这些常用的实际问题，介绍图的几个常用算法。

任务引入

欲在 n 个城市间建立通信网络，每条线路都会有一定的经济成本，如何架构网络才能使总费用最低？

任务分析

该问题的数学模型是一个连通网，图中的顶点表示城市，边表示城市之间的通信线路，边上的权值表示城市间建立通信线路所需花费的代价。n 个城市间最多可设置 $n(n-1)/2$ 条线路，如何在这些可能的线路中选择 n−1 条线路，把所有城市均连起来，而且总耗费最小呢？我们的目标是找到一棵生成树，它的每条边上的权值之和最小，也就是建立该通信网所需花费的总代价最小，这就是最小生成树。

知识准备

一、最小生成树

对于 n 个顶点的连通网可以建立许多不同的生成树，在所有生成树中，各边的代价之和最小的那棵生成树称为该连通网的最小代价生成树，简称为最小生成树。

首先要明确使用不同的遍历图的方法，可以得到不同的生成树，从不同的顶点出发，也可能得到不同的生成树。图 7-27（b）、（c）分别为使用不同的遍历方法，从不同的顶点出发得到的生成树。按照生成树的定义，n 个顶点的连通网络的生成树有 n 个顶点、$n-1$ 条边。我们的目标是在连通网的多个生成树中，寻找一个各边权值之和最小的生成树。

(a) 连通图

(b) 使用广度优先遍历得到的生成树

(c) 使用深度优先遍历得到的生成树

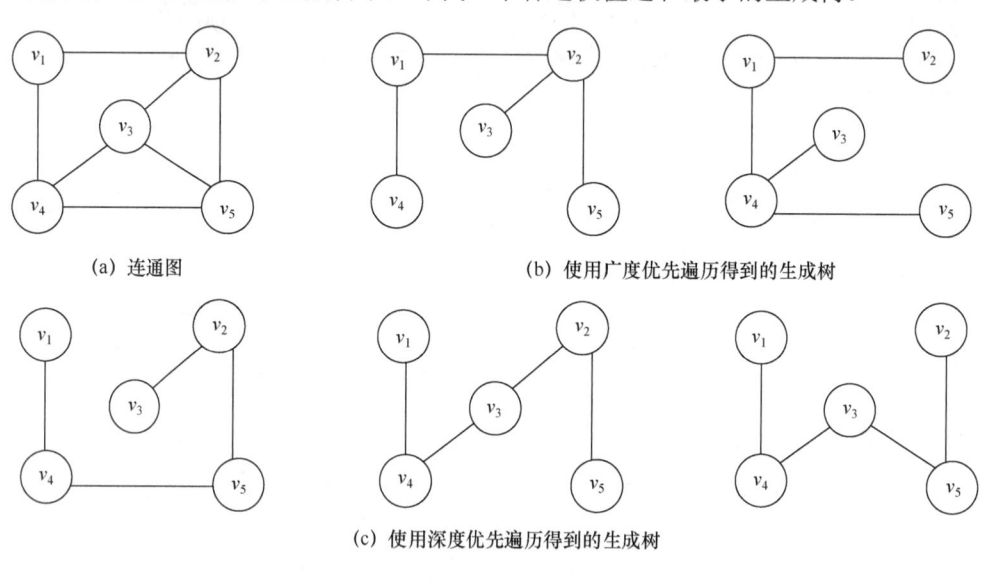

图 7-27　生成树

二、最小生成树性质 MST

构造最小生成树有多种算法，其中多数算法利用了最小生成树的 MST 性质：设 $G=(V,E)$ 是一个连通网，若 U 是顶点集 V 的一个非空子集，(u, v) 是一条最小权值的边，其中 $u \in U$，$v \in V-U$，则必存在一棵包含边 (u,v) 的最小生成树。其含义是将顶点分为两个不相交的集合 U 和 $V-U$，若边 (u,v) 是连接这两个顶点集的最小权值边，则边 (u,v) 必然是某最小生成树的边。

普里姆（Prim）算法和克鲁斯卡尔（Kruskal）算法是两个利用 MST 性质构造最小生成树的算法。下面先介绍普里姆算法。

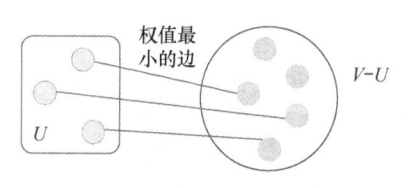

图 7-28　普里姆算法

三、普里姆算法

在生成树的构造过程中，图 7-28 中 n 个顶点分属两个集合：已落在生成树上的顶点集 U 和尚未落在生成树上的顶点集 $V-U$，则应在所有连通 U 中顶点和 $V-U$ 中顶点的边中选取权值最小的边。

1. 普里姆算法的构造过程

（1）设 $N=(V,E)$ 是一个连通网，$V=\{1,2,\cdots,n\}$ 是 N 的顶点集合。
（2）设辅助集 U 的初值为 $\{U_0\}$，用来存放当前所得到的最小生成树的顶点。
（3）设辅助集 TE 的初值为{}，用来存放当前所得到的最小生成树的边。
① TE={}，$U=\{U_0\}$。
② 重复下列步骤，直到 $U=V$。

a. 在 U 集到 $V-U$ 集的边中选取一条权值最小的边$(u_0,v_0)=\min\{cost(u,v)|u\in U，v\in V-U\}$，保证不形成回路。

b. TE=TE+(u_0,v_0)，边(u_0,v_0)并入 TE。

c. $U=U+\{V_0\}$，顶点 V_0 并入 U。

图 7-29 所示为使用普里姆算法构造最小生成树的过程。

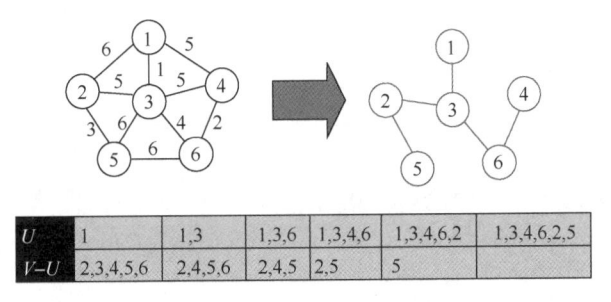

U	1	1,3	1,3,6	1,3,4,6	1,3,4,6,2	1,3,4,6,2,5
$V-U$	2,3,4,5,6	2,4,5,6	2,4,5	2,5	5	

图 7-29 使用普里姆算法构造最小生成树的过程

由此可以看出，普里姆算法逐步增加 U 中的顶点，可称为"加点法"。普里姆算法是归并顶点，与边数无关，适用于稠密网。

2. 最小生成树的性质

最小生成树不是唯一的，但是最小生成树的边的权值之和总是唯一的。若 T 为无向连通图 G 所有生成树的集合，则：

（1）T 中可能有多个最小生成树；
（2）当图 G 中的各边权值互不相等时，G 的最小生成树是唯一的；
（3）当各边有相同权值时，由于选择的随意性，产生的最小生成树可能不唯一；
（4）若 G 的边数比顶点数少 1，即 G 本身是一棵树，则 G 的最小生成树就是它本身。

3. 普里姆算法的实现

若无向网 G 采用邻接矩阵形式存储，以 u 为起始点构造 G 的最小生成树，要求输出 T 的各条边。每次选择一个权值最小的边加到 T，设置辅助数组 closedge 来记录从 U 到 $V-U$ 中权值最小的边。对每个顶点 $v_i\in V-U$，都是辅助数组中的一个分量 closedge[$i-1$]，它包括两个域：lowcost 和 adjvex，其中 lowcost 表示权值最小的边上的权值，adjvex 表示权值最小的边在 U 中的顶点。用 $cost(u,v)$ 表示边(u,v)的权值，则有

$$closedge[i-1].lowcost = \min\{cost(u,v_i)|u\in U\}$$

图 7-30 所示为使用普里姆算法构造无向网的最小生成树的过程。

图 7-30　普里姆算法构造最小生成树的过程

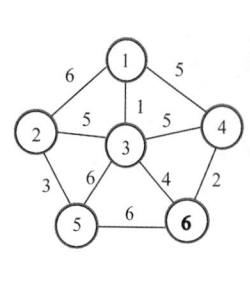

【算法步骤】

（1）首先将初始顶点 u 加入 U 中，对其余的每一个顶点 v_j，将 closedge[j] 均初始化为到 u 的边信息。

（2）循环 $n-1$ 次，作如下处理：

① 从各组边 closedge 中选出最小边 closedge[k]，输出此边；

② 将 k 加入 U 中；

③ 更新剩余的每组最小边信息 closedge[j]，对于 $V-U$ 中的边，新增加了一条从 k 到 j 的边，若新边的权值比 closedge[j].lowcost 小，则将 closedge[j].lowcost 更新为新边的权值。

【算法实现】

```
void prim(MGraph G)
{
    int i, j, min, k, sum = 0;
    int lowcost[MAX];
    int adjvex[MAX];
    for (i = 2; i <=G.numVex; i++)    //初始化
    {
        lowcost[i] = graph[1][i];
        adjvex[i] = 1;
    }
    adjvex[1] = 0;                    //将顶点1归入生成树
    for (i = 2; i <= G.numVex; i++){  //找从U到V-U上权值最小的顶点的坐标
        min = MAXCOST;k = 0;
        for (j = 2; j <= G.numVex; j++){
            if (lowcost[j] < min && lowcost[j] != 0){  //lowcost[j]!=0 说明j是V-U上的顶点
                min = lowcost[j];
                k = j;
            }
        }
        cout << "V" << adjvex[k] << "-V" << k << "=" << min << endl;   //输出顶点
        sum += min;
        lowcost[k] = 0;               //将k并入U
        for (j = 2; j <= G.numVex; j++) {
            if (graph[k][j] < lowcost[j]) {
```

```
                    lowcost[j] = G.arc[k][j];
                    adjvex[j] = k;
                }
            }
        }
        return sum;
    }
```

【算法分析】

普里姆算法的时间复杂度为 $O(n^2)$，与网中的边数无关，因此适用于求稠密网的最小生成树。

四、克鲁斯卡尔算法

既然最小生成树包含图中全部的顶点，那为何不在初始状态下就让这棵最小生成树拥有全部的顶点呢？克鲁斯卡尔算法首先构造一个只含 n 个顶点的子图 SG，然后从权值最小的边开始，若它的添加不使 SG 中产生回路，则在 SG 上加上这条边，如此重复，直至加上 $n-1$ 条边为止。克鲁斯卡尔算法是逐步给生成树 T 中添加不和 T 中的边构成回路的当前最小代价边。

设 $N=(V,E)$ 是个连通网，算法步骤为：

（1）置生成树 T 的初始状态为 $T=(V,\{\})$。

（2）当 T 中边数小于 $n-1$ 时，重复以下步骤。

① 从 E 中选择代价最小的边(v,u)，并删除之。

② 若(v,u)依附的顶点 v 和 u 落在 T 中不同的连通分量上，则将边(v,u)并入到 T 的边集中。

③ 否则，舍去该边，选择下一条代价最小的边。

图 7-31 所示为使用克鲁斯卡尔算法构造最小生成树的过程。

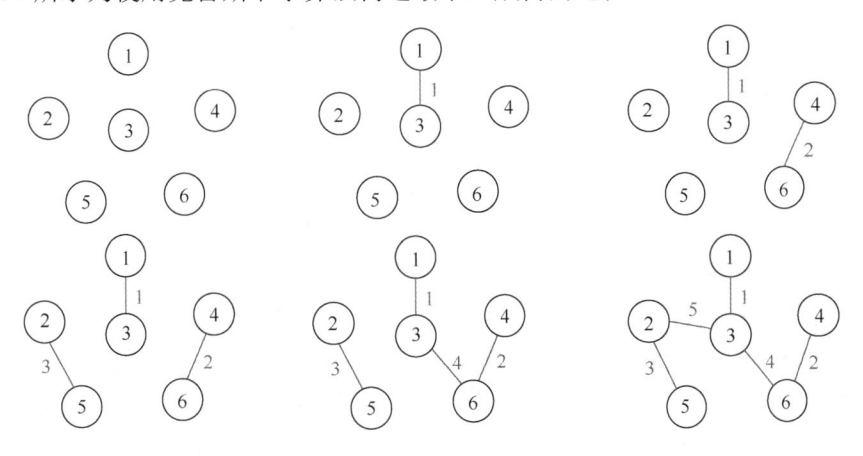

图 7-31　使用克鲁斯卡尔算法构造最小生成树的过程

由以上实例可以看出，克鲁斯卡尔算法是不断地归并边，每次选择权值最小的边，当有多条边权值相同时可选择其中任意一条。相比于普里姆算法，克鲁斯卡尔算法更适用于稀疏网。

任务五　最短路径

任务引入

近年来，中国交通已逐渐走向现代化。歌曲里唱的"我想去草原，骑骑那里奔驰的骏马，我想去拉萨，看看那神奇的布达拉……"都可以变成现实。

小明要坐火车从石家庄出发回西藏，从石家庄到西藏有多条线路，如可以坐从石家庄直达西藏的列车，也可以从石家庄坐车到北京中转……，每条线路的交通费用不一样，你能帮小明找一条最省钱的线路吗？

任务分析

我们可以采用网描述交通网络，用顶点表示城市，边上的权代表道路的长度或交通费、所需时间等。考虑到交通图的有向性，如汽车的上山和下山、轮船的顺水和逆水，所花费的时间或代价就不同，所以经常使用带权的有向图表示交通网。在带权有向图中顶点 A 到达顶点 B 有多条路径，在这多条路径中寻找一条各边权值之和最小的路径，即最短路径。我们称路径上的第一个顶点为源点（Source），最后一个顶点为终点（Destination）。在这里要注意最短路径与最小生成树不同，最短路径上不一定包含 n 个顶点。

两种常见的最短路径问题：
（1）某一源点到其余各顶点之间的最短路径，使用迪杰斯特拉（Dijkstra）算法；
（2）所有顶点间的最短路径，使用弗洛伊德（Floyd）算法。

知识准备

一、迪杰斯特拉算法

迪杰斯特拉算法用来解决单源点最短路径问题，给定带权有向图 G 和源点 v，求从 v 到 G 中其余各顶点的最短路径。迪杰斯特拉提出了一种按路径长度递增的次序求从源点到各顶点的最短路径的算法，这个算法就称为迪杰斯特拉算法。

二、迪杰斯特拉算法的思想

从顶点 v_0 到达任意顶点 v_i，可能没有路径可达，可能有一条直达的路径，也可能经由 v_k 中转到达 v_i，算法需要以下 3 个步骤。

（1）初始化：先找出从源点 v_0 到各终点 v_k 的直达路径 (v_0,v_k)，即通过一条弧到达的路径。

（2）选择：从这些路径中找出一条长度最短的路径 (v_0,u)，(v_0,u) 就是从 v_0 到达 u 的最短路径。

（3）更新：更新从 v_0 到顶点 v_i 的最短路径。

当求 v_0 到顶点 v_i 的最短路径时，就要考虑能不能借助顶点 u "中转"至 v_i，也就是要判断是否存在 $v_0 \rightarrow u \rightarrow v_i$ 的路径，若图中存在弧 (u,v_i)，且 $(v_0,u)+(u,v_i)<(v_0,v_i)$，则以路径 (v_0,u,v_i) 代替 (v_0,v_i)。

三、迪杰斯特拉算法的分析和实现

1）存储结构

假设有向网 G 中有 n 个顶点，若要求从源点 v_0 出发到其他顶点的最短路径，采用邻接矩阵 $G[n][n]$ 来存储有向网 G，$G.arcs[i][j]$ 表示弧 $<v_i,v_j>$ 上的权值。若不存在从顶点 v_i 到顶点 v_j 的弧，则 $G.arcs[i][j]=\infty$。

2）辅助数据结构

（1）数组 $S[n]$：记录相应顶点是否已被确定最短距离。
（2）数组 $D[n]$：记录源点到相应顶点路径长度。
（3）数组 $Path[n]$：记录相应顶点的前驱顶点。

【算法步骤】

（1）初始化：

① 将源点 v_0 加到 S 中，即 $S[v_0]$=true；
② 将 v_0 到各个终点的最短路径长度初始化为权值，即 $D[i]=G.arcs[v_0][v_i]$，（$v_i \in V-S$）；
③ 如果 v_0 和顶点 v_i 之间有弧，则将 v_i 的前驱置为 v_0，即 $Path[i]=v_0$，否则 $Path[i]=-1$。

（2）选择下一条最短路径的终点 v_k，使得 $D[k]=\min\{D[i]|v_i \in V-S\}$。

（3）将 v_k 加到 S 中，即 $S[v_k]$=true。

（4）更新从 v_0 出发到集合 $V-S$ 上任一顶点的最短路径的长度，同时更改 v_i 的前驱为 v_k。若 $S[i]$=false 且 $D[k]+G.arcs[k][i]<D[i]$，则 $D[i]=D[k]+G.arcs[k][i]$；$Path[i]=k$。

（5）重复步骤（2）～（4）$n-1$ 次，即可按照路径长度的递增顺序，逐个求得从 v_0 到图上其余各顶点的最短路径。

图 7-32 所示为使用迪杰斯特拉算法计算最短路径的过程。

算法初始化结果

	v=0	v=1	v=2	v=3	v=4	v=5
S	true	false	false	false	false	false
D	0	∞	10	∞	30	100
Path	−1	−1	0	−1	0	0

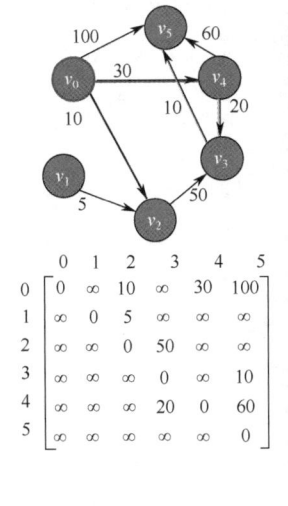

终点	从v_0到各终点的长度和最短路径			
v_1	∞	∞	∞	∞
v_2	10 $\{v_0, v_2\}$			10 $\{v_0, v_2\}$
v_3	∞	60 $\{v_0, v_2, v_3\}$	50 $\{v_0, v_4, v_3\}$	50 $\{v_0, v_4, v_3\}$
v_4	30 $\{v_0, v_4\}$	30 $\{v_0, v_4\}$		30 $\{v_0, v_4\}$
v_5	100 $\{v_0, v_5\}$	100 $\{v_0, v_5\}$	100 $\{v_0, v_4, v_5\}$	60 $\{v_0, v_4, v_3, v_5\}$
v_k	v_2	v_4	v_3	v_5
Path	Path[2]=0 Path[4]=0 Path[5]=0	Path[3]=2	Path[3]=4 Path[5]=4	Path[5]=3
S	$\{v_0, v_2\}$	$\{v_0, v_2, v_4\}$	$\{v_0, v_2, v_4, v_3\}$	$\{v_0, v_2, v_4, v_3, v_5\}$
	S[2]=ture	S[4]=ture	S[3]=ture	S[5]=ture
D	D[2]=60 D[4]=30 D[5]=100	D[3]=60	D[3]=50 D[5]=90	D[5]=60

图 7-32 使用迪杰斯特拉算法计算得最短路径的过程

【算法实现】

```
void ShortestPath_DIJ(AMGraph G, int v0){
    //用 Dijkstra 算法求有向网 G 的 v0 顶点到其余顶点的最短路径
    n=G.vexnum;                              //n 为 G 中顶点的个数
    for(v = 0; v<n; ++v){                    //n 个顶点依次初始化
        S[v] = false;                        //S 初始为空集
        D[v] = G.arcs[v0][v];                //将 v0 到各个终点的最短路径长度初始化
        if(D[v]< MaxInt)    Path [v]=v0;     //如果 v0 和 v 之间有弧，则将 v 的前驱置为 v0
        else Path [v]=-1;                    //如果 v0 和 v 之间无弧，则将 v 的前驱置为-1
    }//for
    S[v0]=true;                              //将 v0 加入 S
    D[v0]=0;                                 //源点到源点的距离为 0
//开始主循环，每次求得 v0 到某个顶点 v 的最短路径，将 v 加到 S 集
    for(i=1;i<n; ++i){                       //对其余 n-1 个顶点依次进行计算
        min= MaxInt;
        for(w=0;w<n; ++w)
            if(!S[w]&&D[w]<min)
                {v=w; min=D[w];}             //选择一条当前的最短路径，终点为 v
        S[v]=true;                           //将 v 加入 S
        for(w=0;w<n; ++w)                    //更新从 v0 出发到集合 V-S 上所有顶点的最短路径长度
            if(!S[w]&&(D[v]+G.arcs[v][w]<D[w])){
                D[w]=D[v]+G.arcs[v][w];      //更新 D[w]
                Path [w]=v;                  //更改 w 的前驱为 v
            }//if
    }//for
}//ShortestPath_DIJ
```

【算法分析】

迪杰斯特拉算法解决了从某个源点到其余各顶点的最短路径问题，时间复杂度为 $O(n^2)$。迪杰斯特拉算法的思想按路径长度递增的次序求从源点到各顶点的最短路径，若只希望求出从源点到某一个特定顶点的最短路径，所需的时间复杂度仍为 $O(n^2)$，因为从源点到某一特定顶点的最短路径可能有两种情况，一种是从源点直达该顶点的路径，另一种情况是从源点途经其他顶点到达特定顶点的路径为最短路径，因此这个问题和求源点到其余各顶点的最短路径一样复杂。

任务六　弗洛伊德算法

任务引入

小明的公司在全国各地有很多分公司，小明需要经常在各地往返办理业务，小明想知道每两个城市之间最节约费用的路径。

任务分析

假设这些分公司所在的城市用 A，B，C，D，… 来表示，这个问题实际是求图中任意两个顶点之间的最短路径，若已知一个各边权值均大于 0 的带权有向图，要求求出每一对顶点

(v_i,v_j)，$v_i \neq v_j$ 之间的最短路径和最短路径长度。这个问题有两种解决方案：

（1）每次以一个顶点为源点，重复执行迪杰斯特拉算法 n 次，这样便可求得每一对顶点之间的最短路径，时间复杂度为 $O(n^3)$；

（2）形式更直接的弗洛伊德算法，时间复杂度也为 $O(n^3)$。

知识准备

一、弗洛伊德算法思想

逐个顶点试探法，从 v_i 到 v_j 的所有可能存在的路径中，选出一条长度最短的路径。

二、弗洛伊德算法过程

（1）初始化：从图的带权邻接矩阵 G.arcs 出发，假设求顶点 v_i 到 v_j 的最短路径。若从 v_i 到 v_j 有弧，则从 v_i 到 v_j 最短路径长度初始化为 G.arcs[i][j]，但该路径是否一定是最短路径，还需要进行 n 次试探。

（2）第一次，在 v_i 和 v_j 间加入顶点 v_0，比较 (v_i,v_j) 和 (v_i,v_0,v_j) 的路径长度，取其中较短者作为 v_i 到 v_j 且中间顶点序号不大于 0 的最短路径。

（3）第二次，在 v_i 和 v_j 之间加入顶点 v_1，得到 $(v_i,\cdots,v_1)$ 和 $(v_1,\cdots,v_j)$，其中 $(v_i,\cdots,v_1)$ 是 v_i 到 v_1 且中间顶点的序号不大于 0 的最短路径，$(v_1,\cdots,v_j)$ 是 v_1 到 v_j 且中间顶点的序号不大于 0 的最短路径，这两条路径已在上一步中求出。比较 $(v_i,\cdots,v_1,\cdots,v_j)$ 与上一步求出的 v_i 到 v_j 且中间顶点序号不大于 0 的最短路径，取其中较短者作为 v_i 到 v_j 且中间顶点序号不大于 1 的最短路径。

（4）以此类推，在 v_i 和 v_j 之间间加入顶点 $v_2,v_3,v_4,\cdots$，继续试探。经过 n 次比较和修正，在第 n 步，将求得 v_i 到 v_j 且中间顶点序号不大于 n 的最短路径，这必是从 v_i 至 v_j 的最短路径。

图 7-33 所示为使用弗洛伊德算法求所有顶点之间的最短路径长度的过程。

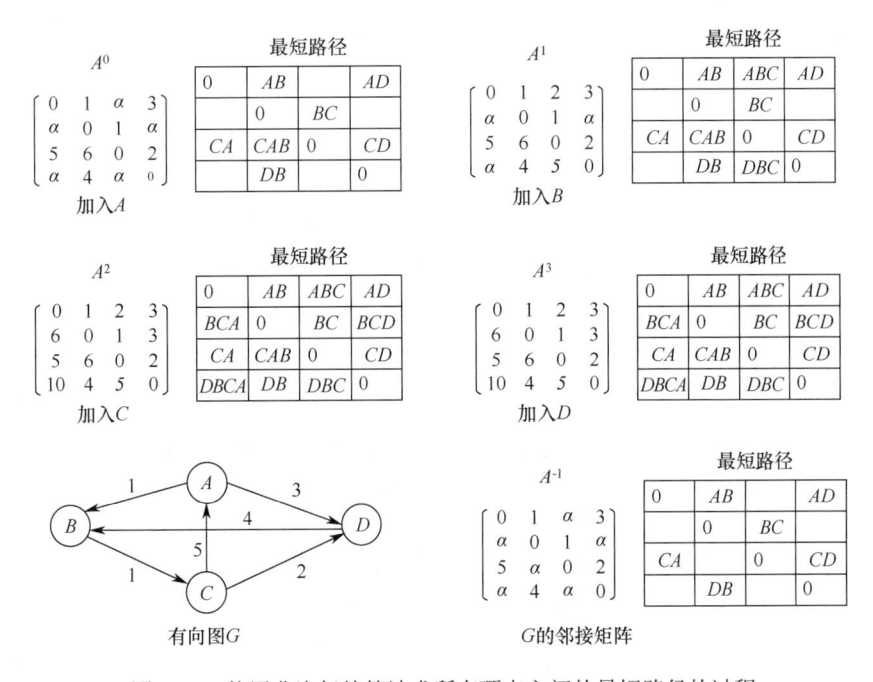

图 7-33 使用弗洛伊德算法求所有顶点之间的最短路径的过程

如何计算两个顶点之间的最短路径呢？举例来说，当加入顶点 A 时，把 A 作为中间顶点，检测全部顶点对，是否有比当前更短的路径，在最初状态下不存在从顶点 C 到达顶点 B 的路径，但在加入 A 以后，产生了一条 C 经由 A 到达 B 的路径，这条路径的长度是弧$<C,A>$ 与弧$<A,B>$上的权值之和，路径长度是 6，6 小于最初的 ∞，因此 CAB 就是目前从 C 到达 B 的最短路径，最短路径长度是 6，更新矩阵。其他的以此类推。

三、弗洛伊德算法的分析和实现

弗洛伊德算法仍然使用带权的邻接矩阵 $G.arcs$ 来表示有向网 G，求从顶点 v_i 到 v_j 的最短路径，算法的实现要引入以下辅助的数据结构。

（1）二维数组 Path[i][j]：最短路径上顶点 v_j 的前一顶点的序号。

（2）二维数组 D[i][j]：记录顶点 v_i 和 v_j 之间的最短路径长度。

（3）图 G 中所有顶点偶对$<v_i,v_j>$间的最短路径长度对应一个 n 阶方阵 D。

【算法步骤】

（1）依次在$<v_i,v_j>$间增加 $v_1,v_2,v_3,\cdots$，方阵 D 中的值不断变化，对应一个 n 阶方阵序列：
$$D^{(-1)},D^{(0)},D^{(1)},D^{(2)},\cdots,D^{(k)},\cdots,D^{(n-1)}$$

其中，$D^{(-1)}[i][j]=arcs[i][j]$；$D^{(k)}[i][j]=\text{Min}\{D^{(k-1)}[i][j],D^{(k-1)}[i][k]+D^{(k-1)}[k][j]\}$，$0\leq k\leq n-1$；$D^{(1)}[i][j]$就是从 v_i 到 v_j 且中间顶点的序号不大于 1 的最短路径的长度；$D^{(k)}[i][j]$就是从 v_i 到 v_j 且中间顶点的序号不大于 k 的最短路径的长度；$D^{(n-1)}[i][j]$就是从 v_i 到 v_j 的最短路径的长度。

（2）为了能记录路径，定义一个方阵 P，记录所有顶点偶对$<v_i,v_j>$间的最短路径，用它代表对应顶点的最短路径的前驱矩阵。

方阵 P 随着 D 的变化而变化，所以，P 也对应一个方阵序列：
$$P^{(-1)},P^{(0)},P^{(1)},\cdots,P^{(k)},\cdots,P^{(n-1)}$$

其中，$P^{(-1)}$是初始设置，$P^{(-1)}[i][j]=j$；$P^1[i][j]$是从 v_i 到 v_j 且中间顶点的序号不于 1 的最短路径；$P^k[i][j]$是从 v_i 到 v_j 且中间顶点的序号不大于 k 的最短路径；$P^{(n-1)}[i][j]$就是从 v_i 到 v_j 的最短路径的长度。

【算法实现】

```
void ShortPath_Floyd(AMGraph){
    for(i=0; i<G.vexnum; ++i)
        for(j=0;j<G.vexnum;++j){        //各对节点之间初始化已知路径及距离
            D[i][]=G.arcs[i][];
            if(D[i][j]<MaxInt && i!=j)  Path[i][j]=i;//如果 i 和 j 之间有弧，则将当的前驱置为 i
            else Path[i][j]=-1;          //如果 i 和 j 之间无弧，则将 j 的前驱置为-1
    for(k=0;k<G.vexnum;++k)
        for(i=0;i<G.vexnum;++i)
            for (j=0;j<G. vexnum;++j)
                if(D[i][K] +D[k][j]<D[i][j]){   //从 i 经 k 到 j 的一条路径更短
                    D[i][j]=D[i][k] +D[k][j];   //更新 D[i][j]
                    Path[i][j]=Path[k][j];}     //更改 j 的前驱为 k
}
```

【算法分析】

如果我们要求所有顶点之间的最短路径，弗洛伊德算法应该是不错的选择。弗洛伊德算法虽然也是三重循环，时间复杂度为 $O(n^3)$，但是它的代码比较简单。

任务七　拓扑排序

任务引入

老师交给小明一个任务，要求小明完成计算机系的排课任务，学校开设的课程之间受一定的条件约束，也就是课程开设的先后次序要符合教学规律，一些课程的开设必须以先修课程的学习为基础，如在学习数据结构这门课程之前，学生必须先学习程序设计基础和离散数学这两门课程，下面我们就帮小明来完成这个任务吧。

任务分析

我们通常使用有向无环图来描述一个工程（如一个项目的施工过程、生产流程、软件开发、教学安排等），一个工程可以分为若干个活动子工程，只要完成了这些子工程，就可以完成整个工程。而这些子工程之间，通常受着一定条件的约束，如其中某些子工程的开始必须在另一些子工程完成之后。

我们来分析计算机专业的课程，有些课程必须在学完先修课程的基础上才能开始，如在学习"高级语言程序设计"之前应该先修"程序设计基础"，在学习"数据结构"之前应该先修"离散数学"和"程序设计基础"。而有些课程如"高等数学""程序设计基础"等不受先决条件的约束。这些先决条件定义了课程之间的优先关系，这个关系可以用有向图更清楚地表示，如图 7-34 所示。图中把每门课程表示为一个顶点，图中的弧表示先决条件。若课程 m 是 n 的先决条件，则有弧 $<m,n>$。

课程代号	课程名称	先修课程
C_1	高等数学	
C_2	程序设计基础	
C_3	离散数学	C_1，C_2
C_4	数据结构	C_3，C_2
C_5	高级语言程序设计	C_2
C_6	编译方法	C_5，C_4
C_7	操作系统	C_4，C_9
C_8	普通物理	C_1
C_9	计算机原理	C_8

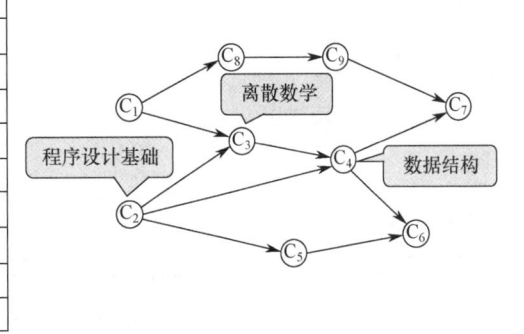

图 7-34　计算机专业必修课程及其之间优先关系

知识准备

一、AOV 网

这种用顶点表示活动，用弧表示活动间的优先关系的有向图称为顶点表示活动的网，简称 AOV 网（Activity On Vertex Network）。

在 AOV 网中，从顶点 v_i 到 v_j 有路径意味着活动 v_i 优先于 v_j，v_i 是 v_j 的前驱，v_j 是 v_i 的后继；若存在 $<v_i,v_j>\in E(G)$，则 v_i 是 v_j 的直接前驱，v_j 是 v_i 的直接后继，意味着 v_i 直接优先于

v_j。在 AOV 网中，不应该出现有向环，因为环意味着某项活动应以自己为先决条件，出现有向环顶点的先后关系就会进入死循环，工程无法进行。

如何确定这些课程开设的先后次序呢？我们可以使用拓扑排序来实现。

二、拓扑排序

1. 拓扑排序的定义

所谓拓扑排序就是将 AOV 网中所有顶点排成一个线性序列，该序列满足：若在 AOV 网中由顶点 v_i 到顶点 v_j 有一条路径，则在该线性序列中的顶点 v_i 必定在顶点 v_j 之前。拓扑排序的实质是对非线性结构的有向图进行线性化的手段。

例如，对图 7-35（a），可求得拓扑有序序列：A,B,C,D 或 A,C,B,D。

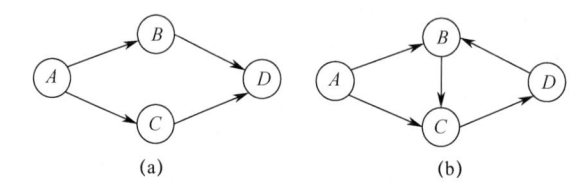

图 7-35 有向图的拓扑排序

而对于图 7-35（b），不能求得它的拓扑有序序列。因为图中存在一个回路{B, C, D}，不能确定它们的次序关系。因此，对给定的 AOV 网，应首先判定网中是否存在环。检测的办法是对有向图的顶点进行拓扑排序，若网中所有顶点都在它的拓扑有序序列中，则该 AOV 网中必定不存在环。所谓拓扑排序就是将 AOV 网中所有顶点排成一个线性序列，该序列满足：若在 AOV 网中由顶点 v_i 到顶点 v_j 有一条路径，则在该线性序列中的顶点 v_i 必定在顶点 v_j 之前。

2. 拓扑排序算法的思想

拓扑排序的过程就是重复选择没有直接前驱的顶点并删除该节点的过程，具体如下。

（1）输入 AOV 网，令 n 为顶点个数。

（2）在 AOV 网中选一个没有直接前驱的顶点，并输出之。

（3）从图中删去该顶点，同时删去所有它发出的有向边。

（4）重复步骤（2）、（3），直到：

① 全部顶点均已输出，拓扑有序序列形成，拓扑排序完成；

② 或图中还有未输出的顶点，但已跳出处理循环，这说明图中还剩下一些顶点，它们都有直接前驱，再也找不到没有前驱的顶点了，这时 AOV 网中必定存在有向环。

对于图 7-34 给出的学生课程学习工程图进行拓扑排序，得到的拓扑有序序列为：
$C_1,C_2,C_3,C_4,C_5,C_6,C_8,C_9,C_7$ 或 $C_1,C_8,C_9,C_2,C_5,C_3,C_4,C_7,C_6$ 学生必须按照拓扑有序的顺序来安排学习计划，这样才能保证学习任一门课程时其先修课程已经学过。

3. 拓扑排序的实现

由于在拓扑排序过程中需要删除顶点，因此采用邻接表来存储有向图更加方便，算法的实现要引入以下辅助的数据结构。

（1）一维数组 indegree[i]：存放各顶点入度。进行删除顶点及以它为尾的弧的操作时，弧头顶点的入度减 1，而无须修改图的存储结构。

（（2）栈 S：存储入度为 0 的顶点，避免重复检测 indegree 数组查找入度为 0 的顶点，提高算法的效率。

（3）一维数组 topo[i]：记录拓扑序列的顶点序号。

【算法步骤】

（1）对于图 G 中的每个顶点 v_i，求 v_i 的入度并存入数组 indegree[i]中。

（2）并将入度为 0 的顶点入栈。

（3）当栈不空时，重复以下操作：

① 将栈顶顶点 v_i 出栈并保存在拓扑序列数组 topo 中；

② 对顶点 v_i 的每个邻接点 v_k 的入度减 1，将入度为 0 的顶点入栈。

③ 如果输出顶点个数少于 AOV 网的顶点个数，说明网中存在有向环，否则完成拓扑排序。

【算法实现】

```
Status TopologicalSort(ALGraph G,int topo[]){
    FindinDegree(G,indegree);          //求图 G 的拓扑序列
    InitStack(S);
    for(i=0;i<G.vexnum;++i)             //求 G 中各顶点的入度，并存入数组 indegree 中
        if (!indegree [i]) Push (S, i); //初始化一个空栈
    m=0;                                //依次遍历每个顶点
    while (!StackEmpty (S)){            //若入度为 0，则将该顶点入栈
        pop (S, i);                      //m 为计数器，统计输出的顶点个数
        topo[m]=i;                       //当栈 s 不空时，重复如下操作
        ++m;                             //将栈顶顶点 vi 出栈，该顶点入度一定为 0
        p=G.vertices[i] .firstarc;       //将 vi 保存在拓扑序列数组 topo 中
        while (p!=NULL){                 //对输出顶点计数
            k=p->adjvex;                 //p 指向 vi 的第一个邻接点
            --indegree[k];               //依次遍历 vi 的每个邻接点，并做如下操作
            if(indegree[k]==0) Push(S,k);//将 vi 的邻接点暂存至 vk
            p=p->nextarc;                //vi 的邻接点的入度减 1
        }                                //若 vk 入度为 0，则将 vk 入栈
    }                                    // p 指向顶点 vi 下一个邻接节点
    if(m<G.vexnum) return ERROR;
    else return OK;
}                                        //输出的节点个数小于图中顶点的总数，说明该有向图有回路
```

【算法分析】

对有 n 个顶点和 e 条边的有向图而言，建立求各顶点入度的时间复杂度为 $O(e)$，建立零入度顶点栈的时间复杂度为 $O(n)$，在拓扑排序过程中，若有向图无环，则每个顶点进一次栈，出一次栈，入度减1的操作在循环中总共执行 e 次，所以，总的时间复杂度为 $O(n+e)$。

任务八　关键路径

任务引入

最近小明包揽了一个工程，他要带着工人们盖房子，盖房子分为多道工序，如打地基、垒墙、做大梁、安窗户……假如盖房的每一道工序所需要的时间都是已知的，那么完成这个工程需要多长时间呢？为了缩短整个工程的工期，应该加快哪些活动呢？

任务分析

为了解决以上问题，用一个带权的有向无环图来表示工程流程，若用弧表示一个工程中的活动，用权值表示活动持续时间，用顶点表示事件，要估算整个工程完成的最短时间就是要在图中找一条从工程开始（源点）到工程结束（汇点）的关键路径。关键路径上的活动就是关键活动，加快关键活动就可以缩短整个工程的工期。

知识准备

一、相关概念

用弧表示一个工程中的活动，用权值表示活动持续时间，用顶点表示事件，则这样的有向图叫作用边表示活动的网，简称 AOE（Acitivity On Edge）网。AOE 网是一个带权的有向无环图。我们把 AOE 网中没有入边的顶点称为始点或源点，没有出边的顶点称为终点或汇点。由于一个工程总有一个开始，一个结束，因此正常情况下，AOE 网只有一个源点、一个汇点。AOE 网可解决如下问题：

（1）估算工程的最短工期；
（2）找出哪些活动是影响整个工程进展的关键。

AOE 网中仅有一个入度为 0 的事件，称为源点，它表示工程的开始；仅有一个出度为 0 的事件，称为汇点，它表示工程的结束。

在 AOE 网中，一条路径各弧上的权值之和称为该路径的带权路径长度，简称为路径长度。

要估算整个工程完成的最短时间，就是要找一条从源点到汇点的带权路径长度最长的路径，称为关键路径。关键路径上的活动叫作关键活动，这些活动是影响工程进度的关键，它们的提前或拖延将使整个工程提前或拖延。

每一事件 v 表示以它为弧头的所有活动已经完成，同时，也表示以它为弧尾的所有活动可以开始。

事件 v_i 的最早发生时间 $ve(i)$：从源点到 v_i 的最长路径长度。

活动 a_i 的最早开始时间 $e(i)$：该活动的弧尾事件 v_i 的最早发生时间，即若 $<j,k>$ 表示活动 a_i，则有 $e(i)=ve(j)$。

事件 v_k 的最迟发生时间 $vl(k)$：在不推迟整个工期的前提下，该事件最迟必须发生的时间。

活动 a_j 的最迟开始时间 $l(i)$：该活动的弧头事件的最迟发生时间与该活动的持续时间之差，即 $l(i)=vl(k)-a_i$ 的持续时间。

最早开始时间=最迟开始时间的活动，$l(i)=e(i)$的活动叫作**关键活动**。

如图7-36所示，在此AOE网中：

(1) 有4个事件分别是v_1，v_2，v_3，v_5，其中v_1为源点，v_5为汇点；

(2) 有4个活动分别是a_1，a_2，a_4，a_5；

(3) v_1表示工程可以开始，即活动a_1，a_2可以开始，v_5表示工程已经结束，即活动a_4，a_5已经结束；

图7-36 AOE网

(4) v_3表示活动a_2已经完成，活动a_5可以开始。

二、求关键路径算法思想

确定关键路径应首先定义4个描述量。

(1) 事件v_j的最早发生时间ve(j)。

在AOE网中，只有进入顶点v_j的所有活动都结束以后，才能开始事件v_j，所以ve(j)是从源点到顶点v_j的最长路径长度。求ve(j)的值，按照拓扑序列从源点开始向汇点递推。将AOE网的源点v_1的最早发生时间定义为0，即ve(1)=0，则

$$ve(j)=\max\{ve(i)+dut(<i,j>)\}$$

其中，T是所有以v_j为头的弧的集合，$<v_i,v_j>\in T$，$1\leq j\leq n-1$，dut($<i,j>$)是活动的持续时间。

(2) 事件v_i的最迟发生时间vl(i)。

事件v_i的最迟发生时间不得延误v_i的后继事件的最迟发生时间，否则会拖延整个工期。因而，v_i的最迟发生时间不得迟于其后继事件v_j的最迟发生时间减去活动$<v_i,v_j>$的持续时间。从vl(n)=ve(n)开始，按逆拓扑序列求出各事件的最迟发生时间：

$$vl(i)=\min(vl(j)-dut(<i,j>))$$

其中，$<i,j>\in S$，S是所有以i为尾的集合，$0<i<n-1$。

(3) 活动$a_i=<v_j,v_k>$的最早开始时间e(i)。

只有事件v_j发生了，活动a_i才能开始。所以，活动a_i的最早开始时间等于事件v_j的最早发生时间$v(e)$，即

$$e(i)=ve(j)$$

(4) 活动$a_i=<v_j,v_k>$的最迟开始时间l(i)。

活动a_i的最迟开始时间要保证不延误事件v_k的最迟发生时间，所以活动a_i的最迟开始时间l(i)等于事件v_k的最迟发生时间vl(k)减去活动a_i的持续时间dut($<j,k>$)，即

$$l(i)=vl(k)-dut(<j,k>)$$

(5) 找出关键活动。

若满足$e(i)=l(i)$为关键活动，其余为非关键活动，适当延长非关键活动不会拖延整个工程的工期，但是也不能无限制地拖延下去，一个活动a_i的最迟开始时间l(i)和其最早开始时间e(i)的差值$l(i)-e(i)$是该活动完成的时间余量，在此范围内的适度延误不会影响整个工程的工期。当一活动的时间余量为零时，说明该活动必须如期完成，否则就会拖延整个工程的进度。所以，称$l(i)-e(i)=0$，即$l(i)=e(i)$时的活动a_i是关键活动，诸关键活动组成的源点到汇点的路径即为关键路径。

> 🔍 **注意**
>
> 关键路径上的所有活动都是关键活动，它是决定整个工程的关键，因此可通过提高关

键活动速度来缩短整个工程的工期。但也不能任意缩短关键活动，因为一旦缩短到一定的程度，该关键活动就可能变成非关键活动。

网中的关键路径并不唯一，且对于有几条关键路径的网，只提高一条关键路径上的关键活动速度并不能缩短整个工程的工期，只有提高那些包括在所有关键路径上的关键活动的速度才能达到缩短工期的目的。

项目总结

（1）图由顶点或边（弧）构成，是一种多对多的数据结构。

（2）图常见的存储方式有邻接矩阵和邻接表。邻接矩阵采用数组实现，图中的顶点信息存储在一维数组中，采用二维数组存储图中边或弧的信息。邻接表是一种顺序存储与链式存储相结合的方法，图中的顶点信息存储在一维数组中，每个数组元素包含顶点信息和一个指针域，指针域指向单链表的第一个节点，图中每个顶点的邻接点链成一个单链表。邻接矩阵比较适用于稠密图，而邻接表适用于稀疏图。

（3）图的遍历方法有两种：深度优先遍历和广度优先遍历。深度优先遍历借助栈结构来实现，广度优先遍历借助队列结构来实现。

（4）构造最小生成树有普里姆算法和克鲁斯卡尔算法。普里姆算法的思想是是归并顶点，适用于稠密网；克鲁斯卡尔算法的思想是归并边，适用于稀疏网。

（5）常见的两种求最短路径的问题，一种是求某一源点到其余各顶点之间的最短路径，采用迪杰斯特拉算法，其算法思想是按路径长度递增次序产生最短路径，时间复杂度是 $O(n^2)$；另一种是求所有顶点间的最短路径，采用弗洛伊德算法，该算法思想是逐个顶点试探法，从 v_i 到 v_j 的所有可能存在的路径中，选出一条长度最短的路径，时间复杂度是 $O(n^3)$，该算法形式更直接。

（6）拓扑排序和关键路径都是有向无环图的应用。拓扑排序是基于用顶点表示活动的有向图（AOV 网）。拓扑排序在施工流程中具有特别重要的应用，它可以决定哪些子工程必须要先执行，哪些子工程要在某些工程执行后才可以执行。在 AOV 网中，若不存在回路，则拓扑排序后，所有活动可排列成一个线性序列，使得每个活动的所有前驱活动都排在该活动的前面，AOV 网的拓扑序列不是唯一的。

（7）关键路径算法是基于用弧表示活动的有向图（AOE 网）。关键路径通常应用于工程中用以解决如下两类问题：完成整个工程需要多长时间；为缩短工期，应当加快哪些活动。关键活动是影响工程进度的关键，它们的提前或拖延将使整个工程提前或拖延。

项目八

查找

思政目标
- 优化算法，提高效率。
- 培养编程能力、工程应用思维。

技能目标
- 熟练掌握顺序表和有序表（折半查找）的查找算法及其性能分析方法。
- 熟练掌握二叉排序树的构造和查找算法及其性能分析方法。
- 掌握二叉排序树的插入算法，掌握二叉排序树的删除方法。
- 熟练掌握散列函数（除留余数法）的构造。
- 熟练掌握散列函数解决冲突的方法及其特点。

项目导读

在实际应用中，查找运算是非常常见的，本项目将针对查找运算，讨论应该采取何种数据结构，使用什么样的方法，并通过效率分析来比较各种查找算法在不同情况下的优劣。

任务一 查找的相关概念

任务引入

生活中关于查找的例子很多，如警方查找丢失的儿童，通过比对父母与孩子的DNA，帮助这些孩子圆回家的梦；小区停电，电工只有查找到故障所在位置才能对故障进行修复；去医院看病，医生需要查找病人的病历，以便对症下药；在订火车票时，工作人员需要先查询余票、车次等；在网上购物时，只要在搜索框中输入我们想查找的商品名称，就能检索到我们想买的商品……查找对我们来说非常重要。

任务分析

所有这些需要被查的数据所在的集合，统称为查找表（Search Table）。如何在查找表中查找我们想要的数据呢？如何衡量查找算法的效率呢？

> 知识准备

一、查找的相关概念

查找表是由同一类型的数据元素（或记录）构成的集合。若查找的同时对查找表不进行修改操作（如插入和删除），则相应的表称之为静态查找表；反之，若在查找的同时对查找的表进行修改操作，则称之为动态查找表。

关键字（Key）是数据元素中某个数据项的值，又称为键值，用它可以标识一个数据元素（或记录）。若此关键字可以唯一地标识一个记录，则称此关键字为主关键字（Primary Key）。这也就意味着，对不同的记录，其主关键字均不相同。主关键字所在的数据项称为主关键码，对于那些可以识别多个数据元素（或记录）的关键字，我们称之为次关键字（Secondary Key）。次关键字也可以理解为是不唯一标识一个数据元素（或记录）的关键字，它对应的数据项就是次关键码。

查找就是根据给定的某个值，在查找表中确定一个其关键字等于给定值的数据元素（或记录）。若表中存在这样的一个记录，则称之为查找成功，此时查找的结果给出整个记录的信息，或者指示该记录在查找表中的位置。若表中不存在关键字等于给定值的记录，则称之为查找不成功，此时查找的结果可给出一个"空"记录或"空"指针。

二、查找的性能指标

如何衡量一种查找算法的效率呢？由于查找算法中的基本操作是"将记录的关键字和给定值进行比较"，不同的查找算法记录的关键字和给定值比较的次数可能不同，因此通常以"记录的关键字和给定值进行比较的记录个数的平均值"作为衡量查找算法好坏的依据。

为确定记录在查找表中的位置，需和给定值进行比较的关键字个数期望值，称之为查找算法在查找成功时的平均查找长度 ASL（Average Search Length），有

$$ASL = \sum_{i=1}^{n} p_i c_i \qquad (8-1)$$

其中，n 为记录的个数；p_i 为查找第 i 个记录的概率，$\sum_{i=1}^{n} p_i = 1$，且通常认为 $p_i=1/n$；c_i 为找到第 i 个记录已经比较过的次数，c_i 随查找过程不同而不同。

任务二　静态查找表

> 任务引入

小明要来我家借一本《三国演义》，可是在散落的一大堆书中找到想要的书实在是太难了，你能帮小明想想办法吗？如何快速地帮小明找到这本《三国演义》呢？

> 任务分析

你可能会想到，以书名作为关键字把所有的书放置在书架上并排列整齐，根据书名很快就能找到需要的书。这种查找书的方法就类似于我们今天要讲的顺序查找。

知识准备

顺序查找适用于以顺序表或线性链表表示的静态查找表。下面我们介绍以顺序表为存储结构实现的顺序查找算法。

数据元素类型定义如下：
```
typedef struct{
    keyType key;                //关键字域
    InfoType otherInfo;         //其他域
}ElemType;
//顺序表的表示
typedef struct{
    ElemType  *R;               //表基址
    int    length;              //表长
}SSTable;
```

顺序查找的查找过程为：从表的一端开始，依次将记录的关键字和给定值进行比较，若某个记录的关键字和给定值相等，则查找成功；反之，若扫描整个表后，仍未找到关键字和给定值相等的记录，则查找失败。

例如，图 8-1 所示的顺序表中有 8 个数据元素，关键字即为数据元素的值，请给出查找关键字为 90 和 88 的数据元素的顺序查找过程。

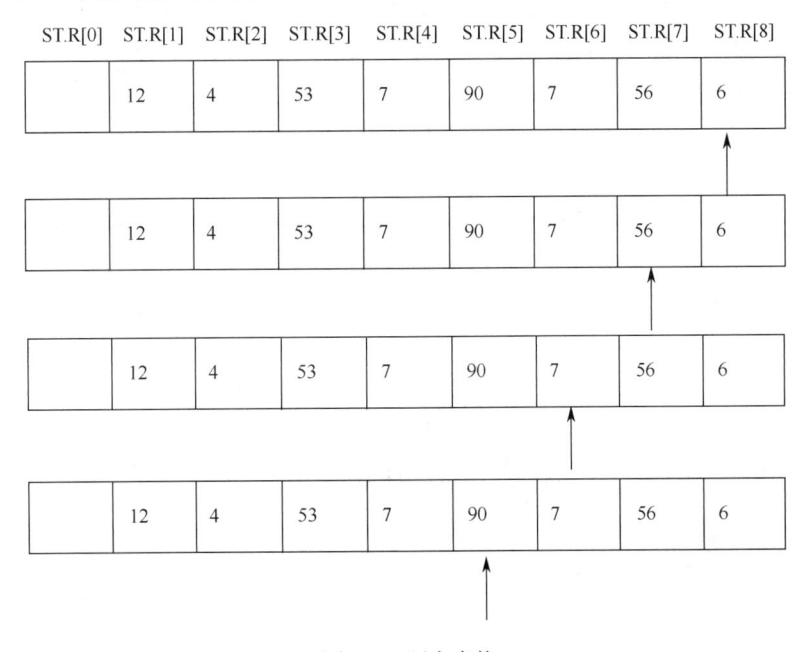

ST.R[0]	ST.R[1]	ST.R[2]	ST.R[3]	ST.R[4]	ST.R[5]	ST.R[6]	ST.R[7]	ST.R[8]
	12	4	53	7	90	7	56	6
	12	4	53	7	90	7	56	6
	12	4	53	7	90	7	56	6
	12	4	53	7	90	7	56	6

图 8-1 顺序查找

假设查找从顺序表的最后一个元素开始，第一次先比较 90 与 6，不相等，接着比较前一个元素 56，依然不相等，再比较前一个元素……直到找到 90，查找成功，此时返回 90 在数组中的位置 5。查找关键字 88 时，从顺序表的最后一个元素开始，依次比较每一个元素的关键字，均不相等，直到扫描完整个顺序表仍未找到与给定关键字值相等的记录，此时查找失败。

【算法实现】

```
int Search_Seq( SSTable   ST , KeyType   key ){  //在顺序表 ST 中查找关键字等于 key 的记录
    for (i=ST.length;i>=1;--i)                    //从顺序表的最后一个元素开始依次向前查找
        if (ST.R[i].key==key) return i;           //若查找成功，则返回 key 在顺序表中的位置
    return 0;                                     //若没有找到，则返回 0
}
```

上述查找过程中每次都要检测整个表是否已经查找完毕，即每次都要判断循环变量 i 是否大于或等于 1。通过对算法的改进可以避免每次的检测过程，加快查找速度。改进的方法是将待查关键字 key 存入表头 ST.R[0]，ST.R[0]起到监视哨的作用。改进的顺序查找算法如下：

```
int Search_Seq( SSTable   ST , KeyType   key ){        //设置监视哨的顺序查找算法
    ST.R[0].key =key;      //将待查关键字存入 ST.R[0]
    for( i=ST.length; ST.R[ i ].key!=key;  - - i   );
    //若查找成功，则返回 key 在顺序表中的位置，否则返回 0
    return i;
}
```

由于每次都从表尾开始查找，因此将 key 存入表头元素 ST.R[0]，若查找成功，则返回 i 值；若数组中没有 key，则会扫描整个数组，最终在 ST.R[0]找到 key，此时返回的是 0，也就是说在 ST.R[1]～ST.R[n]中没有关键字 key，查找失败。

【算法分析】

以上讨论的顺序查找算法，查找成功最好的情况就是待查找关键字在表尾位置，只需要比较一次就可以找到，算法时间复杂度为 $O(1)$；最坏的情况是待查找关键字在第一个位置，需要比较 n 次，此时时间复杂度为 $O(n)$。

假设表中各记录查找概率相等，查找成功时的平均查找长度

$$ASLs(n)=(1+2+\cdots+n)/n =(n+1)/2$$

当查找不成功时，需要扫描整个数组，进行 $n+1$ 次比较，时间复杂度为 $O(n)$。因此，查找不成功时的平均查找长度为 $ASLf=n+1$。

由于在算法的执行过程中，只需要借助 ST.R[0]一个辅助空间，因此空间复杂度是 $O(1)$。

顺序查找算法的特点：

（1）算法简单，对表结构无任何要求，可以是顺序存储结构，也可以是链式存储结构；

（2）n 很大时查找效率较低，不适用于表长较大的查找表；

（3）非等概率查找时，可按照查找概率进行排序。

任务三　折半查找

任务引入

某小区停电，电工排查线路。假如这段线路有 10 km 长，共有 200 根电线杆。若沿着线路一小段一小段查找，则非常麻烦。因为电工每查一个点就要爬一次电线杆，工作量太大，不太切合实际，我们有没有更好的办法来帮电工解决这个问题呢？

任务分析

设电线两端分别为 A、B，他首先从中点 C（第 100 根电线杆）查，用随身带的话机向两

端测试时，发现 AC 段正常，则断定故障在 BC 段。

然后再到 BC 段中点 D 查，发现 BD 段正常，可见故障在 CD 段；再到 CD 段中点 E 查，这样每查一次，就可以把待查线路长度缩减为一半。

只要经过 7 次查找，就可以将故障发生的范围缩小到 50～100 m，即在一两根电线杆附近，这样就省了很多精力。像这样每次一半一半的测试，很容易找到故障点，这就是折半查找。

知识准备

前面讨论的顺序查找需要将待查关键字依次与查找表中的每个记录的关键字进行比较，当记录较多时查找效率较低。与顺序查找相比，折半查找（又称二分查找）是一种效率较高的查找方法，其每次比较都使查找范围缩小一半，查找效率会大大提升。但是，折半查找要求线性表必须采用顺序存储结构，而且线性表中的记录按关键字有序排列。

折半查找的过程：在有序表中，从表的中间记录开始比较，若给定值与中间记录的关键字相等，则查找成功；若给定值小于中间记录的关键字，则在中间记录的左半区继续查找；若给定值大于中间记录的关键字，则在中间记录的右半区继续查找，不断重复上述过程。

在查找过程中，设置 low 和 high 两个指针，分别表示查找区间的上界和下界，指针 mid 指示查找区间的中间位置，即 mid=$\lfloor (\text{low}+\text{high})/2 \rfloor$，mid 将查找区间分成左、右两个子表。

案例——折半查找

已经有 11 个数据元素的有序表，关键字即为数据元素的值：(5,13,19,21,37,56,64,75,80,88,92)，请给出查找关键字为 21 和 70 的数据元素的折半查找过程。

查找关键字 key=21 的折半查找过程如图 8-2 所示。

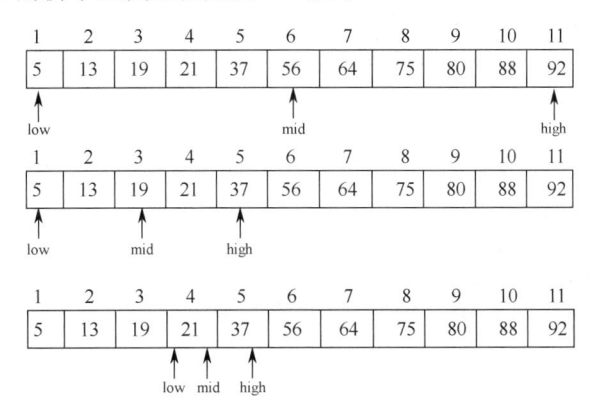

图 8-2 折半查找 21 的过程

（1）在初始状态下，待查区间为[1,11]，即 low=1，high=11，mid=$\lfloor (1+11)/2 \rfloor$=6。

（2）首先令待查关键字 key 与中间位置的 ST.R[6]中的 56 相比较，21<56，说明待查关键字如果存在，一定在左子表中，即[low, mid-1]的范围内，修改 high 指针的位置，令 high 指针指向第 mid-1 个元素，high=6-1=5，得到新的 mid=$\lfloor (1+5)/2 \rfloor$=3。

（3）继续将 key 与中间元素 ST.R[3]中的 19 进行比较，此时 21>19，说明待查关键字若存在，必在右子表中，即[mid+1,high]范围内，修改 low 指针的位置，令 low 指针指向第 mid+1 个元素，得到 low =3+1= 4，求得 mid 的新值为 4，比较 key 和 ST. R[mid]. Key，此时 key=ST.

R[4].key，则查找成功，返回所查关键字在表中的序号，即指针 mid 的值 4。

查找关键字 key=70 的折半查找过程如图 8-3 所示。查找过程同上，只是在图 8-3 中的最后一次查找时，因为 low>high，所以查找区间不存在，说明表中没有关键字等于 70 的元素，查找失败，返回 0。

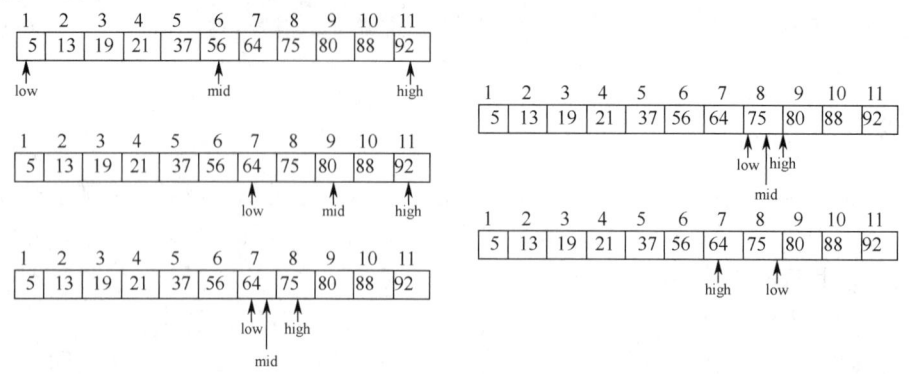

图 8-3　折半查找 70 的过程

【算法步骤】

设表长为 n，low、high 和 mid 分别指向待查关键字所在区间的上界、下界和中间位置，key 为给定值。

（1）初始时，令 low=1，high=n，mid=(low+high)/2。

（2）让 k 与 mid 指向的记录比较：

若 key==R[mid].key，则查找成功；

若 key<R[mid].key，则 high=mid−1；

若 key>R[mid].key，则 low=mid+1。

（3）重复上述操作，直至 low>high 时，查找失败。

【算法实现】

```
int Search_Bin(SSTable ST,KeyType key){    //使用折半查找在 ST 中查找关键字等于 key 的记录
    low=1;high=ST.length;
    while(low<=high){
        mid=(low+high)/2;
        if(key==ST.R[mid].key) return mid;          //若找到，则返回该记录在顺序表中的位置
        else if(key<ST.R[mid].key) high=mid-1;      //在前一子表查找
        else low=mid+1;                             //在后一子表查找
    }
    return 0;                                       //查找失败，返回 0
}
```

【算法分析】

折半查找过程可用二叉树来描述。树中节点的值表示记录在表中的位置。把当前查找区间的中间位置作为根，左子表和右子表分别作为根的左子树和右子树，由此得到的二叉树称为折半查找的判定树。判定树中圆形节点为内部节点，方形节点为判定树的外部节点。

查找 21 的过程是经过一条从根节点到节点 4 的路径，需要比较 3 次，比较次数就是节点 4 所在层次。由此可见，折半查找在查找成功时恰好走了一条从判定树的根到被查节点的路径，经历比较的关键字个数恰为该节点在树中的层次，对于长度为 n 的有序表，比较次数不

超过树的深度 $d =\lfloor \log_2 n \rfloor+1$。

从上述查找过程可以看出，对于一个有 11 个元素的查找，找到第 6 个元素，仅需比较 1 次；找到第 3 个和第 9 个元素需要比较 2 次；找到第 1、4、7、10 个元素需要比较 3 次；找到第 2、5、8、11 个元素需要比较 4 次。

查找 70 的过程走了一条从根节点到节点 7~8 之间的路径。因此，折半查找在查找不成功时就是走了一条从根节点到外部节点的路径，和给定值进行比较的关键字个数等于该路径上内部节点个数，和给定值进行比较的关键字个数最多也不超过 $\lfloor \log_2 n \rfloor+1$。

因此，折半算法的时间复杂度为 $O(\log_2 n)$，远远优于顺序查找的时间复杂度 $O(n)$。

相比于顺序查找，折半查找比较次数少，查找效率高。但是，折半查找对表结构要求高，只能用于顺序存储的有序表。

任务四　分块查找

任务引入

折半查找虽然提高了查找的效率，但是要求查找表中的数据元素必须是有序的。有些情况下数据集的增长速度是非常快的，如"双 11"购物节某电商网站的交易量可能上亿，要使这些记录都按某个关键字有序排列，所需要花费的时间代价非常大，所以这些记录通常按先后顺序排列。

任务分析

面对如此海量的数据，如何实现快速查找呢？将查找表分成若干个子块，建立一个索引表，索引表中记录了每个数据块中关键字最大的元素及第一个元素所在的地址，索引表按关键字有序排列。在查找时先检索到待查关键字所在的块，再在块内进行顺序查找。这种查找方法就是分块查找，也叫索引查找，这种查找方法吸取了顺序查找和折半查找各自的优点。

知识准备

分块查找过程中将查找表分为若干个子块。块内元素可以无序，但块之间是有序的，即第一个块中的最大关键字小于第二个块中的所有记录的关键字，第二个块中的最大关键字小于第三个块中的所有记录的关键字，以此类推。建立一个索引表，每个索引项包含各块的最大关键字和各块中第一个元素的地址，索引表按关键字有序排列。

分块查找的过程可分两步进行，对于给定待查找的 key，先确定 key 所在的块（子表），然后在块中查找。由于块间元素是一个有序序列，因此可以使用顺序查找或折半查找来确定 key 在哪个子块。由于块内的元素是无序的，因此块内查找时采用顺序查找的方法确定 key 所在的具体位置。

假设给定 key=38，首先确定 38 在哪个块，如图 8-4 所示，将 key 依次与索引表中的索引项中的最大关键字进行比较，因为 key>22，所以 38 必不在第一块中。接着比较索引表中的下一个关键字，key<48，说明若关键字为 38 的记录存在，则必定在 48 所在的块中。由 48 所在的索引项的起始地址可以知道，48 所在的块也就是第二块的起始地址是 7，此时进行块内查找，则自第 7 个记录起进行顺序查找，直到找到 key 为止。若此子表中没有关键字等于 key

的记录，如待查关键字 key = 29，则在第二个块中将 key 与每个记录的关键字依次进行比较。若都不相等，则查找失败。

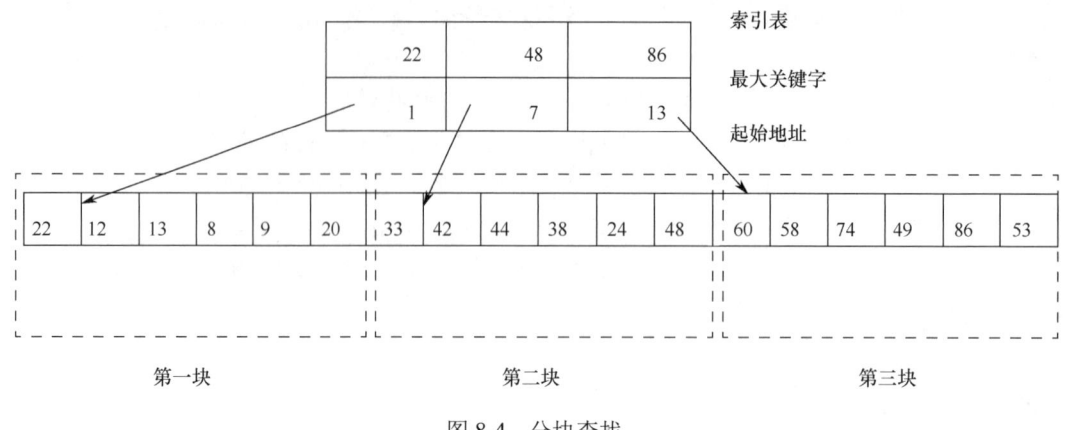

```
                    ┌─────┬─────┬─────┐   索引表
                    │ 22  │ 48  │ 86  │   最大关键字
                    ├─────┼─────┼─────┤
                    │  1  │  7  │ 13  │   起始地址
                    └─────┴─────┴─────┘
```

| 22 | 12 | 13 | 8 | 9 | 20 | 33 | 42 | 44 | 38 | 24 | 48 | 60 | 58 | 74 | 49 | 86 | 53 |

第一块　　　　　　　　　　第二块　　　　　　　　　　第三块

图 8-4　分块查找

> **注意**
>
> （1）索引表是有序表，在索引表中查找时既可以使用顺序查找法，也可以使用折半查找法。
>
> （2）确定了待查关键字所在的子表后，在子表内采用顺序查找法，因为各子表内部是无序表。

任务五　树表查找

任务引入

静态查找表仅能进行查找操作，如果在查找的过程中需要频繁地插入或删除元素，如某大型网站的论坛管理员要对某些用户的不良言论进行清理，从而维护良好的网络环境，需要查找到不良评论后进行删除，类似这样的应用不仅要进行查找操作，也需要对查找表中的记录进行插入或者删除，这就需要使用动态查找表。

任务分析

动态查找表的特点是表结构本身是在查找过程中动态生成的，即对于给定的关键字 key，若表中存在关键字等于 key 的记录，则查找成功返回，否则将关键字插入查找表中。若要对动态查找表进行高效率的查找，则可采用几种特殊的二叉树作为查找表的组织形式，在此将它们统称为树表。本任务将介绍在这些树表上进行查找和修改操作的方法。

知识准备

一、二叉排序树的定义

二叉排序树或者是一棵空树，或者是具有下列性质的二叉树：
（1）若它的左子树不为空，则左子树上所有节点的值均小于它的根节点的值；

（2）若它的右子树不为空，则右子树上所有节点的值均大于它的根节点的值；
（3）它的左、右子树也分别为二叉排序树。

二叉排序树是递归定义的。如图 8-5 所示，若对该二叉排序树进行中序遍历，会得到什么结果？可得到序列：3，12，24，37，45，53，61，90，98，100，不难发现，这是一个递增有序序列。由二叉排序树的定义和性质可得，中序遍历一棵二叉排序树会得到一个递增的有序序列。

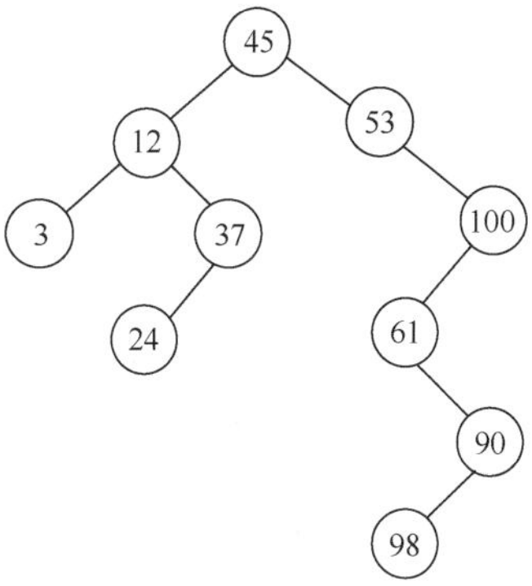

二、二叉排序树的结构定义

以下讨论的二叉排序树采用二叉链表存储结构，定义如下：

```
Typedef ElemType int;
typedef struct BSTNode{
    ElemType data;                  //数据域
    struct BSTNode *lchild,*rchild; //左、右孩子指针域
}BSTNode,*BSTree;
```

图 8-5　二叉排序树

构建一棵二叉排序树并不仅仅是为了查找，更是为了提高插入与删除的效率。当然，在一个有序序列里查找的效率总是高于无序序列，如折半查找，下面我们来讨论二叉排序树的查找过程。

三、二叉排序树的查找

二叉排序树又称二叉查找树，二叉排序树的查找是一个逐步缩小查找范围的过程，其查找过程类似于在折半查找判定树上所进行的查找过程，不同之处在于折半查找的判定树是静态的，二叉排序树是动态的。

二叉排序树的查找思路：从根节点开始，首先将给定值的关键字 key 与根节点进行比较，如果相等，则查找成功，输出有关的信息；若 key 小于根节点的值，则在左子树上查找，否则在右子树上继续查找。根据二叉排序树的定义，根节点的左、右子树都是二叉排序树，重复以上过程。

对于图 8-5 所示的二叉排序树，查找 key=24 的记录，首先将 key 与根节点的关键字 45 进行比较，key<45，由二叉排序树的定义可以知道，如果关键字 24 存在，则必在根的左子树上，继续在其左子树上查找。同理，再将 key 与左子树的根节点 12 进行比较，key>12，继续在以 12 为根的右子树上查找，将 key 与右子树的根节点 37 比较，key<37，继续在以 37 为根的左子树上查找，key 与左子树的根节点 24 相等，此时查找成功，返回指向节点 24 的指针。

查找关键字 key=60 的记录，和上述过程类似，在 key 与关键字 45、53、100 和 61 相继比较之后，继续查找以节点 61 为根的左子树，此时左子树为空，则说明该树中没有待查记录，故查找不成功，返回的指针值为 NULL。

【算法步骤】

（1）在根指针 T 所指二叉排序树中，查找关键字等于 key 的元素，若二叉排序树为空，则查找失败，返回空指针。

（2）若二叉排序树非空，则将 key 与根节点的关键字 T->data.key 进行比较，

① 若 key 等于 T->data.key，则查找成功，返回根节点地址；
② 若 key 小于 T->data.key，则进一步查找左子树；
③ 若 key 大于 T->data.key，则进一步查找右子树。

【算法实现】

```
BSTree SearchBST(BSTree T,KeyType key) {
    if((!T) || key==T->data.key) return T;
    else if (key<T->data.key)    return SearchBST(T->lchild,key);    //在左子树中继续查找
    else return SearchBST(T->rchild,key);                            //在右子树中继续查找
} // SearchBST
```

【算法分析】

查找成功时是从根节点出发，沿着左分支或右分支逐层向下直至关键字等于给定值的节点；和给定值比较的关键字个数等于路径长度加 1（或节点所在层次数）。因此，和折半查找类似，与给定值比较的关键字个数不超过树的深度。查找失败时是从根节点出发，沿着左分支或右分支逐层向下直至指针指向空树为止。

通过以上分析可知，其时间复杂度与树的形态有关，最理想的状态就是与二叉排序树的判定树相似，其平均查找长度和 $\log_2 n$ 成正比。当插入的关键字有序时，二叉排序树蜕变为一棵单支树，这是最差情况，此时树的深度为 n。

> **注意**
>
> 折半查找长度为 n 的顺序表的判定树是唯一的，而含有 n 个节点的二叉排序树却不唯一。

四、二叉排序树的插入与创建

二叉排序树是一种动态查找表，其表长是随着不断地插入、删除而变化的。若在二叉排序树中查找关键字失败，则将关键字插入二叉排序树中。也就是说，二叉排序树是在查找、插入过程中形成的，而且是动态变化的。接下来我们先来讨论二叉排序树的插入操作。

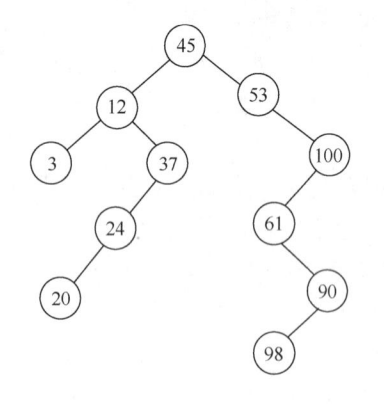

二叉排序树的插入操作是以查找为基础的。要将一个关键字为 key 的节点*S 插入二叉排序树中，需要从根节点向下查找，若树中不存在关键字等于 key 的节点，则将节点*S 插入二叉排序树中。新插入的节点一定是一个新添加的叶子节点，并且是查找不成功时查找路径上访问的最后一个节点的左孩子或右孩子节点。

例如，在图 8-6 所示的二叉排序树中插入关键字为 20 的节点，按照二叉排序树的查找过程，依次将 20 与 45、12、37、24 进行比较，继续查找以节点 24 为根的左子树，此时左子树为空，说明树中不存在节点关键字为 20 的记录，查找失败，由于 20<24，故将 20 插入 24 的左子树上。

图 8-6 二叉排序树的插入

【算法步骤】

指针 T 指向二叉排序树的根节点，将一个关键字为 key 的节点 e 插入二叉排序树中，其过程描述如下。

（1）若二叉排序树是空树，则 key 成为二叉排序树的根。
（2）若二叉排序树是非空树，则将 key 与二叉排序树的根进行比较：
① 如果 key 等于根节点的值，则停止插入；
② 如果 key 小于根节点的值，则将 key 插入左子树；
③ 如果 key 大于根节点的值，则将 key 插入右子树。

【算法实现】
```
        void InsertBST(BSTree &T,ElemType e){
            //当二叉排序树中不存在关键字等于 e.key 的数据元素时，插入该元素
    if (!T)      {                  //找到插入位置，递归结束
    S=new BSTNode;                  //生成新节点*S
    S->data=e;                      //新节点*S 的数据域置为 e
    S->lchild=S->rchild=NULL;       //新节点*S 作为叶子节点
    T=S;                            //把新节点*S 链接到已找到的插入位置
    else if (e. key<T->data. key )
    InsertBST(T->lchild, e );       //将*S 插入左子树
    else if (e.key> T->data.key )
    InsertBST(T->rchild, e);        //将*S 插入右子树
    }
```

【算法分析】
二叉排序树插入的基本过程是查找，所以时间复杂度同查找一样，是 $O(\log_2 n)$。

> **注意**
> （1）一个无序序列可以通过构造一棵二叉排序树而变成一个有序序列。
> （2）每次插入的新节点都是二叉排序树上新的叶子节点。
> （3）插入时不必移动其他节点，仅需修改某个节点的指针。

五、二叉排序树的创建

如果给定一个元素序列，可以利用二叉排序树的插入算法动态创建一棵二叉排序树。

首先，将二叉排序树初始化为一棵空树；然后，逐个读入元素，每读入一个元素就建立一个新的节点并插入当前已生成的二叉排序树中。

实例——创建二叉排序树

从键盘输入一个序列{10,18,3,8,12,2,7}，试创建一棵二叉排序树，过程如图 8-7 所示。

从以上创建二叉排序树的过程可以看出，一个无序序列可以通过创建一棵二叉排序树而变成一个有序序列，创建树的过程即为对无序序列进行排序的过程。这就相当于在一个有序序列上插入一个记录而不需要移动其他记录，每次插入的新节点都是二叉排序树上新的叶子节点。

【算法步骤】
（1）初始化一棵空树 T。
（2）读入一个关键字。
（3）设置输入结束标志 ENDFLAG，如果读入的关键字不是输入结束标志，则循环执行以下操作：

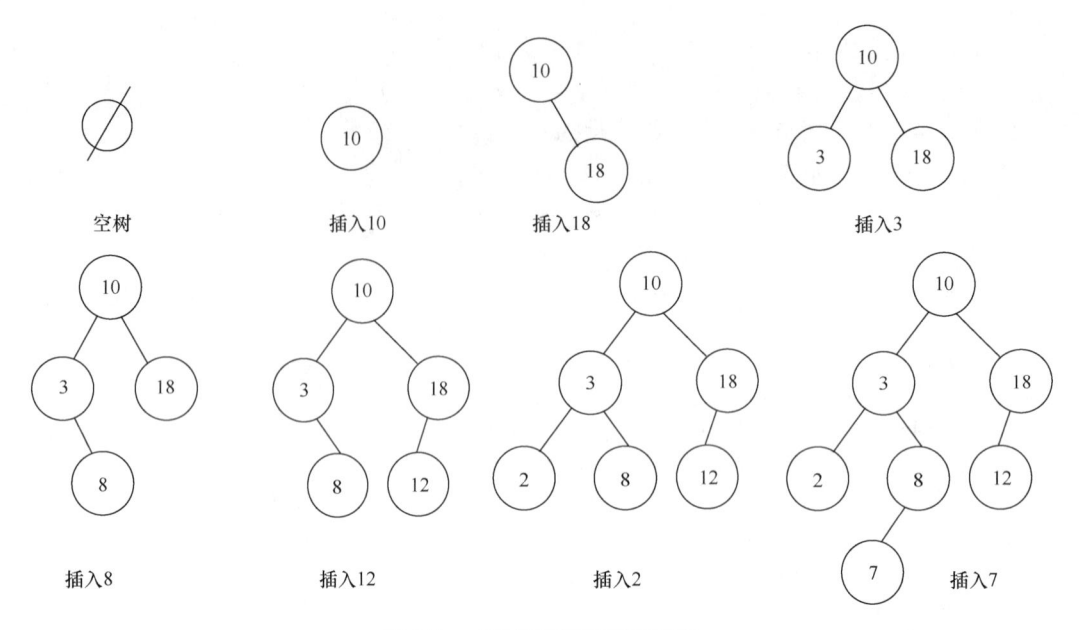

图 8-7 二叉排序树的创建过程

① 将节点 e 插入二叉排序树中；
② 读入下一个关键字。

【算法实现】

```
void CreatBST(BSTree &T){        //创建二叉排序树 T
    T=NULL;                      //将二叉排序树 T 初始化为空树
    cin>>e.key;                  //输入节点 e 的关键字 key
    while(e.key!=ENDFLAG) {      //若 e.key 不是结束标志
        InsertBST(T,e);          //将节点 e 插入二叉排序树中
        cin>>e.key;              //再次输入关键字
    }
}
```

在二叉排序树上插入新的节点，只需改动某个节点的指针即可，不必移动其他节点。

【算法分析】

假设有 n 个节点，则需要 n 次插入操作，而插入一个节点的算法时间复杂度为 $O(\log_2 n)$，所以创建二叉排序树算法的时间复杂度为 $O(n\log_2 n)$。

在二叉排序树中删除一个节点并不容易，因为删除节点后依然要满足二叉排序树的性质。因此，不能将以该节点为根的子树全部删除，只能删除该节点并使得二叉树依然满足二叉排序树的性质。在二叉排序树中删除一个节点相当于在一个有序序列中删除一个节点。

当在二叉排序树中删除一指针 P 指向的节点时，首先查找待删节点 P，在这个过程中，需要记录 P 的双亲节点；若找不到节点 P，则删除失败，结束操作；若找到节点 P，则 P 指向待删除节点，f 指向节点 P 的双亲，假设 P 是 f 的左孩子或右孩子，下面将分 3 种情况讨论二叉排序树的删除。

1）P 为叶子节点

由于删去叶子节点不破坏整棵树的结构，因此只需修改其双亲节点的指针。如图 8-8（a）所示，若现在要删除关键字为 20 的节点，20 为叶子节点，删除后不会破坏整棵树的结构，直接删除即可。关键字为 20 的节点是 30 的左孩子，删除节点 20，把 20 的双亲节点 30 的指针域置为空，并释放删除的节点。删除操作的代码如下：
　　f->lchild = NULL;　　//将删除节点的双亲节点，其双亲节点中相应指针域的值改为"空"
　　free(P);　　//释放节点 P

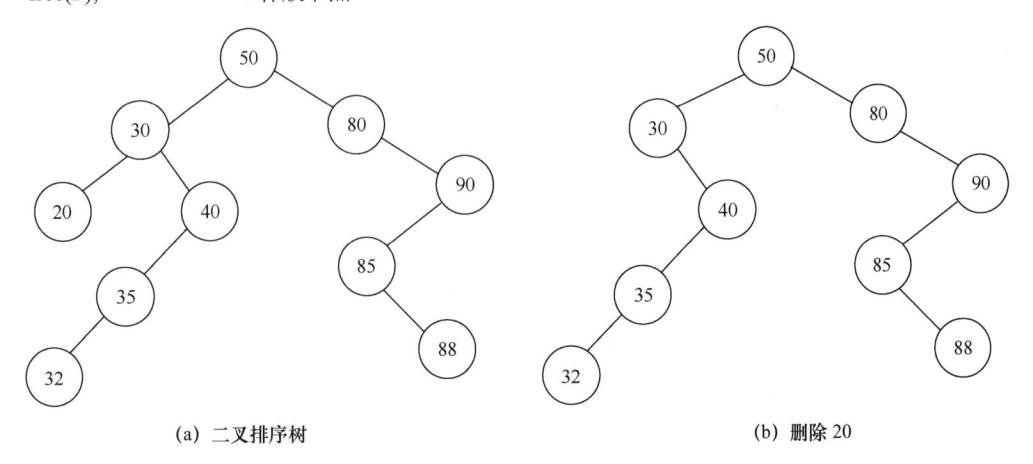

（a）二叉排序树　　　　　　　　　　　　　　（b）删除 20

图 8-8　被删除的节点是叶子节点

2）P 节点只有左子树或只有右子树

此时，只需要将 P 的左子树或右子树直接作为其双亲节点 f 的左子树或右子树，即可删除 P。

对于图 8-8（a）所示的二叉树，依次删除关键字为 80 和 35 的节点，删除关键字为 80 的节点，该节点只有右子树，将其右子树的关键字为 90 的节点作为其双亲节点的右孩子，效果如图 8-9（a）所示。类似地，再删除关键字为 35 的节点，该节点只有左孩子，将其左孩子替换之，效果如图 8-9（b）所示。删除操作的代码如下：

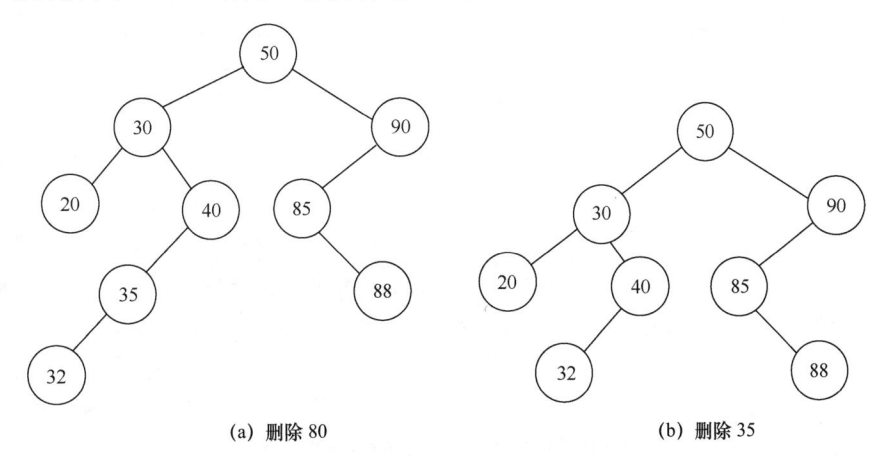

（a）删除 80　　　　　　　　　　　　　　（b）删除 35

图 8-9　被删除的节点只有左（右）子树

　　f->lchild = P->lchild;
　　//若删除的节点 P 只有左孩子，让其左孩子替换被删除的节点，即 P 的左孩子成为其双亲节点 f 的左孩子
　　//或
　　f->lchild = P->rchild;
　　//若删除的节点 P 只有右孩子，让其右孩子替换被删除的节点，即 P 的右孩子成为其双亲节点 f

的右孩子；
   free(P);//释放节点 P

3）P 节点既有左子树又有右子树

令 P 的中序遍历序列中的直接前驱（或直接后继）s 节点代替 P 节点，然后从二叉排序树中删去它的直接前驱（或直接后继），q 为 s 的双亲节点。

对图 8-8（a）所示的二叉树，删除关键字为 50 的节点，该节点既有左子树又有右子树，对于这种情况，我们先得到这棵二叉树的中序遍历序列为（20,30,32,35,40,50,80,85,88,90）。被删除的节点 P 的关键字为 50，其前驱节点 s 的关键字为 40，令 P 的前驱节点 s 代替 P，此问题就转变成了情况 2，即删除关键字为 40 的节点。关键字为 40 的节点只有左子树，删除该节点就是让 40 的左孩子代替之，删除后结果如图 8-10（a）所示。删除操作的代码如下：

  P->data=s->data;   //将 s 节点的值代替 P 节点的值
  q->rchild=s->lchild;   //修改 s 的双亲节点的指针域，原 s 节点的左子树改为 s 节点的双亲 q 的右子树，即从左子树中删除 s
  free(s);   //释放 s 所占的空间

(a) 使用前驱节点代替 P   (b) 使用后继节点代替 P

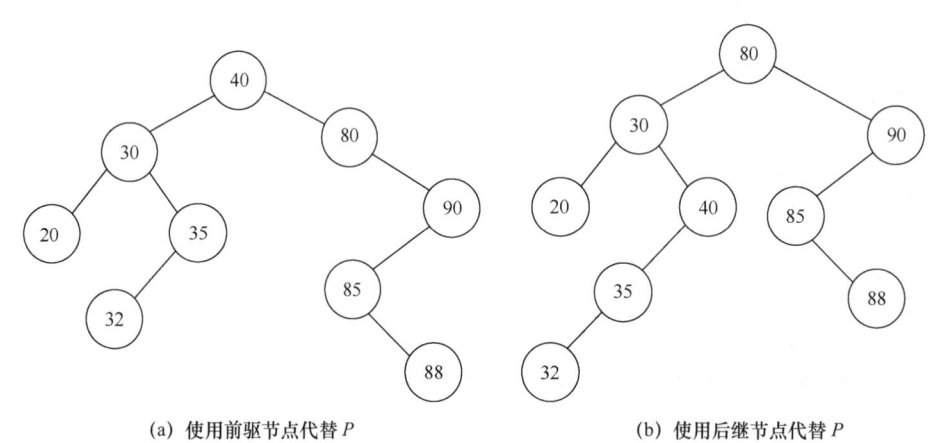

图 8-10 被删除的节点既有左子树也有右子树

同理，删除 P 也可以让中序遍历序列中 P 的后继节点 s 代替 P，也就是关键字为 80 的节点代替 P，删除后效果如图 8-10（b）所示。

以上方法中，以 P 节点中序遍历序列中的直接前驱 s 来代替 P，然后从左子树中删除这个节点，s 一定是 P 的左子树中值最大的那个节点，也就是以被删节点左子树中关键字最大的节点替代被删节点，s 一定没有右子树，否则它就不是左子树中关键字最大的节点；同理，以 P 节点中序遍历序列中的直接后继 s 来代替 P，s 一定是 P 的右子树中值最小的那个节点，也就是以被删节点右子树中关键字最小的节点替代被删节点，然后从右子树中删除这个节点，此节点一定没有左子树，否则它就不是右子树中关键字最大的节点。

s 是左子树中值最大的那个节点，s 一定没有右子树，它一定在它的双亲节点 q 的右子树上吗？否则怎么会有 q->rchild=s->lchild？s 有没有可能在 q 的左子树上，而 q 没有右子树？这种情况不可能，s 不可能在左子树上，因为 s 是值最大的那个节点，根据二叉排序的定义，值最大的那个节点肯定不在最左，如果没有右子树，一定是根节点最大。

同二叉排序树插入一样，二叉排序树删除的基本过程也是查找，所以时间复杂度仍是 $O(\log_2 n)$。

插入和删除不需要移动元素，只要找到插入和删除的位置再修改指针就可以。

可见，二叉排序树上的查找和折半查找相差不大。但就维护表的有序性而言，二叉排序树更加有效，因为无须移动记录，只要修改指针即可完成对节点的插入和删除操作。因此，对于需要经常进行插入、删除和查找运算的表，采用二叉排序树比较好。

任务六 平衡二叉树

任务引入

含有 n 个节点的二叉排序树是不唯一的，节点插入的顺序不同，所构造的二叉排序树的形态也不同。哪种形态的二叉排序树查找效率最高呢？

任务分析

由二叉排序树的查找操作分析可知，在二叉排序树中查找指定关键字的节点，恰是走了一条从根节点到该节点的路径的过程，和给定值进行比较的次数等于节点所在的层数。也就是查找第 i 层节点需比较 i 次。在等概率的前提下，我们来分析图 8-11 所示的两棵二叉排序树的平均查找长度。

这两棵二叉排序树中的节点的值是相同的，但创建这两棵树的序列不同，图 8-11（a）创建序列为：{55,30,80,20,35,90}，树的深度为 3；图 8-11（b）创建序列为：{20,30,35,55,80,90}，树的深度为 6。若查找每一个记录的概率相等，则 p_i=1/6。在图 8-11（a）的树中查找 55 只需要比较一次，查找第二层的 30 和 80 需要比较两次，查找第三层的 20、35、90 需要比较三次，则图 8-11（a）中树的平均查找长度为

$$\text{ASL}_{(1)} = \sum_{i=1}^{6} p_i c_i = (1 + 2 \times 2 + 3 \times 3)/6 = 7/3$$

而图 8-11（b）中树的平均查找长度为

$$\text{ASL}_{(2)} = \sum_{i=1}^{6} p_i c_i = (1 + 2 + 3 + 4 + 5 + 6)/6 = 7/2$$

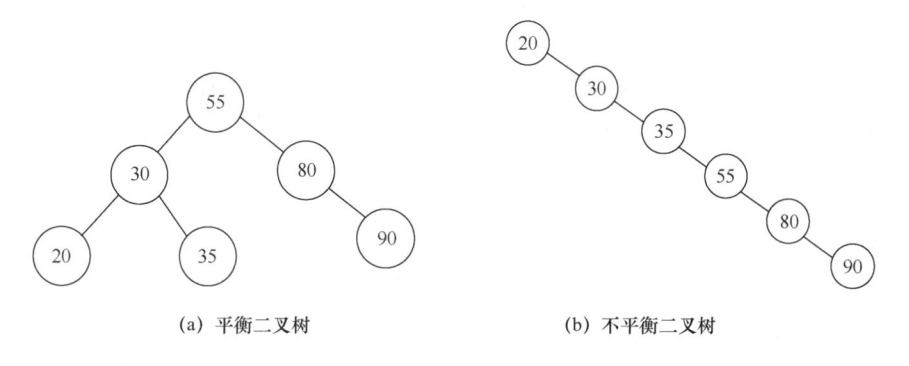

(a) 平衡二叉树　　　　　　　(b) 不平衡二叉树

图 8-11　平衡与不平衡的二叉排序树

由以上例子可以看出，含有 n 个节点的二叉排序树的平均查找长度和树的形态有关。最好的情况是，二叉排序树的形态和折半查找的判定树相似，其平均查找长度和 $\log_2 n$ 成正比，此时二叉排序树的结构较合理，查找速度快。最坏的情况是，当先后插入的关键字是一个有

序序列时，如图8-11（b）所示，构成的二叉排序树蜕变为单支树，树的深度为 n，其平均查找长度为 $\frac{n+1}{2}$，查找的时间复杂度为 $O(n)$，和顺序查找相同，此时查找效率较低。

知识准备

一、相关概念

不难看出，查找算法的性能取决于二叉树的形态，为了提高查找算法的查找效率，本任务将讨论一种特殊类型的二叉排序树，称为平衡二叉树（Balanced Binary Tree）或高度平衡树（Height-Balanced Tree），它是由苏联数学家 Adelson-Velskii 和 Landis 提出的，所以又称 AVL 树。

平衡二叉树或者是空树，或者是具有如下特征的二叉排序树：
（1）左子树和右子树的深度之差的绝对值不超过1；
（2）左子树和右子树也是平衡二叉树。

节点的左子树的深度减去右子树的深度，称为二叉树上节点的平衡因子（Balance Factor, BF），平衡二叉树上任意节点的平衡因子只可能是+1、-1 或 0。也就是说，只要二叉树上有一个节点的平衡因子的绝对值大于1，则该二叉树就是不平衡的。图8-12 所示为平衡二叉树，而图8-13 所示为不平衡二叉树，节点上方的值为该节点的平衡因子。

图 8-12 平衡二叉树

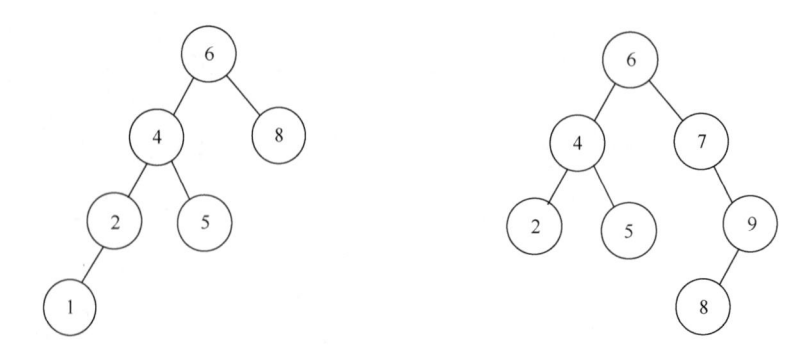

图 8-13 不平衡二叉树

显然，当子树的根节点的平衡因子为1时，它是左倾斜的；当子树的根节点的平衡因子为-1时，它是右倾斜的。

一棵子树的根节点的平衡因子就代表该子树的平衡性。保持所有子树几乎都处于平衡状态，平衡二叉树在总体上就能够基本保持平衡。

由平衡二叉树的定义可知，其左、右子树的高度之差不超过1，若这棵树上有 n 个节点，则可以证明它的深度和 $\log_2 n$ 是同数量级的，其查找的时间复杂度是 $O(\log_2 n)$。

二、平衡二叉树的平衡调整方法

平衡二叉树的基本查找、插入节点的操作和二叉树的操作一样。当向平衡二叉树中插入节点时，有可能会破坏平衡二叉树的平衡特性，这时需要对平衡二叉树进行调整，使其保持平衡特性。如图 8-14 所示，依次插入序列(13,24,37)。

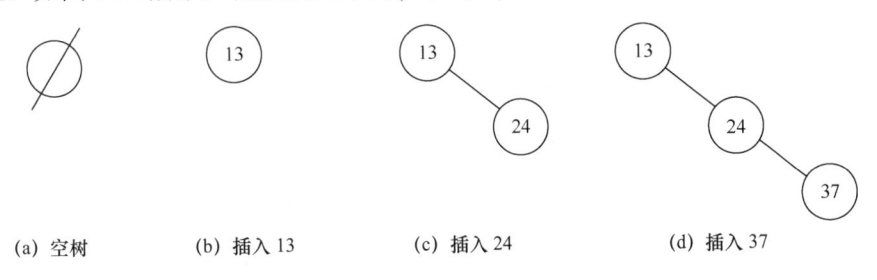

(a) 空树　　(b) 插入 13　　(c) 插入 24　　(d) 插入 37

图 8-14　在平衡二叉树中插入节点

图 8-14（a）、(b) 中的树显然都是平衡二叉树，在插入 24 之后仍是平衡的，只是根节点的平衡因子 BF 由 0 变为-1。在继续插入 37 之后，由于节点 13 的 BF 值由-1 变成-2，因此这棵二叉树就失去平衡，不再是平衡二叉树，此时就需要调整重新恢复二叉树的平衡特性。

在一棵平衡二叉树中插入一个新节点，可能造成失衡，此时必须重新调整树的结构，使之恢复平衡。我们称调整平衡的过程为平衡旋转。

在新插入的节点的祖先中，找出离新节点最近且平衡因子绝对值大于 1 的节点，以该节点为根的子树称为最小不平衡子树，可将重新平衡的范围局限于这棵子树，我们只需调整最小不平衡子树，使最小不平衡子树在新节点插入前后高度不变、保持平衡。

如图 8-15 所示，插入节点 3 后，破坏了平衡二叉树的平衡特性，需进行平衡调整。首先找到最小不平衡子树，再对其进行平衡旋转使其恢复平衡。在关键字为 3 的节点的祖先节点集合中，节点 4 的平衡因子由 0 变成-1，节点 5 的平衡因子由 0 变成-1，节点 10 的平衡因子由-1 变成-2。因此，关键字为 10 的节点离新节点最近且平衡因子绝对值大于 1，以节点 10 为根的子树就是最小不平衡子树，调整这棵子树使其在插入新节点后仍然保持平衡。如何旋转使最小不平衡子树恢复平衡呢？

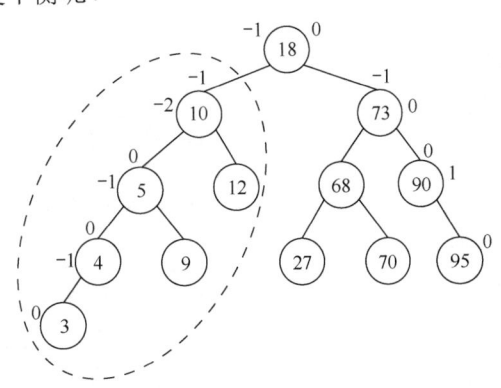

图 8-15　插入 3 后破坏二叉树的平衡性

一般情况下，假设最小不平衡子树的根节点为 A，平衡二叉树在插入新节点失去平衡后进行调整的规律可归纳为下列 4 种情况。

1. LL（Left-Left）平衡旋转

若在 A 的左孩子的左子树上插入节点 C，使 A 的平衡因子从 1 变为 2，则需要以 B 为旋转轴进行一次顺时针旋转，也就是向右旋转。

图 8-16 为两个 LL 平衡旋转的实例。插入节点 10 以后，破坏了以节点 38 为根的子树的平衡性，以 38 为根的这棵子树就是最小不平衡子树，对这棵树进行旋转恢复平衡。因为插入的新节点在该子树的左分支的左分支上，所以需要进行 LL 平衡旋转，即以 13 为旋转轴向右进行旋转，这样比 13 大的 38 就变成了它的右孩子。此时，该二叉排序树的每棵子树都满足二叉平衡树的特质，如图 8-16（a）所示。类似地，再插入 4，此时最小不平衡子树是以节点 38 为根的子树，节点 38 的平衡因子由 1 变成 2，需要对以 38 为根的树进行平衡旋转，进行 LL 平衡旋转后，效果如图 8-16（b）所示。

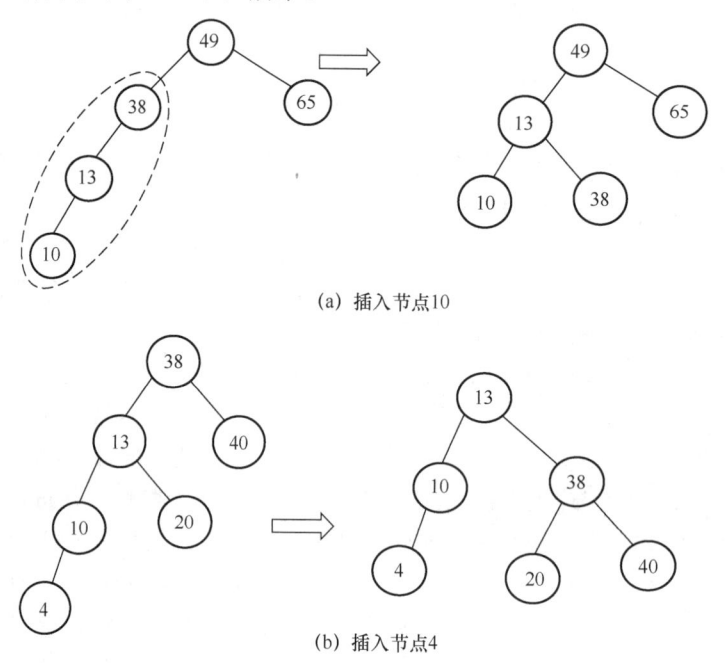

(a) 插入节点10

(b) 插入节点4

图 8-16　LL 平衡旋转的实例

2. RR（Right-Right）平衡旋转

若在 A 的右孩子的右子树上插入节点，使 A 的平衡因子从-1 变为-2，则需要以 B 为旋转轴进行一次逆时针旋转，就是向左旋转。

图 8-17 为 RR 平衡旋转的实例。插入 49 后，节点 38 的平衡因子由-1 变成-2，以 38 为根节点的二叉树为最小不平衡子树，且插入的节点在该子树右子树的右子树上，进行 RR 平衡旋转，以 40 为旋转轴逆时针向左旋转。要注意旋转后仍要保持二叉排序树的特性，旋转后 38 在 40 的左子树上，13 在 38 的左子树上，而节点 40 原来的左孩子是 39，旋转后 39 仍然是 40 的左孩子，39 比 38 大，因此，旋转后 39 成为 38 的右孩子，也就是说旋转以后 39 仍然在 40 的左子树上。

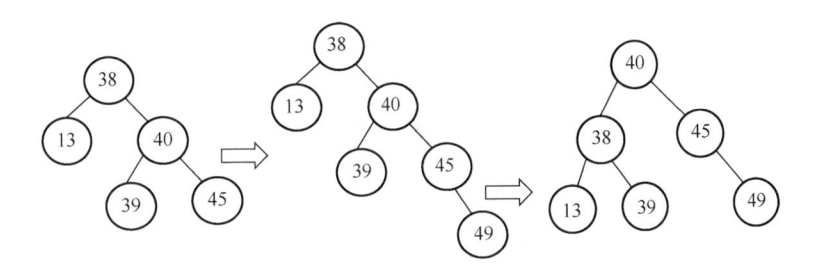

图 8-17　RR 平衡旋转的实例

3. LR（Left-Right）平衡旋转

若在 A 的左子树根节点的右子树上插入节点，使 A 的平衡因子由 1 变为 2，则需进行两次旋转操作。第一次对 B 及其右子树进行逆时针旋转，C 转上去成为 B 的根，这时变成了 LL 型，所以第二次进行 LL 型的顺时针旋转即可恢复平衡。如果 C 原来有左子树，则调整 C 的左子树为 B 的右子树，如图 8-18 所示。

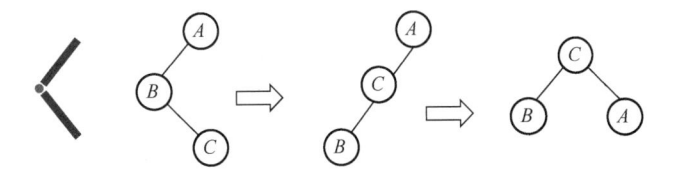

图 8-18　LR 平衡旋转

如图 8-19 所示，插入 26，节点 38 的平衡因子由 1 变成 2，由于插入的新节点在 38 的左孩子的右子树上，因此需要进行 LR 平衡旋转。依据以上介绍的方法，先以 20 为旋转轴进行逆时针旋转，此时就变成了 LL 型，需要进行第二次旋转恢复平衡，以 20 为旋转轴顺时针旋转，可恢复平衡。同时，也要注意调整完成后要满足二叉排序树的特性。节点 26 在旋转前是 20 的右子树上的节点，调整后仍然是 20 的右子树上的节点，由于 26 小于 38，因此它是 38 的左孩子。

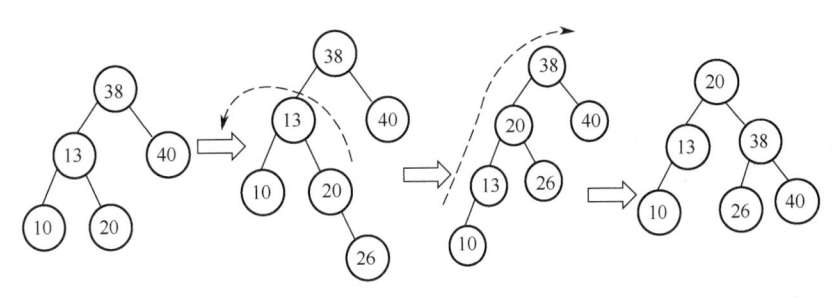

图 8-19　LR 平衡旋转的实例

4. RL（Right-Left）平衡旋转

若在 A 的右子树根节点的左子树上插入节点，使 A 的平衡因子由-1 变为-2，则旋转方法和 LR 型相对称，也需进行两次旋转，先顺时针右旋，再逆时针左旋，如图 8-20 所示。

图 8-21 所示为 RL 平衡旋转的实例。插入 41，节点 38 的平衡因子由-1 变成-2，由于插入的新节点在 38 的右孩子的左子树上，因此需要进行 RL 平衡旋转。依据以上介绍的方法，

先以 46 为旋转轴进行顺时针旋转，此时就变成了 RR 型，需要进行第二次旋转恢复平衡，以 46 为旋转轴逆时针旋转，可恢复平衡。节点 41 在旋转之前是 46 的左子树上的节点，调整后仍然是 46 的左子树上的节点，由于 41 大于 38，因此它是 38 的右孩子。

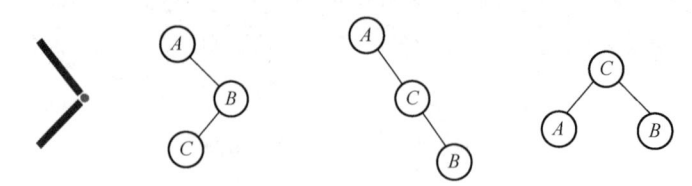

图 8-20 RL 平衡旋转

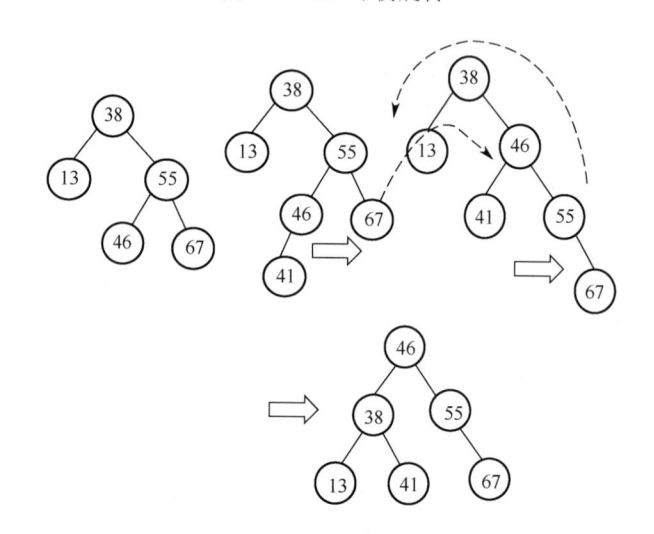

图 8-21 RL 平衡旋转的实例

> **注意**
>
> 当平衡的二叉排序树因插入节点而失去平衡时，仅需对最小不平衡子树进行平衡旋转处理即可。

调整为平衡二叉树的方法是找到离插入节点最近且平衡因子绝对值超过 1 的祖先节点，以该节点为根的子树称为最小不平衡子树，可将重新平衡的范围局限于这棵子树。

由以上分析可以看出，经过旋转处理之后的子树深度和插入之前相同，因而不影响插入路径上所有祖先节点的平衡度。

任务七 散列表查找

任务引入

前面我们讨论的查找方法都是通过关键字的比较来确定待查找记录的存储位置，查找过程中需要不断地将待查关键字与查找表中的记录进行比较，当查找表中记录量较大时，需要进行大量的无效比较，从而降低了查找的速度与效率。能否通过对关键字进行某种运算就可以确定待查关键字的存储位置呢？

任务分析

无须进行关键字对比，只要通过对关键字进行某种运算就可以确定关键字存储位置的查找方法就是散列查找（Hash Search）法，散列查找法的思想是在记录的存储位置和它的关键字之间建立一个确定的对应关系 H，使得每个关键字 key 对应一个存储位置 $H(key)$，也就是通过对元素的关键字进行某种运算，便可以求出元素的存储地址，而不需要反复比较。因此，散列查找法又称杂凑法或散列法，如图 8-22 所示。

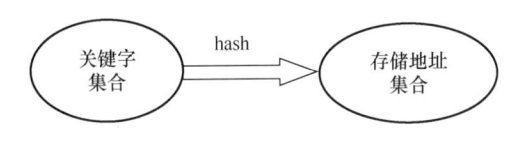

图 8-22 散列查找法

若将学生信息按如下方式存入计算机，取学号的末两位作为其存储地址：

将 2021011810201 的所有信息存入 V[01]单元；

将 2021011810202 的所有信息存入 V[02]单元；

⋮

将 2021011810231 的所有信息存入 V[31]单元。

查找 2021011810216 学生的信息，不需要比较，可直接访问 V[16]！

接下来看看在计算机中如何实现散列查找。假设散列函数 $H(k)=k$，也就是说关键字的存储位置与其本身的值是相同的，若要查找 key=9，则访问 $H(9)=9$ 的地址，若该地址中的内容为 9，则表示查找成功。

知识准备

一、常用术语

散列表：采用散列技术将记录存储在一块连续的存储空间中，这块连续的存储空间称为散列表或哈希（Hash）表。表的容量 $m \geqslant$ 记录个数 n。

散列函数：将关键字映射为散列表中适当存储位置的函数，也称哈希函数。

散列地址：由散列函数所得关键字的存储位置值。

冲突：不同的关键字映射到同一个散列地址，$key_i \neq key_j$（$0 \leqslant i \leqslant m$，$0 \leqslant j \leqslant m$，且 $i \neq j$），但 $H(key_i)=H(key_j)$，如图 8-23 所示。

同义词：具有相同函数值的两个关键字，如上例中 key_i 和 key_j 互为同义词。

例如，现有关键字集合{14,23,39,9,25,11}，散列函数 $H(k)=k \bmod 7$，根据此散列函数构造的散列表如表 8-1 所示。

根据 $H(k)=k \bmod 7$ 计算关键字对应的存储地址如表 8-1 所示。其中，$H(25)=25\%7=4$，$H(11)=11\%7=4$，25 和 11 的散列地址都是 4，发生了冲突，则称 25 和 11 是同义词。类似地，$H(23)=23\%7=2$，$H(9)=9\%7=2$，23 和 9 是同义词。

在实际应用中，冲突是不可避免的，理想化的、不产生冲突的散列函数极少存在，这是因为散列表中关键字的取值集合通常远远大于表空间的地址集。那么如何避免冲突呢？应构造"好"的散列函数，尽量减少冲突的发生，而一旦发生冲突，就必须寻求解决冲突的方法。

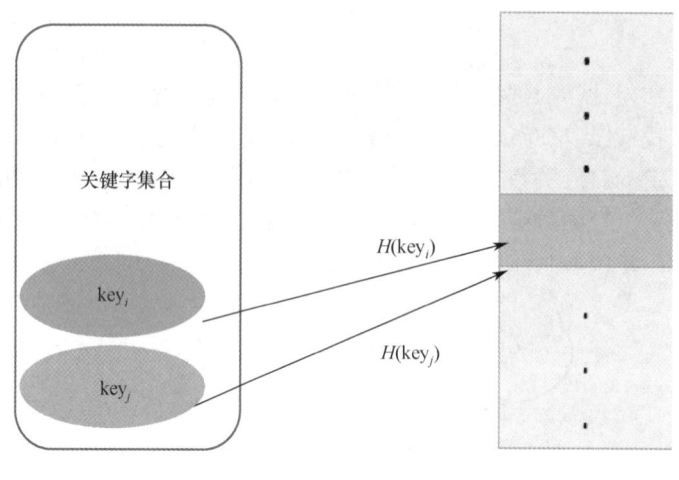

图 8-23 冲突

表 8-1 散列表

0	1	2	3	4	5	6
14		23		39		

二、散列函数的构造方法

构造散列函数的方法很多,一般来说,应根据具体问题选用不同的散列函数,一个"好"的散列函数应遵循以下两条原则:

(1) 函数计算简单,能够在较短的时间内计算出任一关键字对应的散列地址;

(2) 散列地址分布均匀,散列函数计算出来的地址均匀地分布在整个地址空间中,尽可能减少冲突的发生。

下面介绍几种常用的散列函数。

1. 直接定址法

散列函数是关键码的线性函数,即 Hash(key) = $a \cdot$ key + b(a、b 为常数)。

例如,关键字集合为{100,300,500,700,800,900},散列函数 Hash(key)=key/100,则散列表如表 8-2 所示。

表 8-2 直接定址法

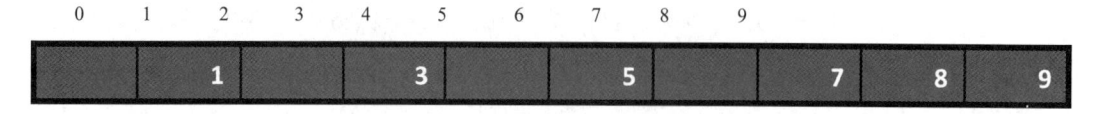

0	1	2	3	4	5	6	7	8	9
	1		3		5		7	8	9

这种方法的优点是以关键字 key 的某个线性函数值为散列地址,不会产生冲突。其缺点是要占用连续地址空间,空间效率低。适用于事先知道关键字,关键字集合不是很大且连续性较好的情况。

2. 数字分析法

假设关键字集合中的每个关键字均由 s 位数字组成($u_1,u_2,\cdots,u_s$),并从中提取分布均匀的若干位或它们的组合作为散列地址。

例如,我们的手机号码是 11 位数字,11 位的手机号"189****5321"可分成三段,其中,前三位表示网络识别号;中间四位是地区编码,用于查找户主的归属地;最后四位是用户编码。

例如,现在要存储某单位的员工信息,选用手机号作为关键字,很有可能前 7 位是相同的,因此可以使用数字分析法排除手机号的前 7 位数字来构造散列函数,而采用手机号的后四位作为散列地址。

数字分析法的目的是构造一个合理的散列函数将关键字均匀分布到散列表的各个位置,尽量减少冲突的发生。数字分析法适用于关键字位数比较大的情况,如果事先知道关键字的分布且关键字的若干位分布比较均匀,就可以考虑用这个方法。

3. 平方取中法

以关键字的平方值的中间几位作为存储地址,具体取多少位要视实际情况而定。求"关键字的平方值"的目的是"扩大差别",同时平方值的中间各位又能受到整个关键字中各位的影响。

例如,key=1234,那么它的平方就是 1522756,再抽取中间的 3 位就是 227,用作散列地址。再如,key=4321,那么它的平方就是 18671041,抽取中间的 3 位既可以是 671,也可以是 710,用作散列地址。平方取中法比较适用于不知道关键字的分布,而位数又不是很大的情况。

4. 折叠法

将关键字分割成位数相同的若干部分,最后一部分的位数可能不相同,然后取这几部分的叠加和作为散列地址,这种方法称为折叠法。根据数位叠加的方式有两种处理方法,分别是移位叠加和间界叠加,移位叠加是将分割后的几部分最低位对齐相加;而间界叠加是从一端沿分割界来回折叠,然后对齐相加。

例如,当散列表长为 10000 时,散列地址位数为 4,关键字 key = 0442205864,从右到左(也可以从左到右)按 4 位数一段分割,可以得到 3 个部分:5864 | 4220 | 04。分别采用移位叠加和间界叠加,如图 8-24 所示。

```
      5864              5864
      4220              0224
        04                04
     -----             -----
     10088              6092

  (a) 移位叠加       (b) 间界叠加
```

图 8-24 折叠法

使用移位叠加求得散列地址为 H(key)=0088,使用间界叠加求得散列地址为 H(key)=6092。

5．除留余数法

除留余数法计算简单，适用范围广，是最常用的构造散列函数的方法。假定散列表表长为 m，取一个不大于 m 但最接近或等于 m 的质数 p，利用散列函数把关键字转换成散列地址。散列函数为 $H(key) = key \% p$，如表长 $m=20$，可以取 $p=19$。

例如，表长 $m=10$，若关键字集合为 $\{12,39,18,24,33,21\}$，取 $p=9$，则关键字的地址如表 8-3 所示。

表 8-3　除留余数法

0	1	2	3	4	5	6	7	8
18			12.39.31			24.33		

在以上的例子中，若 $p=9$，则由于 p 中含质因子 3，因此所有含质因子 3 的关键字均映射到"3"的位置上，从而增加了冲突的可能性。

因此，除留余数法的关键是选好 p，使得每个关键字通过该函数转换后等概率地映射到散列空间上的任一地址，从而尽可能减少冲突。

在不同的情况下，不同的散列函数具有不同的性能，因此不能笼统地说哪种散列函数最好。在实际选择中，采用何种构造散列函数的方法取决于关键字集合的情况，但目标是尽量降低产生冲突的可能性。

三、处理冲突的方法

我们每个人都希望身体健康，但是生病不可避免，生了病就要考虑如何治病。就像是任何散列函数都不可能绝对地避免冲突，所以必须考虑选择一个有效的处理冲突的方法。这就好比你要去教室学习，你相中一个好位置，但是其他同学正坐在这个位置上学习，这时候你只能再寻找你满意的下一个位置。用 H_i 表示处理冲突中第 i 次探测得到的散列地址，假设得到的另一个散列地址 H_1 仍然发生冲突，只得继续求下一个地址 H_2，以此类推，直到不发生冲突为止，则 H_k 为关键字在表中的地址。

处理冲突的方法与散列表本身的组织形式有关，按组织形式的不同，通常分两大类：开放定址法和链地址法。

1．开放定址法

所谓的开放定址法就是一旦发生了冲突，就去寻找下一个空的散列地址，只要散列表足够大，总能找到空的散列地址，并将记录存入相应位置。可用如下公式表示：

$$H_i=(Hash(key)+d_i) \bmod m \quad (1 \leqslant i < m)$$

其中，m 为散列表长度；d_i 为增量序列。根据 d_i 取值的不同，可以分为以下 3 种探测方法。

1）线性探测再散列

$$d_i = c_i \quad 最简单的情况 \quad c=1$$

这种探测方法的思想是当发生冲突时，从冲突地址的下一个单元顺序寻找空单元，若探测到表的最后也没有找到空位置，则从头开始继续探测，直到找到一个空单元，将元素存入空单元。若找到最后也没有找到空位，则说明散列表已满；若表没有满，则一定能找到一个空位置。

线性探测再散列法可能使第 i 个散列地址的同义词存入第 $i+1$ 个散列地址，这样本应存入第 $i+1$ 个散列地址的元素就争夺第 $i+2$ 个散列地址的元素的地址……从而造成大量元素在相邻的散列地址上"聚集"起来，大大降低了查找效率。

案例——线性探测再散列

若有关键字集合 {47,7,29,11,16,92,22,8,3}，散列表表长为 m=11，散列函数为 Hash(key)=key mod 11，用线性探测再散列法处理冲突，建表如表 8-4 所示。

表 8-4 线性探测再散列法

0	1	2	3	4	5	6	7	8	9	10
11	22		47	92	16	3	7	29	8	

计算过程如下：

$H_0(47)$=47%11=3；

$H_0(7)$=7%11=7；

$H_0(29)$=29%11=7，发生冲突，探测下一个地址；

$H_1(29)$=($H_0(29)$+1)%11=8；

$H_0(11)$=11%11=0；

$H_0(16)$=16%11=5；

$H_0(92)$=92%11=4；

$H_0(22)$=22%11=0，发生冲突，探测下一个地址；

$H_1(22)$ =($H_0(22)$+1)%11=1；

$H_0(8)$=8%11=8，发生冲突，探测下一个地址；

$H_1(8)$=($H_0(8)$+1)%11=9 ；

$H_0(3)$=3%11=3，发生冲突，探测下一个地址；

$H_1(3)$=($H_0(3)$+1)%11=4，依然发生冲突，继续探测；

$H_2(3)$=($H_1(3)$+1)%11=5，依然发生冲突，继续探测；

$H_3(3)$=($H_2(3)$+1)%11=6。

对于关键字 3，由散列函数得到散列地址为 3，产生冲突。若用线性探测法处理时，得到下一个地址 4，仍冲突；再求下一个地址 5，仍冲突；直到散列地址为 6 的位置为"空"时为止，处理冲突的过程结束，将 3 填入散列表中序号为 6 的位置，如表 8-4 所示。

由以上例子可以看出，线性探测再散列法的优点是只要散列表未被填满，就能找到一个空地址单元存放有冲突的元素。但是，使用线性探测再散列法解决冲突可能使第 i 个元素的同义词存入第 $i+1$ 个地址，这样本应存入第 $i+1$ 个散列地址的元素变成了第 $i+2$ 个散列地址的同义词……由此产生"聚集"现象，降低查找效率。

2）二次探测法

取增量 $d_i=1^2,-1^2,2^2,-2^2,\cdots,+k^2,-k^2$ （$k \leqslant m/2$），这种方法又称为平方探测法。二次探测法是一种较好的处理冲突的方法，可以避免出现"聚集"问题，它的缺点是不能探测到散列表上的所有单元，但至少能探测到一半单元。

案例——二次探测法

若有关键字集合{47,7,29,11,16,92,22,8,3}，散列表表长为m=11，散列函数为Hash(key)=key mod 11，采用二次探测法处理冲突，建表如表8-5所示。

表8-5 二次探测法

0	1	2	3	4	5	6	7	8	9	10
11	22	3	47	92	16		7	28	8	

若采用二次探测法，对于关键字 29，求得散列地址 7，发生冲突，下一个位置是 $H_1(29)=(H_0(29)+1^2)\%11=8$，无冲突。

同时，依次求出关键字 22 和 8 在发生冲突时，关键字 22 的下一个位置是 $H_1(22) = (H_0(22)+1^2)\%11=1$，无冲突。关键字 8 的下一个位置是 $H_1(8)=(H_0(8)+1^2)\%11=9$。

对于关键字 3，散列地址发生冲突时，使用二次探测法求下一个位置，$H_1(3)=(H_0(3)+1^2)\%11=4$，依然发生冲突，继续探测，此时相对于发生冲突的位置向前探测，则下一个位置是 $H_2(3)=(H_0(3)-1^2)\%11=2$，无冲突，将 3 填入序号 2 中，比线性探测再散列法少探测一次。

由上例可以看出，二次探测法在发生冲突时双向寻找可能的位置，提高了探测的效率，减少了聚集现象的产生。

3）伪随机探测法

当 d_i 为随机数序列时，称为伪随机探测法。

4）再散列函数法

当 d_i=Hash$_2$(key)时，称为再散列法，又称双散列法。需要使用两个散列函数，当通过第一个散列函数 H(key)得到的地址发生冲突时，则利用第二个散列函数 Hash$_2$(key)计算该关键字的地址增量。它的具体散列函数形式如下：

$$H_i= (H(key)+ i\times Hash_2(key))\%m$$

初始探测位置 H=H(key)% m。i 是冲突的次数，初始值为 0。在再散列法中，最多经过 m-1 次探测就会遍历表中所有位置，回到 H_0 位置。

2．链地址法（拉链法）

基本思想是相同散列地址的记录链成一单链表，即同义词链表，m 个散列地址就设 m 个单链表，然后用一个数组将 m 个单链表的表头指针存储起来，形成一个动态的结构。

案例——链地址法解决冲突

已知关键字集合{19,14,23,1,68,20,84,27,55,11,10,79}，散列函数为H(key)=key mod 13，用链地址法处理冲突，试构造这组关键字的散列表。

由散列函数 H(key)=key %13 得知，散列地址的值域为0～12，故整个散列表由 13 个单链表组成，用数组 HT[0…12]存放各个链表的头指针。例如，散列地址均为 1 的同义词 14、1、27、79 构成一个单链表，链表的头指针保存在 HT[l]中。同理，可以构造其他几个单链表，整个散列表的结构如图 8-25 所示。

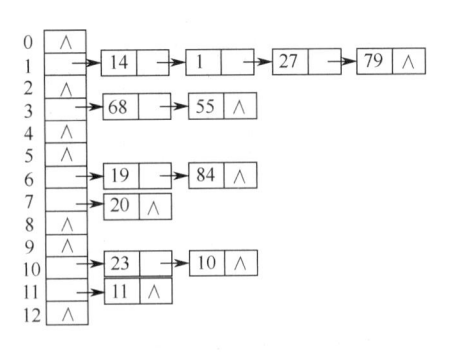

```
 0  ∧
 1  →│14│→│ 1│→│27│→│79│∧
 2  ∧
 3  →│68│→│55│∧
 4  ∧
 5  ∧
 6  →│19│→│84│∧
 7  →│20│∧
 8  ∧
 9  ∧
10  →│23│→│10│∧
11  →│11│∧
12  ∧
```

图 8-25　使用链地址法处理冲突

由以上例子可以看出，使用链地址法解决冲突非同义词不会冲突，不会出现聚集现象，链表上节点空间动态申请，更适用于表长不确定的情况。

四、散列表的查找

在散列表上进行查找的过程和创建散列表的过程基本一致。散列表的查找过程如下。

（1）对于给定的关键字 k，根据散列函数计算散列地址 $H_0(k)$=Hash(k)。

（2）若查找表中 $H_0(k)$ 单元为空，则查找失败。

（3）若 $H_0(k)$ 单元不为空，则检查 $H_0(k)$ 单元中存储的元素是不是 k；若该单元中存储的元素正好是 k，则查找成功。

（4）若 $H_0(k)$ 单元中存储的元素不是 k，说明关键字 k 有可能和当前单元中的元素是同义词，则重复执行以下过程不断探测。

① 按照处理冲突的方法，继续探测下一个位置 $H_i(k)$。
② 若散列地址对应的单元为空，则查找失败。
③ 若 $H_i(k)$ 对应的单元中的元素等于 k，则查找成功。

案例——散列表的查找

已知关键字集合{19,14,23,1,68,20,84,27,55,11,10,79}，散列函数为 H(key)=key mod 13，散列表表长为 m=14，设每个记录的查找概率相等，完成以下要求。

① 用线性探测再散列法处理冲突，即 H_i=(H(key)+d_i) mod m，并计算查找成功时的平均查找长度。

② 用链地址法处理冲突，并计算查找成功时的平均查找长度。

（1）用线性探测再散列法处理冲突，如表 8-6 所示。

表 8-6　使用线性探测再散列法处理冲突

散列地址	0	1	2	3	4	5	6	7	8	9	10	11	12	13
关键字		14	1	68	27	55	19	20	84	79	23	11	10	
比较次数		1	2	1	4	3	1	1	3	9	1	1	3	

首先根据散列函数计算每个关键字的散列地址，$H_0(14)$=1，$H_0(19)$=6，$H_0(23)$=10，$H_0(68)$=3，$H_0(20)$=7，$H_0(11)$=11，这些关键字仅需与散列表中对应单元的元素比较 1 次便可找到。

对于元素 1 计算其散列地址是 $H_0(1)=1$，散列表中第 1 个单元非空，该单元中存储的元素是 14，与要查找的关键字不相等，按照线性探测再散列法处理冲突计算下一个位置，$H_1(1)=(1+1)$ mod 14=2，1 再与散列表中第 2 个单元中的元素进行比较，查找成功，总共比较 2 次。

同理，当查找关键字 55、84、10 时，需比较 3 次；当查找 27 时，需比较 4 次；而查找 79 时，需要比较 9 次才能查找成功。

假设对散列表中每个元素的查找概率是相等的，表中有 12 个元素，那么每个元素的查找概率就是 1/12，查找次数为 1 的元素有 6 个，查找次数为 2 的元素有 1 个，查找次数为 3 的元素有 3 个，查找次数为 4 的元素有 1 个，查找次数为 9 的元素有 1 个，因此采用线性探测再散列法处理散列表冲突时，查找成功时的平均查找长度为

$$ASL_{succ}=(1\times6+2+3\times3+4+9)/12=2.5$$

再来分析查找失败的情况，查找失败有两种可能：

① 根据散列函数计算出的散列地址单元为空，此时只需要比较 1 次就可以确定查找失败；

② 根据散列函数计算出的散列地址单元不为空，此时还不能确定查找失败，按处理冲突的方法将所有可能的单元均探测一遍都没有找到要查找的关键字，此时确定查找失败。

在上例中，给定的关键字不在散列表中，假如根据散列函数计算出该关键字的散列地址 $H(key)=0$，由表 8-6 可知，此地址单元为空，所以比较 1 次即可确定查找失败；如果计算出的散列地址是 $H(key)=1$，此单元不空而且不等于要查找的关键字，按照线性探测再散列法处理冲突，要探测的下一个地址是 2，此单元仍然不空且不等于要查找的关键字，接着计算出下一个散列地址是 3，以此类推，一直到找到一个空的单元为止，此时确定查找失败，即散列表中地址是 13 的单元，从第 1 个单元到第 13 个单元依次与关键字进行比较，比较次数为 13。同理，若计算出的散列地址是 $H(key)=2$，则查找失败的比较次数是 12……，若计算出的散列地址是 12，则需比较两次，查找失败。因此，查找失败时的平均查找长度为

$$ASL_{unsucc}=(1+13+12+11+10+9+8+7+6+5+4+3+2)/13=7$$

（2）采用链地址法处理冲突。先来看查找成功时的平均查找长度，采用链地址法处理冲突时，对于图 8-25 所示的每个单链表中的第 1 个节点的关键字，如 14、68、19、20、23、11，只需要比较 1 次便可确定查找成功，即需要比较 1 次的节点有 6 个；而对于第 2 个节点的关键字，如 1、55、84、10，查找成功时需比较 2 次，即需要比较 2 次的节点有 4 个；第 3 个节点的关键字 27 需比较 3 次；第 4 个节点的关键字 79 需比较 4 次；需要比较 3 次和比较 4 次的节点各有 1 个。因此，查找成功时的平均查找长度为

$$ASL_{succ}=(1\times6+2\times4+3+4)/12=1.75$$

再来分析查找失败时的平均查找长度，若要查找的关键字不在散列表中，首先计算关键字的散列地址，若计算得到散列地址 $H(key)=0$，我们可以发现散列表中 L[0]单元的指针域为空，比较 1 次即可确定查找失败。若 $H(key)=1$，则 L[1]所指的单链表包括 4 个节点，从第 1 个节点开始依次与单链表中的每个节点中的元素进行比较，直到找到单链表的最后一个位置为空才能确定失败，此时共比较了 5 次。类似地，对 $H(key)=2,3,\cdots,12$ 进行分析，可得查找失败的平均查找长度为

$$ASL_{unsucc}=(1+5+1+3+1+1+3+2+1+1+3+2+1)/13=1.92$$

由以上例子可以看出，对同一组关键字，设定相同的散列函数，采用不同的处理冲突的

方法得到的散列表不同，它们的平均查找长度也不同。

从散列表的查找过程可见：

① 虽然散列表在关键字与记录的存储位置之间建立了直接映像，但冲突的产生，使得散列表的查找过程仍然是一个给定值和关键字进行比较的过程，因此，仍需要以平均查找长度作为衡量散列表查找效率的度量。

② 散列表的查找效率取决于三个因素：散列函数、处理冲突的方法和装填因子。散列表的装填因子一般记为 α，标志散列表的装满程度，即 $\alpha = \dfrac{\text{表中填入的记录数}n}{\text{散列表的长度}m}$。

散列表的平均查找长度依赖于散列表的装填因子 α，直观地看，α 越大，表示散列表中装填的记录越"满"，发生冲突的可能性越大，查找时比较的次数就越多。反之，发生冲突的可能性越小，查找时比较的次数就越少。

不难发现，线性探测再散列法在处理冲突的过程中易产生记录的二次聚集，使得散列地址不相同的记录又产生新的冲突；而链地址法处理冲突不会发生类似情况，因为散列地址不同的记录在不同的链表中，所以链地址法的平均查找长度小于开放定址法。另外，由于链地址法的节点空间是动态申请的，无须事先确定表的容量，因此更适用于表长不确定的情况。同时，易于实现插入和删除操作。

项目总结

本项目主要学习了线性表查找、树表查找和散列表查找等查找技术。

（1）线性表查找主要包括顺序查找、折半查找和分块查块。其中，顺序查找算法较简单，但查找效率较低；折半查找减少了关键字比较的次数，查找效率较高，但只能用于顺序表，而且查找表必须是有序的；分块查找是一种性能介于顺序查找和折半查找之间的查找方式，要求索引表有序，块内记录可以是无序的，因此特别适用于记录动态变化的情况。

（2）树表查找主要介绍了二叉排序树的查找过程，其查找过程类似于折半查找。二叉排序树采用二叉链表作为存储结构，插入和删除元素时无须移动元素，只需修改指针。不同形态的二叉树的查找效率是不同的，平衡二叉树的查找性能是最好的。当在平衡二叉树中插入或删除元素时，可能会破坏其平衡性，因此需要进行平衡旋转使其保持平衡特性，旋转方法有 4 种，分别是 LL 平衡旋转、RR 平衡旋转、LR 平衡旋转和 RL 平衡旋转。

（3）散列表查找不是基于关键字的比较而进行的一种查找方式，其基本思想是在记录的存储位置与它的关键字之间建立一个确定的对应关系 H。由于不同的关键字可能会映射到同一个散列地址，待插入记录的存储地址可能已经被占用而产生冲突，冲突是不可避免的，因此散列表查找的关键一是要构造好的散列函数，二是要制定好的解决冲突方案。

项目九

排序

思政目标
- 坚持从实际出发，具体问题具体分析，把握事物的特殊性，找到解决问题的具体方法。
- 通过努力不断超越。

技能目标
- 掌握排序的基本概念。
- 熟练掌握直接插入排序、折半插入排序、起泡排序、直接选择排序、快速排序的排序算法及其性能分析。
- 掌握希尔排序、归并排序、堆排序、基数排序的方法及其性能分析。
- 掌握各种排序方法的特点，并能加以灵活应用。

项目导读

排序应用于许多领域，如通讯录中的记录按姓名进行排序；在 CCPC 程序设计的竞赛中按照每支队伍的比赛成绩从高到低排序选拔优胜者；书架上的图书按照书名或作者来排序，更有利于检索；网络购物选择商品时按照价格或销量排序……本项目介绍几种经典的排序算法，并对每一种排序算法进行性能分析。

任务一 概述

任务引入

小明所在的班级要评选国家助学金了，但是名额仅有三个。老师交给小明一个任务，让小明从全班同学中选出三名同学，品学兼优者方可获得国家助学金。

任务分析

要想选出品学兼优的同学，小明需要对全班同学的综合测评成绩按照从高到低的顺序进行排序，综合排名最高的三名同学就有资格竞选国家助学金，如何对全班同学的综合测评成绩进行排序呢？有哪些排序的方法呢？

知识准备

一、排序相关概念

排序是按关键字的非递减或非递增顺序对一组记录重新进行排列的操作，经过排序可以将一组"无序"的记录序列调整为"有序"的记录序列，排序的目的是提高查找的效率。排序主要分为内部排序和外部排序。

待排序记录都在内存中进行排序的过程叫作内部排序。若待排序记录数量很大，内存一次不能容纳全部记录，在排序过程中尚需对外存进行访问，这种排序过程称为外部排序。

二、内部排序的算法效率衡量

排序算法的性能主要受以下因素影响。

（1）时间效率：也就是排序的速度，排序操作所耗费的时间主要与关键字比较次数和记录移动次数有关，高效的排序算法的关键字比较次数和记录移动次数都应该尽可能少。

（2）空间效率：排序算法所占内存辅助空间的大小。

（3）稳定性：在待排序序列中，若存在两个或两个以上的记录具有相同的关键字，在排序后这些相同关键字的元素的相对次序仍然不变，则称这种排序方法是稳定的，否则就是不稳定的。

如图9-1所示，"同舟共济"组与"齐心同力"组成绩相同，未排序时"同舟共济"组在"齐心同力"组之前，按照小组成绩从高到低进行排序，若排序后它们的次序保持不变，如图9-1（b）所示就是一种稳定排序算法，否则就是不稳定排序算法。

编号	小组	成绩
1	同舟共济	96
2	沧海一粟	93
3	成城断金	99
4	齐心同力	96

(a) 未排序数据

编号	小组	成绩
3	成城断金	99
1	同舟共济	96
4	齐心同力	96
2	沧海一粟	93

(b) 稳定排序

编号	小组	成绩
3	成城断金	99
4	齐心同力	96
1	同舟共济	96
2	沧海一粟	93

(c) 不稳定排序

图9-1 排序的稳定性

三、内部排序算法的分类

内部排序算法有很多，每一种排序方法都有自己的优缺点，根据不同情况选择适当的排序方法。依据排序算法采用原则不同，内部排序大致可分为以下5类。

（1）插入排序：将无序序列中的一个或几个记录插入有序序列的适当位置，使该序列依然有序。主要包括直接插入排序、折半插入排序和希尔排序。

（2）交换排序：两两比较待排序序列中的关键字，若关键字发生逆序则交换记录的位置，直到得到一个有序序列。主要包括冒泡排序和快速排序。

（3）选择排序：每趟排序从待排序序列中选择关键字最小或最大的记录，将它插入有序序列中，直到序列全部有序。主要包括简单选择排序、树形选择排序和堆排序。

（4）归并排序：归并排序采用分治策略，先使子序列有序，再将已经有序的子序列进行归并，从而得到完全有序的序列。将两个有序的子序列合并成一个有序的序列为 2-路归并排序，2-路归并排序是最常见的归并排序方法。

（5）计数排序：这种排序算法不需要进行关键字之间的比较，而是利用数组下标来确定元素的正确位置。

四、数据类型定义

本项目讲解的排序算法中的记录采用顺序存储结构，定义如下：

```
#define MAXSIZE 50          //排序顺序表的最大长度
typedef int keyType;        //记录的关键字类型
typedef struct{
    keyType r[MAXSIZE+1];   //待排序的顺序表，r[0]闲置或用作哨兵
    Int length;             //顺序中实际元素的个数
}SqList;
```

任务二　插入排序

任务引入

小明和两个朋友一起打扑克，三个人轮流摸一张牌，小明在想如何让手中的扑克牌一直保持有序呢？

任务分析

小明每摸一张新牌，就将新牌插入合适的位置，且有序序列的长度就增加 1，这样就可以保证手中的牌一直是有序的，这种方法和我们今天要讲的插入排序的思想是相同的。

知识准备

一、插入排序的基本思想

每次将一个待排序的记录，按其关键字大小，插入前面已经排好序的有序序列的适当位置上，直到待排序的记录全部插入为止，如图 9-2 所示。可以选择不同的方法将待排序记录插入已经排好序的有序序列中，因此插入排序的算法有多种，本任务重点介绍直接插入排序、折半插入排序和希尔排序。

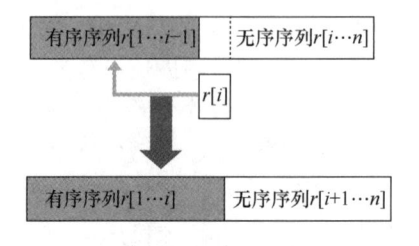

```
┌─────────────────────┬──────────────────┐
│ 有序序列r[1…i-1]    │ 无序序列r[i…n]   │
└──────────▲──────────┴──────────────────┘
           │                 ┌────┐
           │                 │r[i]│
           │                 └────┘
           ▼
┌─────────────────────┬──────────────────┐
│ 有序序列r[1…i]      │ 无序序列r[i+1…n] │
└─────────────────────┴──────────────────┘
```

图 9-2　插入排序

二、直接插入排序

1．排序过程

直接插入排序是一种最简单的排序方法，它先将序列中第 1 个记录看成一个有序子序列，然后从第 2 个记录开始，逐个进行插入，直至整个序列有序，整个排序过程为 n−1 趟插入。

对序列{13,6,3,31,9,27,5,11}使用直接插入排序方法，使序列变成递增有序的序列，写出每一趟的排序过程，如图 9-3 所示，【】为已经排好序的序列。

【13】,6,3,31,9,27,5,11
【6,13】,3,31,9,27,5,11
【3,6,13】,31,9,27,5,11
【3,6,13,31】,9,27,5,11
【3,6,9,13,31】,27,5,11
【3,6,9,13,27,31】,5,11
【3,5,6,9,13,27,31】,11
【3,5,6,9,11,13,27,31】

图 9-3 直接插入排序

2．直接插入排序算法

【算法步骤】

（1）将待排序的记录存放在数组 r[1⋯n]中，将 r[1]看成一个有序的子序列。

（2）从第二个记录 r[2]开始一直到最后一个记录 r[n]，将 r[i]依次与有序表中的有序序列 r[1⋯i−1]进行比较，找到 r[i]合适的位置。

（3）将 r[i]插入到合适的位置，每次插入一个记录，有序表的表长加 1，直到得到一个长度为 n 的有序表。

【算法实现】

```
void InsertSort(SqList &L){
  int i,j;
    for(i=2;i<=L.length;++i)          //从第2个记录开始到最后一个记录依次插入有序表中
      if( L.r[i].key<L.r[i-1].key){   //若 r[i]小于前边有序表中的元素，则需要插入
          L.r[0]=L.r[i];              //将 L.r[i]设为哨兵，放至数组的 0 号单元中
          for(j=i-1; L.r[0].key<L.r[j].key;--j)  //从后向前查找 r[i]应插入的位置
              L.r[j+1]=L.r[j];        //记录后移
          L.r[j+1]=L.r[0];            //将 r[0]也就是 r[i]插入到正确位置
      }
}
```

【算法分析】

1）时间效率

通过以上算法可知，插入排序包含两个主要操作：通过"比较"待插入记录 r[i]的关键字

与有序序列中记录的关键字的大小，确定待插入元素 r[i]的正确位置；"移动"记录，给待插入元素腾出空间，最后将待插入记录放到腾出的空位置。若待排序的记录个数为 n，由于待排序序列中第一个记录 r[1]被认为是有序的，因而需要从第 2 个记录开始一直到第 n 个记录，依次将关键字插入到正确的位置，整个排序过程需要进行 n−1 趟比较。比较次数和移动次数与初始序列有关。

最好情况：待排序序列本身为有序序列，每趟只需比较 1 次，无须移动记录，总比较次数为 n−1。

最坏情况：待排序序列为逆序，第 i 趟比较 i 次，移动 i+1 次。

比较次数：$\sum_{i=2}^{n} i = \frac{(n+2)(n-1)}{2}$。

移动次数：$\sum_{i=2}^{n} (i+1) = \frac{(n+4)(n-1)}{2}$。

当待排序序列本身就是有序时，每趟排序只需要比较 1 次，不需要移动元素，最好时间复杂度为 $O(n)$；当待排序序列为逆序时，每趟排序需要比较 i 次，第 i 个元素与已经有序的序列中的 i−1 个记录及监哨依次进行比较。还需进行 i+1 次移动，i−1 个记录同时向后移动，并将第 i 个记录移动到监哨位置，最后找到插入位置以后，将第 i 个记录插入到正确的位置。因而最坏时间复杂度为 $O(n^2)$。

2）空间效率

在插入排序中仅需要一个辅助空间，就是监哨所占用的空间，因而空间复杂度为 $O(1)$。

3）稳定性

直接插入排序是一种稳定的排序方法。

直接插入排序既适用于顺序存储结构，也适用于链式存储结构。顺序存储中插入元素需要移动记录，而在单链表上操作只需修改相应的指针，无须移动记录。

直接插入排序更适用于初始记录基本有序（正序）的情况，且待排序序列中记录数量 n 较小时。当初始记录无序，n 较大时，此算法时间复杂度较高，不宜采用。

三、折半插入排序

直接插入排序在查找 r[i]的插入位置时，需要将 r[i]与前面 i−1 个记录依次进行比较，查找 r[i]插入位置的过程使用的是顺序查找的方法，有没有效率更高的查找方法来找到 r[i]的插入位置呢？前面我们学过折半查找，折半插入排序就是基于折半查找的排序方法，折半插入排序可以有效减少"比较"操作的次数。

1. 折半插入排序的基本思想

因为 r[1…i−1]是一个按关键字排序的有序序列，所以可以利用折半查找实现"在 r[1…i−1]中查找 r[i]的插入位置"，如此实现的插入排序为折半插入排序。

对于给定的无序序列{21,25,49,25,16,08}，使用折半插入排序的方法进行排序，过程如图 9-4 所示。

对于给定的无序序列{30,13,70,85,39,42,6,20}，使用折半插入排序的方法进行排序，当插入 20 时，low（图中用 l 表示）、high（图中用 h 表示）及 mid（图中用 m 表示）的变化过程如图 9-5 所示。

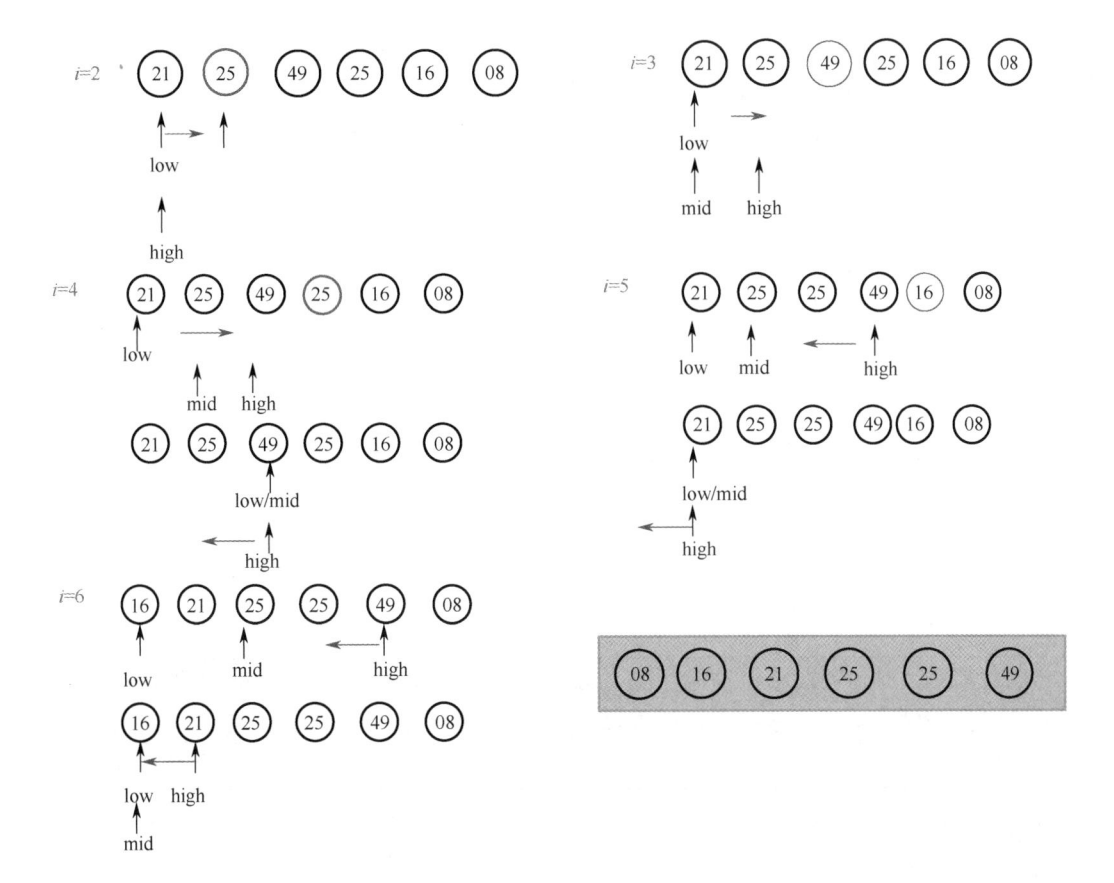

图 9-4　折半插入排序 1

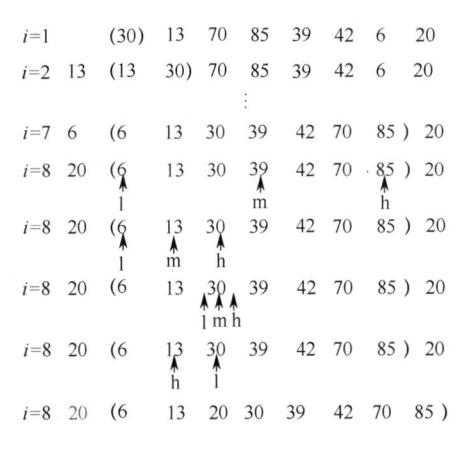

```
i=1    (30)   13    70    85    39    42    6    20
i=2  13 (13   30)   70    85    39    42    6    20
                        ⋮
i=7  6  (6    13    30    39    42    70   85 )  20
i=8  20 (6    13    30    39    42    70   85 )  20
         l                m                h
i=8  20 (6    13    30    39    42    70   85 )  20
         l    m     h
i=8  20 (6    13    30    39    42    70   85 )  20
                 l m h
i=8  20 (6    13    30    39    42    70   85 )  20
              h     l
i=8  20 (6    13    20    30    39    42    70   85 )
```

图 9-5　折半插入排序 2

2. 折半插入排序算法

【算法步骤】

（1）查找：使用折半查找算法查找到待插入元素的插入位置。

（2）移动元素：确定待插入位置后，向后移动元素为待插入元素腾出位置后，将待插入元素插入到正确位置。

【算法实现】

```
void    BInsertSort ( SqList &L ){
    for ( i = 2;i<= L.length;++i ) {//从第 2 个元素开始一直到最后一个元素依次插入至正确位置
        L.r[0] = L.r[i]; low =1 ;high =i-1;         //初始化
        while (low <= high ){                        //使用折半查找算法查找 r[i]的插入位置
            m = ( low + high )/2;                    //计算中间位置
            if    (    L.r[0].key < L.r[m]. key  )    high = m -1 ;
            //当 r[i]小于 m 位置的关键字时查找左子表
            else    low = m + 1;                     //否则查找右子表
        }
        for ( j=i-1; j>=high+1; - - j ) L.r[j+1] = L.r[j];
        //找到插入位置后，元素向后移动，腾出空位置
        L.r[high+1] = L.r[0];                        //将 r[i]放到空位置上
    }
}// BInsertSort
```

> **注意**
>
> 在折半插入排序过程中，一直到 low>high 时才停止折半查找。当 mid 所指元素等于当前元素时，应继续令 low=mid+1，以保证"稳定性"。最终应将当前元素插入到 low 所指位置（即 high+1）。

【算法分析】

1）时间效率

经过以上算法分析不难发现，在折半插入排序中不论初始序列有序还是无序，待插入关键字 r[i]与前 i–1 个有序序列关键字的比较次数是一定的，需要经过$\lfloor \log_2 i \rfloor$+1 次比较才能确定 r[i]的位置。也就是说，折半插入排序关键字的比较次数与排序序列的初始状态无关。所以，在初始排序序列是有序或接近有序时，此时直接插入排序接近最好情况，每趟仅需进行 1 次的关键字比较，而折半插入排序依然要进行$\lfloor \log_2 i \rfloor$+1 次的比较，显然，直接插入排序比折半插入排序在查找 r[i]的插入位置时，关键字的比较次数要少。

在折半插入排序中使用了折半查找来确定 r[i]的位置，虽然减少了记录关键字的比较次数，但是记录的移动次数没有变，记录的移动次数依然依赖于待排序序列的初始状态。因此，时间复杂度依然为 $O(n^2)$。

2）空间效率

折半插入排序过程中只借助了一个辅助空间，因此空间复杂度为 $O(1)$。

3）稳定性

折半插入排序是一种稳定的排序方法，因为排序过程中要进行折半查找，所以只能用于顺序结构，不能用于链式结构。适合初始记录无序、n 较大时的情况。

四、希尔排序

1. 希尔排序的基本思想

希尔排序是 D.L.Shell 于 1959 年提出的排序算法，又称"缩小增量排序"，是简单插入排序算法的一种高效改进算法。

我们在介绍直接插入排序时讨论了算法的最好时间复杂度，当待排序序列的初始状态是正序时排序效率最高。因为当待排序序列是正序时，每趟仅需进行 1 次关键字的比较，无须移动记录，时间复杂度是 $O(1)$，排序效率较高。当待排序序列中记录 n 的数量较大时，大量的比较和移动操作大大降低了直接插入排序的排序效率。因而，仅当待排序序列"基本有序"和待排序序列中记录 n 的数量较小时排序效率较高。希尔排序基于以上两方面考虑对直接插入排序进行改进。

希尔排序的基本思想是将待排序序列分成若干个子序列，分别对每个序列进行直接插入排序。将 n 个记录划分为 d 个子序列，其中 d 为增量，它的值在排序过程中从大到小逐渐缩小，直至 $d=1$ 为止，如图 9-6 所示。

$$\{R[1],R[1+d],R[1+2d],\cdots,R[1+kd]\}$$
$$\{R[2],R[2+d],R[2+2d],\cdots,R[2+kd]\}$$
$$\vdots$$
$$\{R[d],R[2d],R[3d],\cdots,R[(k+1)d]\}$$

图 9-6　希尔排序将待排序序列划分成若干个子序列

2．希尔排序算法

【算法步骤】

希尔排序是改进的直接插入排序，与直接插入排序不同的是前后记录的增量为 dk，而不是 1，对 d 个子序列进行直接插入排序，增量 dk 不断缩小，直到 dk 为 1 时，对整个序列进行直接插入排序，在算法实现中使用数组 dt[0…t−1]保存预设的增量 dk。

【算法实现】

（1）主程序：
```
void ShellSort(SqList &L，int dlta[ ]，int t){//按增量序列 dt[0…t-1]对顺序表 L 作希尔排序
    for(k=0；k<t；++k)                    //t 个增量，进行 t 趟希尔排序
        ShellInsert(L，dlta[k]);          //增量为 dlta[k]的一趟插入排序
}// ShellSort
```

（2）希尔排序算法：
```
void  ShellInsert(SqList &L，int dk) {
    //对顺序表 L 进行一趟增量为 dk 的希尔排序，dk 为步长因子
    for(i=dk+1；i<=L.length； ++ i)
        if(r[i].key < r[i-dk].key) {              //开始将 r[i] 插入有序增量子表
            r[0]=r[i];                            //暂存在 r[0]
            for(j=i-dk；j>0 &&(r[0].key<r[j].key); j=j-dk)
                r[j+dk]=r[j];                     //关键字较大的记录在子表中后移
            r[j+dk]=r[0];                         //在本趟结束时将 r[i]插入正确位置
        }
}
```

【算法分析】

1）时间效率

希尔排序是将相隔某个"增量"的记录组成一个子序列，实现跳跃式的移动，使得排序的效率提高。增量的选取十分关键，究竟选取什么样的增量才是最好的呢？到目前为止尚未

有人求得一种最好的增量序列。但大量的研究证明：当增量序列为 $dt[k]=2^{t-k+1}$ 时，希尔排序的时间复杂度为 $O(n^{3/2})$，其中 t 为排序趟数，$1 \leqslant k \leqslant t \leqslant \lfloor \log_2 n \rfloor$，优于直接选择排序的 $O(n^2)$，排序效率得到很大的提高。

2）空间效率

从空间来看，希尔排序只需要一个辅助空间 $r[0]$，空间复杂度为 $O(1)$。

3）稳定性

希尔排序是跳跃式移动记录，因此是一种不稳定的排序方法。需要注意的是，最后一个增量值必须为 1。适用于顺序存储结构，不宜在链式存储结构上实现。

案例——希尔排序

已知待排序序列的关键字为{49,38,65,97,76,13,27,49*,55,04}，对该序列进行希尔排序的过程如图 9-7 所示。

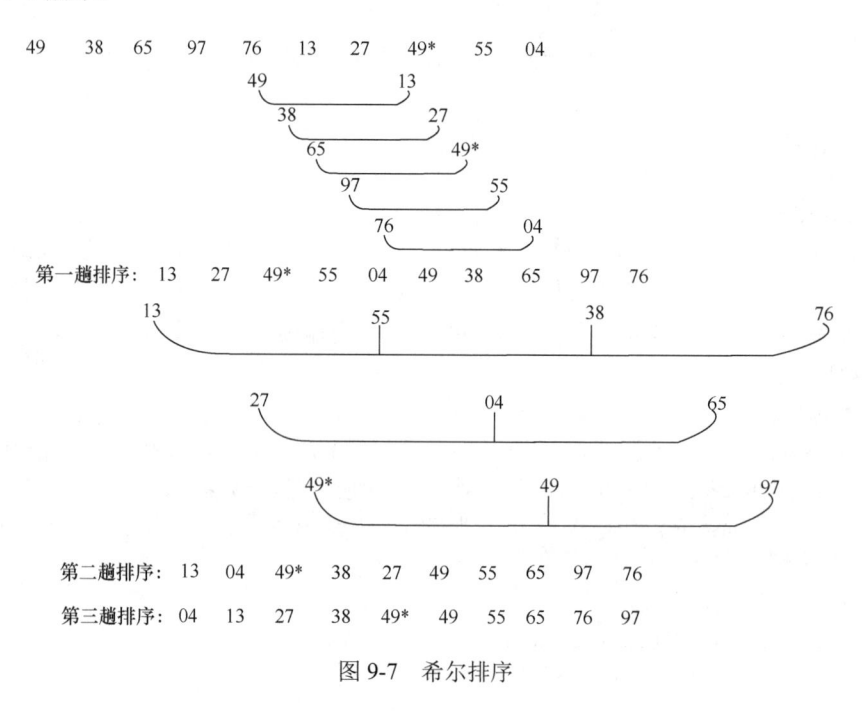

```
   49    38    65    97    76    13    27    49*    55    04
          49                      13
                38                      27
                      65                      49*
                            97                      55
                                  76                      04
第一趟排序：13    27    49*   55    04    49    38    65    97    76
          13                55                38                76
                27                04                65
                      49*              49                97
第二趟排序：13    04    49*   38    27    49    55    65    97    76
第三趟排序：04    13    27    38    49*   49    55    65    76    97
```

图 9-7 希尔排序

（1）第一趟排序：初始增量取 d1=n/2=5，间隔为 5 的记录分在同一个序列，共划分了 5 个子序列，在每个子序列中进行直接插入排序，较小的元素如 13、27、49*、55、04 被调到了前面。

（2）第二趟排序：缩小增量取 d2=3，所有间隔为 3 的记录分在同一个序列，共划分了 3 个子序列，在每个子序列中进行直接插入排序，此时记录的有序程度更高了。

（3）第三趟排序：再缩小增量取 d3=1，此时序列已经基本有序，无须大量移动元素就可以完成整个序列的排序。

在希尔排序中，增量值 d 较大时，每个子序列中对象较少，排序速度较快。随着增量值 d 逐渐变小，子序列中对象变多，但大多数对象已基本有序，所以排序速度仍然很快。

通过以上内容可知 3 种插入排序的特点如下。

（1）直接插入排序：基于顺序查找，适用于顺序表、链表存储结构。

（2）折半插入排序：基于折半查找，仅适用于顺序表。
（3）希尔排序：基于逐趟缩小增量。

任务三　交换排序

任务引入

小明被同学们推选为体育委员，上体育课的第一件事就是排队，看着排列参次不齐的队伍，小明决定要让同学们按照身高从低到高排成一队，小明要采取什么样的排序算法呢？

任务分析

小明先采取了冒泡排序。他从队伍的第 1 个人开始，向后面的方向，相邻的两个人进行身高对比，如果前面的人比后一个人高则两人交换位置。这一趟排序后，选出班里最高的同学，并让这名同学排在了队伍的最后。第二趟排序小明又从第 2 个人开始往后，继续让相邻的两个人进行身高对比，如果前面的人比后一个人高则两人交换位置，那么这一趟排序可以筛选出班里次高的同学，让这名同学排在倒数第二位。重复上面的步骤，每次都从未排序的队伍中找到最高的同学让其排在队伍的后面，由于前面的排序过程已经选出了队伍里身高最高的人，所以后面的排序过程不对已经排好序的进行对比，最终队伍按照身高从低到高排好序。

冒泡排序就像鱼缸里小鱼吐的气泡会浮上去，而比较重的石头会沉到缸底。

知识准备

一、交换排序的基本思想

交换排序的基本思想是将待排序记录的关键字两两进行比较，若发生逆序则交换，直到所有记录都排好序为止。交换排序的典型算法有冒泡排序和快速排序。

二、冒泡排序

冒泡排序是一种简单的交换排序算法，比较相邻记录的关键字，若发生逆序，则进行交换，从而使关键字小的记录像气泡一样不断"上浮"（左移）至水面，或者使关键字大的记录像石头一样"下沉"（右移）至水底。

已知待排序记录的关键字序列为{21,25,49,25*,16,08}，请给出用冒泡排序法进行排序的过程。冒泡排序过程如图 9-8 所示。

```
初始序列：        21,  25,  49,  25*, 16,   08
第一趟排序结果：   21,  25,  25*, 16,  08 ,  49
第二趟排序结果：   21,  25,  16,  08 , 25*,  49
第三趟排序结果：   21,  16,  08 , 25,  25*,  49
第四趟排序结果：   16,  08 , 21,  25,  25*,  49
第五趟排序结果：   08 , 16,  21,  25,  25*,  49
```

图 9-8　冒泡排序过程

· 175 ·

冒泡排序中每趟排序都有一个关键字大的记录像石头一样"沉"到未排序序列的末尾。图 9-8 中第一趟排序总共进行了 5 次比较，49 沉到未排序序列末尾；第二趟总共进行了 4 次比较，25*沉到未排序序列末尾；第三趟进行了 3 次比较，25 沉到未排序序列末尾；第四趟总共进行了 2 次比较，21 沉到未排序序列末尾；第五趟总共进行了 1 次比较，16 沉到未排序序列末尾；最后待排序排序中只剩下一个 8，也就是关键字最小的记录，此时序列已经有序。

我们可以发现，每一趟冒泡排序都能确定一个最大（或最小）记录的最终位置，下一趟冒泡时，前一趟确定的最大（或最小）记录不再参与比较，只需要对剩余的未排序序列进行比较和交换，因此每一趟排序后待排序序列就会减少一个记录，也就是说待排序序列的记录在不断地减少，直到最后只剩一个记录……这样最多进行 $n-1$ 趟冒泡排序就能把所有记录排好序。每趟结束时，不仅能挤出一个最大值到最后面位置，还能同时部分理顺其他记录，一旦下趟没有交换，还可提前结束排序。

【算法步骤】

（1）设待排序的记录存放在数组 $r[1\cdots n]$ 中。

（2）第一趟冒泡排序。第一个记录的关键字与第二个记录的关键字进行比较，若发生逆序即 L.r[1].key> L.r[2].key，则交换记录位置。然后将第二个记录和第三个记录的关键字相比较。以此类推，直至第 $n-1$ 个记录和第 n 个记录的关键字进行过比较为止。第一趟冒泡排序后，将关键字最大的记录"沉"到最后一个位置上。

（3）第二趟冒泡排序。经过第一趟排序后，关键字最大的记录被放到最后位置，无须再参与排序。只需在未排序序列中挑选出关键字次大的记录，使关键字次大的记录被安置到第 $n-1$ 个记录的位置上。

（4）重复以上过程，每趟排序后都能在未排序的序列中挑选出一个关键字最大的记录并将其安置在正确的位置上。若待排序记录有 n 个记录，则需要 $n-1$ 趟比较和交换可完成排序。

【算法实现】

```
void bubble_sort(SqList &L){
    int m,i,j,flag=1;              //初始化，flag 用来标记某一趟排序是否发生交换
    keyType x;                      //x 为中间变量
    m=n-1;                          //m 为排序的趟数
    while((m>0)&&(flag==1)){        //n-1 趟排序，若没有发生交换，则说明序列已经有序，循环结束
        flag=0;                     //重置标志位
        for(j=1;j<=m;j++)           //一趟排序
            if(L.r[j].key>L.r[j+1].key){  //如果前面的数大于后面的数
                flag=1;             //修改标志位，说明本趟发生了交换
                x=L.r[j];L.r[j]=L.r[j+1];L.r[j+1]=x; //交换相邻两个逆序的记录
            }//endif
        m--;                        //待排序序列不断缩小
    }//endwhile
}
```

【算法分析】

设待排序序列中记录个数为 n，比较次数和移动次数与初始排列有关。

（1）最好情况：初始序列为正序，则只需 1 趟排序，比较次数为 $n-1$，不移动，时间复杂度为 $O(n)$。

（2）最坏情况：初始序列为逆序，需 $n-1$ 趟排序，第 i 趟比较 $n-i$ 次，移 $3(n-i)$ 次，每次

交换都需要移动 3 次记录。则比较次数和移动次数分别为

比较次数：$\sum_{i=1}^{n-1}(n-i)=\frac{1}{2}(n^2-n)$

移动次数：$3\sum_{i=1}^{n}(n-i)=\frac{3}{2}(n^2-n)$

所以时间复杂度为 $O(n^2)$。

冒泡排序过程中两个记录交换位置时需要一个辅助空间，所以空间复杂度为 $O(1)$。冒泡排序是一种稳定的排序方法。

任务四　快速排序

任务引入

小明使用冒泡排序时发现，有些比较是重复且非必要的，如在某一趟排序中对 A 同学和 B 同学进行了身高的对比，而在下一趟排序中可能又重复地对 A 同学和 B 同学的身高进行对比。能否消除不必要的重复工作而提高算法的效率呢？

任务分析

小明对冒泡算法进行了改进，他选择队伍中第一个同学作为基准，我们把这名同学称作 A，队伍中其他同学都和 A 进行身高对比，经过一趟排序后比 A 矮的同学交换到 A 前面，比 A 高的同学交换到 A 的后面，以 A 同学为分界线将队伍分成两个子队伍，站在 A 前面的同学都比 A 矮，站在 A 后面的同学都比 A 高。然后再对两个子队伍再依据以上规则进行调整，重复上述过程，直到整个队伍有序。这就是快速排序。

知识准备

快速排序算法是世界上使用最广泛的排序算法之一，由英国计算机科学家 Tony Hoare（1934—，牛津大学教授）于 1960 年提出。1960 年，26 岁的 Tony Hoare 教授提出了闻名于世的快速排序算法，46 岁时获得计算机界最高奖项"图灵奖"，英国女王伊丽莎白二世授予他爵士爵位，以表彰他对计算机科学所作出的巨大贡献。

快速排序是对冒泡排序的改进，快速排序也属于交换排序，通过元素之间的比较和交换位置来达到排序的目的。其基本思想是基于分治的，任取一个元素（如第一个）为枢轴，所有比枢轴元素小的元素一律往前放，比枢轴元素大的元素一律往后放，形成左右两个子表，对各子表重新选择枢轴元素并以此规则调整，直到每个子表的元素只剩一个。

【算法步骤】

（1）将待排序表的第一个元素设为枢轴，并将枢轴元素暂存在 r[0]中，将枢轴元素的关键字值保存在 pivotkey 中。

（2）附设两个指针 low 和 high，分别指向排序表的第一个记录和最后一个记录。

（3）从排序表的最右侧（high 所指位置起）向左搜索，找到第一个小于 pivotkey 的记录，把该记录放在左边（low 所指位置）。

（4）再从表的最左侧（low 所指位置起）向右搜索，找到第一个大于 pivotkey 的记录，

把该记录放在右边（high 所指位置）。

（5）重复步骤（2）和（3），low 和 high 不断向中间靠拢，直至 low 等于 high 为止。此时，low 或 high 的位置即为枢轴元素在此趟排序中的最终位置，原表被枢轴元素划分成左、右两个子表，比枢轴关键字小的记录放在了左子表中，比枢轴关键字大的记录放了右子表中。

【算法实现】

```
void main ( ) {                       //对顺序表 L 进行快速排序
    QSort ( L, 1, L.length );
}
void QSort ( SqList &L, int low, int high ) {
    if ( low < high ){                //当 low 小于 high 时
        pivotloc = Partition(L, low, high);    //对 L 进行划分
        Qsort (L, low, pivotloc-1);            //对左子表进行快速排序
        Qsort (L, pivotloc+1, high);           //对右子表进行快速排序
    }
}                                     //一趟划分
int Partition ( SqList &L,int low, int high ){  //将枢轴元素暂存在 r[0]位置
    r[0] = L.r[low];                  //将子表的第一个元素作为枢轴
    pivotkey = L.r[low].key;          //当 low<high 时，若 high 所指记录的关键字大于或等于 pivotkey
    while(low < high ){
        while ( low < high && L.r[high].key >= pivotkey )  //high 指针向左移动
            --high;                   //将大于枢轴元素的记录移动到左边 low 所指的位置
        L.r[low] = L.r[high];
        while ( low < high && L.r[low].key <= pivotkey )
            ++low;                    //当 low<high 时，若 low 所指记录的关键字小于等于 pivotkey
        L.r[high] = L.r[low];         //low 指针向右移动
    }                                 //将小于枢轴元素的记录移动到右边 high 所指的位置
    L.r[low]=L.r[0];                  //将第一个元素放到枢轴位置
    return low;                       //返回枢轴位置
}
```

不难看出快速排序算法的关键在于划分，假设每次总以当前表中第一个元素作为枢轴来对表进行划分，则将表中比枢轴大的元素向右移动，将比枢轴小的元素向左移动，使得一趟 Partition 操作后，表中的元素被枢轴值一分为二。

【算法分析】

每一趟的子表的形成采用从两头向中间交替式逼近法，快速排序的算法是递归的，需要借助一个递归工作栈来保存每层递归调用的必要信息，因此其时间复杂度与空间复杂度都与递归层数有关。

划分是快速排序的一个重要操作，快速排序的运行时间与划分是否对称有关，最好情况是每次划分都比较均匀，枢轴将待排序表划分成两个长度大致相等的子表，此时快速排序的趟数最少。对于 n 个记录的排序表，递归树的深度为 $\lfloor \log_2 n \rfloor +1$。最坏情况是待排序表已经有序，递归树成为单支树，每次划分只得到一个比上一次少一个记录的子序列，必须经过 $n-1$ 趟才能把所有记录定位，而且第 i 趟需要经过 $n-i$ 次关键字比较才能找到第 i 个记录的安放位置。关键字总的比较次数为

$$\sum_{i=1}^{n-1}(n-i)=\frac{1}{2}n(n-1)\approx\frac{n^2}{2}$$

1）时间效率

快速排序的时间效率与递归树的深度有关，最好情况是每次选的枢轴元素都能将序列划分成均匀的两部分，最好时间复杂度为 $O(n\log_2 n)$。最坏情况是若序列原本就有序或逆序，时间复杂度为 $O(n^2)$。平均时间复杂度为 $O(n\log_2 n)$。

2）空间效率

快速排序是递归的，需要递归工作栈来保存相关数据，递归工作栈的大小与递归的层数有关。因此，最好情况递归树的深度为 $\lfloor \log_2 n \rfloor + 1$，最好空间复杂度为 $O(\log_2 n)$；最坏情况需要 $n-1$ 次递归，因此，最坏空间复杂度为 $O(n)$。

3）稳定性

记录非顺次的移动导致快速排序方法是不稳定的。

快速排序是否真的比其他排序算法都快？答案是肯定的，因为每趟可以确定的数据元素是呈指数增加的。但是，快速排序中定义了排序表的上界和下界，所以这种排序方法适用于顺序结构，对于链式存储结构就不适用了。

案例——快速排序

使用快速排序算法对序列{52,49,80,36,14,58,61,97,23,75}进行排序，其过程如图9-9所示。

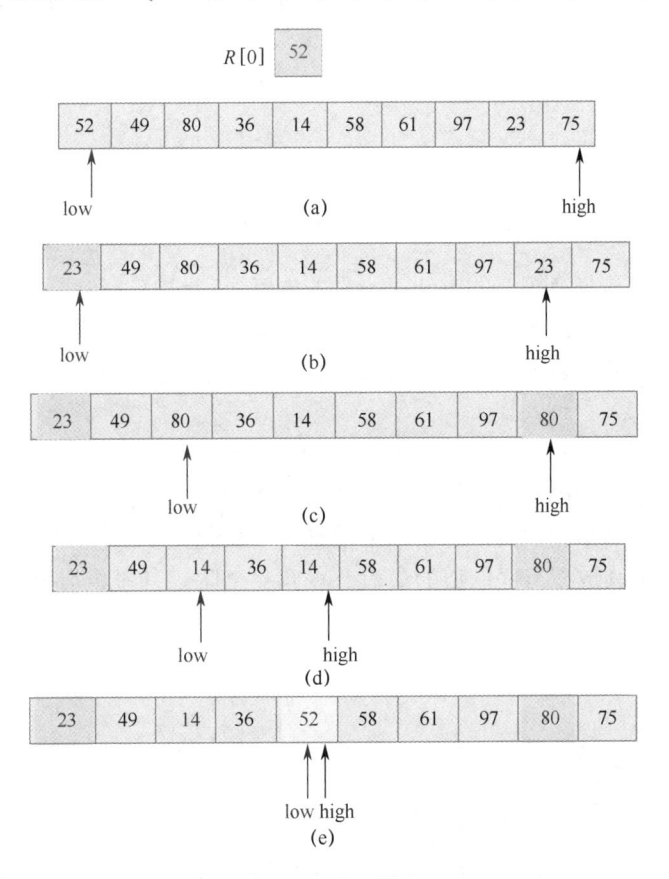

图9-9 快速排序

选择序列中第一个记录 52 作为枢轴,将枢轴记录暂存在 r[0]位置上。附设两个指针 low 和 high,初始时分别指向表的下界和上界,即初始状态时 low = 1,high= L.length。由于第一个记录 52 被暂存到 r[0]位置,因此可认为 r[1]位置为空,其他记录可以放到这个位置。

从表的最右侧依次向左搜索,先将 R[high].key 和枢轴的关键字进行比较,若 R[high].key 大于或等于枢轴的关键字,则 high 指针向左移动;否则将 R[high].key 移动到前面 low 指针所指的位置。将 R[low].key 和枢轴的关键字进行比较,若 R[low].key 小于或等于枢轴的关键字,则 low 指针向右移动;否则将 R[low].key 移动到后面 high 指针所指向的位置。

如图 9-9(a)所示,此时,high 指针所指的记录的关键字 75>52,继续向前(左)搜索,high 指针向左移动。

如图 9-9(b)所示,high 指针所指向的记录的关键字 23<52,将 23 向前(左)移动至 low 所指记录,并将 low 指针向右移动。

如图 9-9(c)所示,low 指针指向 49,由于 49<52,因此 49 不需要移动位置,继续向后(右)搜索,low 指针向右移动。low 指针指向的 80>52,故将 80 移到后(右)面 high 指针指向的位置。

如图 9-9(d)所示,high 指针向左移动,由于 97、61 和 58 都大于 52,因此不需要移动位置。继续向前搜索,high 指针向左移动,直到遇到 14,由于 14<52,因此将 14 向前移动至 low 所指向的位置。

如图 9-9(e)所示,low 指针向右移动,直到 low=high。此时,52 将排序表分成左右两个子表,左子表中的关键字都小于 52,右子表中的关键字都大于 52。然后对左子表和右子表进行快速排序,重复以上过程。

任务五　选择排序

任务引入

上节课小明使用了交换排序的方法对班里的同学进行排序,将同学们按照身高由低到高排成了一队。老师今天又给小明布置了新任务,要求小明使用新的排序算法进行排队,小明同学冥思苦想,终于又想到一个新的方法,他的新方法是什么呢?

任务分析

小明先从队伍中找到最矮的同学,让他站在队伍的第一个位置,再从剩下未排序的同学当中找到一名最矮的同学放到队伍的第二个位置……如此重复,每次在未排序的同学当中挑选一名最矮的同学将其放在有序队伍的最后,直到整个队伍有序。小明使用的这种排序方法就是选择排序。

知识准备

一、选择排序的算法思想

选择排序的思想:选择排序是以"选择"为基础的一种排序方法,每一趟从待排序序列中选择关键字最小(大)的元素,放在有序字序列的最后,有序子序列不断增大,经过 $n-1$

趟排序后，待排序序列被调整为有序序列。选择排序有不同的实现方法，本任务介绍常见的简单选择排序和堆排序。

二、简单选择排序

简单选择排序算法的思想是，对 n 个记录排序，依次选择 $n-1$ 个极值，置于相应目标位置。假设排序表为 $L[1…n]$，第 i 趟排序从 $L[i…n]$ 中选择关键字最小（大）的元素与 $L(i)$ 交换，每一趟排序可以确定一个元素的最终位置，这样经过 $n-1$ 趟排序就可使得整个排序表有序。

已知待排序记录的关键字序列为{21,25,49,25*,16,08}，用简单选择排序法进行排序的过程如图9-10所示。

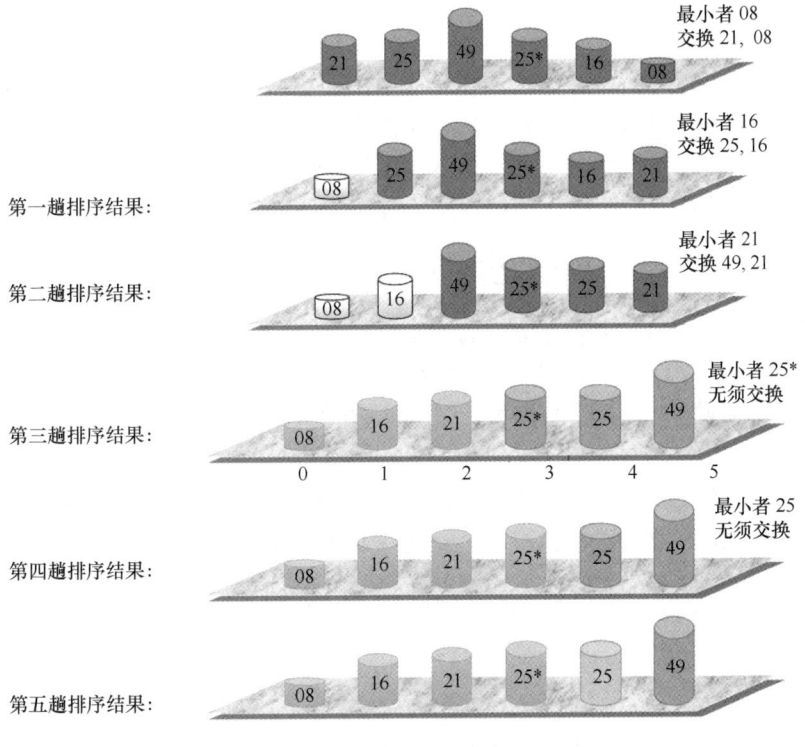

图9-10 简单选择排序过程

以上过程可以看出若待排序序列中有 n 个元素，则需要 $n-1$ 趟处理，当待排序序列中只剩最后一个元素时，肯定是最大的元素无须再处理。

【算法步骤】

（1）将待排序序列存放在数组 $r[1…n]$ 中。

（2）第一趟排序要在整个待排序序列中选出最小的元素，并把该元素放在第一个位置，形成一个只有一个元素的有序序列。

（3）第二趟排序选出关键字次小的元素，并把该元素放在第二个位置上，此时 $r[1\ 2]$ 形成一个有序序列。

（4）以此类推，第 i 趟排序从第 i 个元素开始，经过 $n-i$ 次比较，从未排序的 $n-i+1$ 个元素中选出关键字最小的元素，将其放在第 k 个位置。

（5）每一趟排序后有序序列的长度增加1，经过 $n-1$ 趟排序，最终将无序的序列调整为有序序列。

【算法实现】
```
void SelectSort(SqList &K) {
    for (i=1; i<L.length; ++i){        //n-1 趟排序
        k=i;                            //r[k]是关键字最小的元素, 初始化 k 为 i
        for( j=i+1;j<=L.length ; j++)   //从剩余的 n-i+1 个元素中选择关键字最小的元素
            if ( L.r[j].key <L.r[k].key) k=j;//将当前比较小的元素的索引号暂存在 k 中
        if(k!=i)L.r[i]←→L.r[k];         //交换 L.r[k]与 L.r[i], 即把关键字最小元素的 r[k]放在第 i 个位置上
    }
}
```

【算法分析】

1) 时间效率

从以上的分析可以看出，在简单选择排序中，元素移动的次数较少。最好情况是待排序的初始序列已经是排好序的正序序列，每个元素都在它应该在的位置上，无须移动元素。最坏情况是待排序的初始序列为逆序，需要 3(n-1)次移动操作。但是，无论待排序序列是否有序，元素的比较次数是一样多的，关键字的比较次数为

$$\sum_{i=1}^{n-1}(n-i) = \frac{1}{2}(n^2 - n)$$

因此，简单选择排序的时间复杂度为 $O(n^2)$。

2) 空间效率

简单选择排序仅在交换元素时需要一个辅助空间，因此空间复杂度为 $O(1)$。

3) 稳定性

在每趟排序中找到一个关键字最小的记录 $r[k]$，$r[k]$都要与 $r[i]$交换位置，可能会导致第 i 个元素与其含有相同关键字元素的相对位置发生改变。因此，简单选择排序是一种不稳定的排序方法。由简单选择案例（见图9-10）可以看出，初始序列中 25 在 25*的前面，经过简单选择以后，25 排在了 25*的后面。

三、堆排序

在简单选择排序过程中，每趟排序时，都要从未排序序列中找到一个关键字最小的元素 $r[k]$，每趟排序需要比较 $n-i$ 次。前面我们讨论了关键字的比较次数为 $\frac{1}{2}(n^2-n)$，能否减少比较次数来提高排序的效率呢？在简单选择排序过程中每趟排序都需要比较，但是下趟排序并没有利用上一趟排序中的比较结果。实际上，有的比较在前一趟已经进行过了，但由于前一趟排序时未保存这些比较结果，因此下一趟排序时又重复执行了这些比较操作，这是造成排序速度慢的主要原因。

如果可以做到每次在选择到最小关键字记录的同时，根据比较结果对其他元素作出相应的调整，那样排序的效率就会提高了。而堆排序就是对简单选择排序进行的一种改进。堆排序算法是 Floyd 和 Williams 在 1964 年共同发明的，同时，他们发明了"堆" 这样的数据结构。

1. 什么是堆？

n 个元素的序列$\{k_1,k_2,\cdots,k_n\}$，当且仅当满足下列关系时，称为堆：

$$\begin{cases} k_i \leq k_{2i} \\ k_i \leq k_{2i+1} \end{cases} (1) \quad 或 \quad \begin{cases} k_i \geq k_{2i} \\ k_i \geq k_{2i+1} \end{cases} (2) \quad \left(1 \leq i \leq \left\lfloor \frac{n}{2} \right\rfloor\right)$$

若将此序列存储在一维数组中，可将该一维数组看成一个完全二叉树。满足条件（1）的堆为小根堆，也称小顶堆，满足条件（2）的堆为大根堆，也称大顶堆。在大根堆中，堆顶元素（或完全二叉树的根）必为序列中 n 个元素的最大值，且任一非根节点的值小于或等于其双亲节点值。而在小根堆中，堆顶元素（或完全二叉树的根）必为序列中 n 个元素的最小值，且任一非根节点的值大于或等于其双亲节点值。

图 9-11（a）、(b) 分别为大根堆和小根堆，图中节点旁边的编码为该节点在数组存储中对应的索引号。图 9-12 为图 9-11（a）所示大根堆中各元素在数组中的存储形式。由此可知利用树的结构特征来描述堆，树只是作为堆的描述工具，堆实际是存放在线形空间中的。

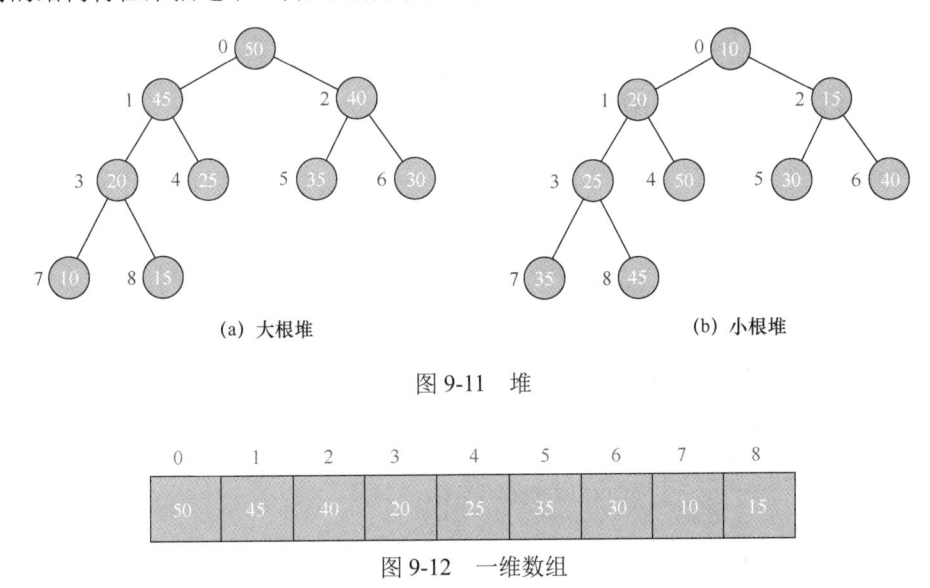

(a) 大根堆　　　　　　　　　　　　　(b) 小根堆

图 9-11　堆

图 9-12　一维数组

2．堆排序基本思想

堆排序利用了大根堆（或小根堆）堆顶记录的关键字最大（或最小）的性质，下面以大根堆为例讨论堆排序。首先将待排序序列调整为大根堆，堆顶元素为最大值，输出堆顶元素，将堆底元素重新放入堆顶位置，此时堆被破坏，已不满足大根堆的性质，再根据堆的性质重新调整堆使其继续满足大根堆的性质，再输出堆顶元素。如此重复，直到堆中只剩一个元素。具体步骤如下：

（1）按堆的定义将待排序序列 $r[1\cdots n]$ 调整为大根堆。

（2）输出堆顶元素，在大根堆中，堆顶元素也就是 $r[1]$ 为最大值，将 $r[1]$ 和 $r[n]$ 进行交换，经过此操作 $r[n]$ 被暂时放到了堆顶位置，此时堆被破坏。而将最大值 $r[1]$ 放在了 $r[n]$ 的位置。

（3）将 $r[1\cdots n-1]$ 重新调整为堆，输出堆顶元素 $r[1]$，$r[1]$ 为 $r[1\cdots n-1]$ 序列中最大的元素，交换 $r[1]$ 和 $r[n-1]$，将 $r[n-1]$ 暂时放到堆顶位置。

（4）循环 $n-1$ 次，直到交换了 $r[1]$ 和 $r[2]$ 为止，得到了一个非递减的有序序列 $r[1\cdots n]$。

可见堆排序需要解决如下两个问题。

（1）建初堆：如何将无序序列建成初始堆？

（2）调整堆：输出堆顶元素，在堆顶元素改变之后，如何调整剩余元素成为一个新的堆？

因为建初堆要用到调整堆的操作，所以下面先讨论调整堆的实现。

3．如何将无序序列建成堆？

思路：把所有非终端节点都检查一遍，看是否满足大根堆的要求，若不满足，则进行调整。

（1）将无序序列建成堆：从第$\lfloor n/2 \rfloor$个元素起，至第一个元素止，进行反复筛选。

假设要排序的序列是{30,60,8,40,70,12,10}，先建一个堆，将序列中的元素按照从上到下、从左到右的次序放在一棵完全二叉树上。

这棵完全二叉树上一共有 7 个节点，即 n=7，我们从最后一个非终端节点开始检查，即从第 3 个节点 8 开始，在这棵子树上 8 小于其左、右子树根节点的值，将这棵子树中关键字最大的节点 12 调整至根节点，对这棵子树调整后的结果如图 9-13（b）所示。

继续检查 2 号节点，发现这棵子树不满足堆的性质，对以 60 为根的子树进行调整，将 70 和 60 进行交换使其满足堆的性质，调整后结果如图 9-13（c）所示。

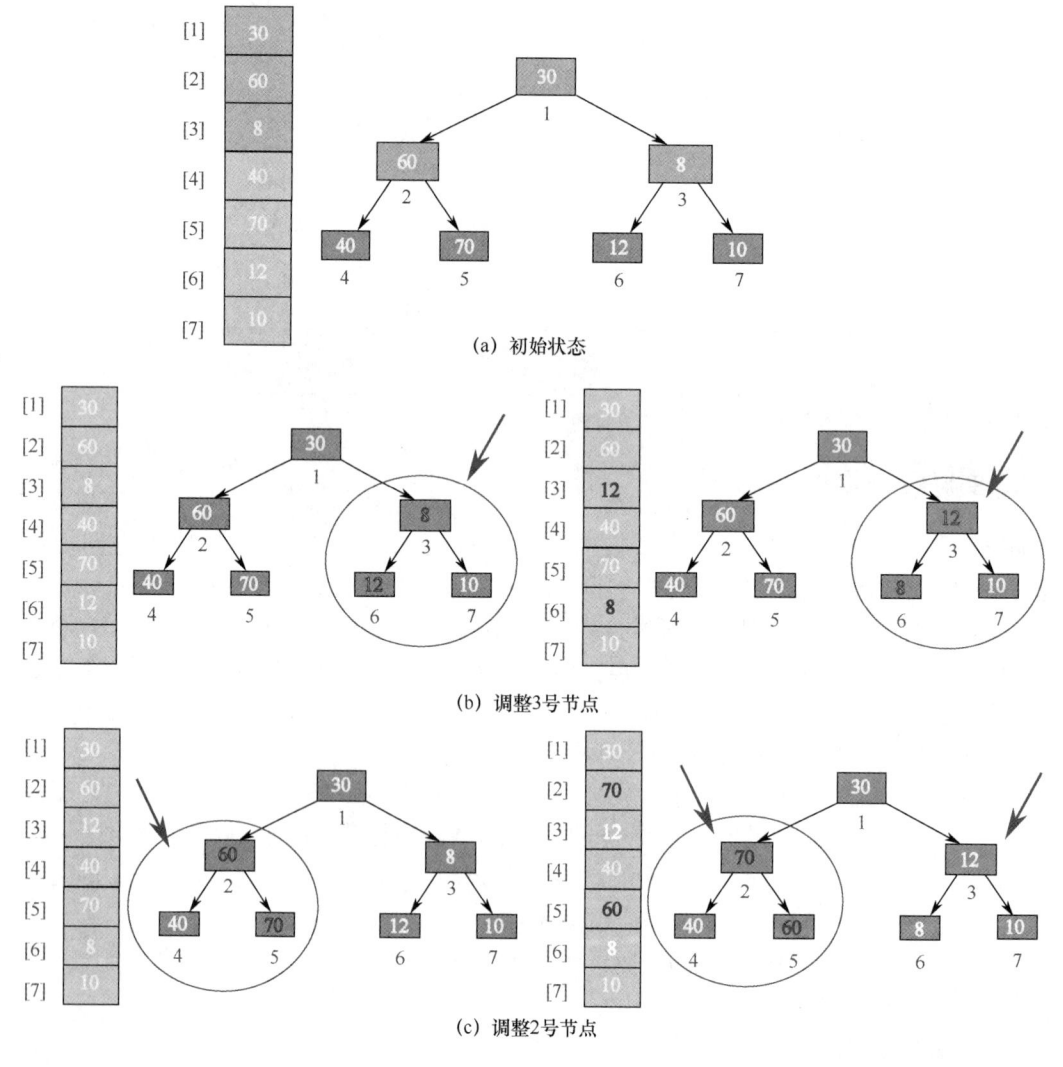

(a) 初始状态

(b) 调整3号节点

(c) 调整2号节点

图 9-13　建初堆

(d) 调整根节点

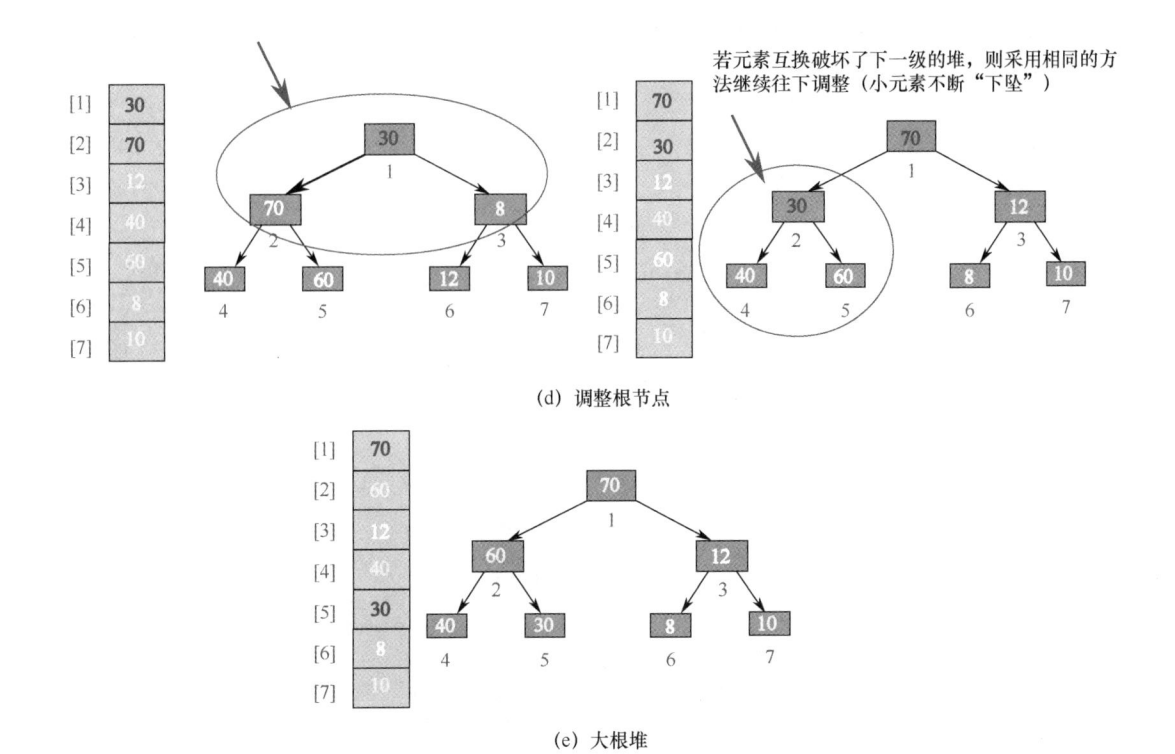

(e) 大根堆

图 9-13　建初堆（续）

30 被调整至根节点后不满足堆的性质，需要继续调整，将较大的 70 与根节点交换位置，此时根节点的值大于左、右孩子的值。但是经过调整以后，其左子树的根节点变成了 30，需要重新调整根的左子树使其满足堆的性质。

经过调整后使每一棵子树都满足堆的性质，如图 9-13（e）所示，此时建堆完毕。

（2）堆的重新调整。如何在输出堆顶元素后调整，使之成为新堆？堆排序仍然是一种选择排序，每一趟在待排序元素中选取关键字最大的元素加入有序子序列，也就是选取堆顶元素加入有序子序列，堆顶元素与待排序序列中的最后一个元素交换，然后将待排序序列再次调整为大根堆。

对于已经建成的堆，输出栈顶元素后，重新调整该堆的过程如下。

图 9-14（a）是已经建成的堆，将堆顶元素 70 和堆中最后一个元素 10 交换后，如图 9-14（b）所示。由于此时除根节点外，其余节点均满足堆的性质，因此仅需自上至下进行一条路径上的节点调整即可。

首先将堆顶元素 10 和其左、右子树根节点的值进行比较，由于左子树根节点的值 60 大于右子树根节点的值且大于根节点的值，因此将 10 和 60 交换。由于 10 替代了 60 之后破坏了左子树的"堆"，因此需进行和上述相同的调整，直至叶子节点，调整后的状态如图 9-14（d）所示。

重复上述过程，将堆项元素 60 和堆中最后一个元素 8 交换，将二叉树重新调整成堆，得到如图 9-14（f）所示的新堆。

重复上述过程，将堆项元素 40 和堆中最后一个元素 8 交换，将二叉树重新调整成堆，得到如图 9-14（h）所示的新堆。

重复上述过程，将堆顶元素 30 和堆中最后一个元素 8 交换，将二叉树重新调整成堆，得到如图 9-14（j）所示的新堆。

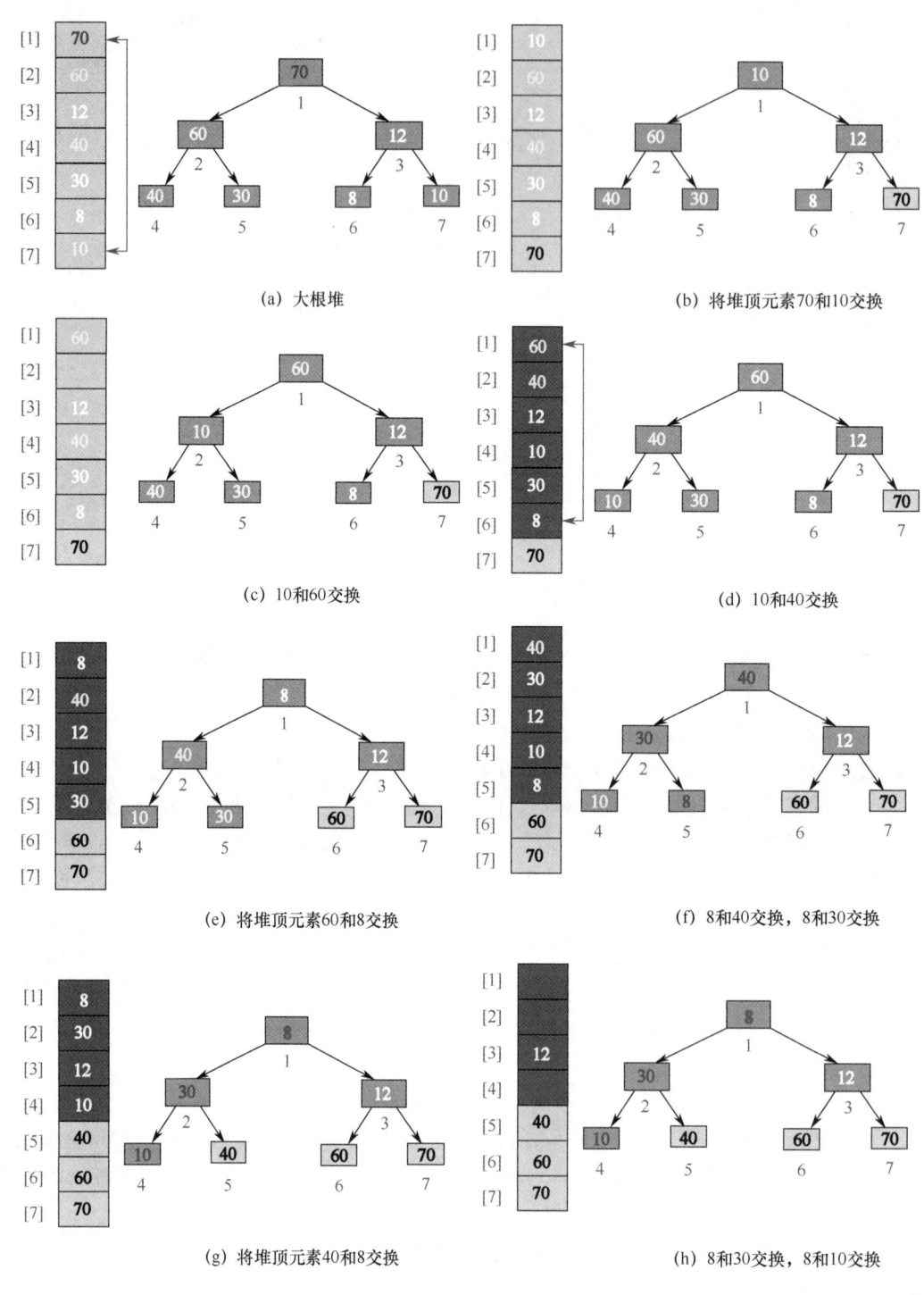

(a) 大根堆

(b) 将堆顶元素 70 和 10 交换

(c) 10 和 60 交换

(d) 10 和 40 交换

(e) 将堆顶元素 60 和 8 交换

(f) 8 和 40 交换，8 和 30 交换

(g) 将堆顶元素 40 和 8 交换

(h) 8 和 30 交换，8 和 10 交换

图 9-14 调整堆

· 186 ·

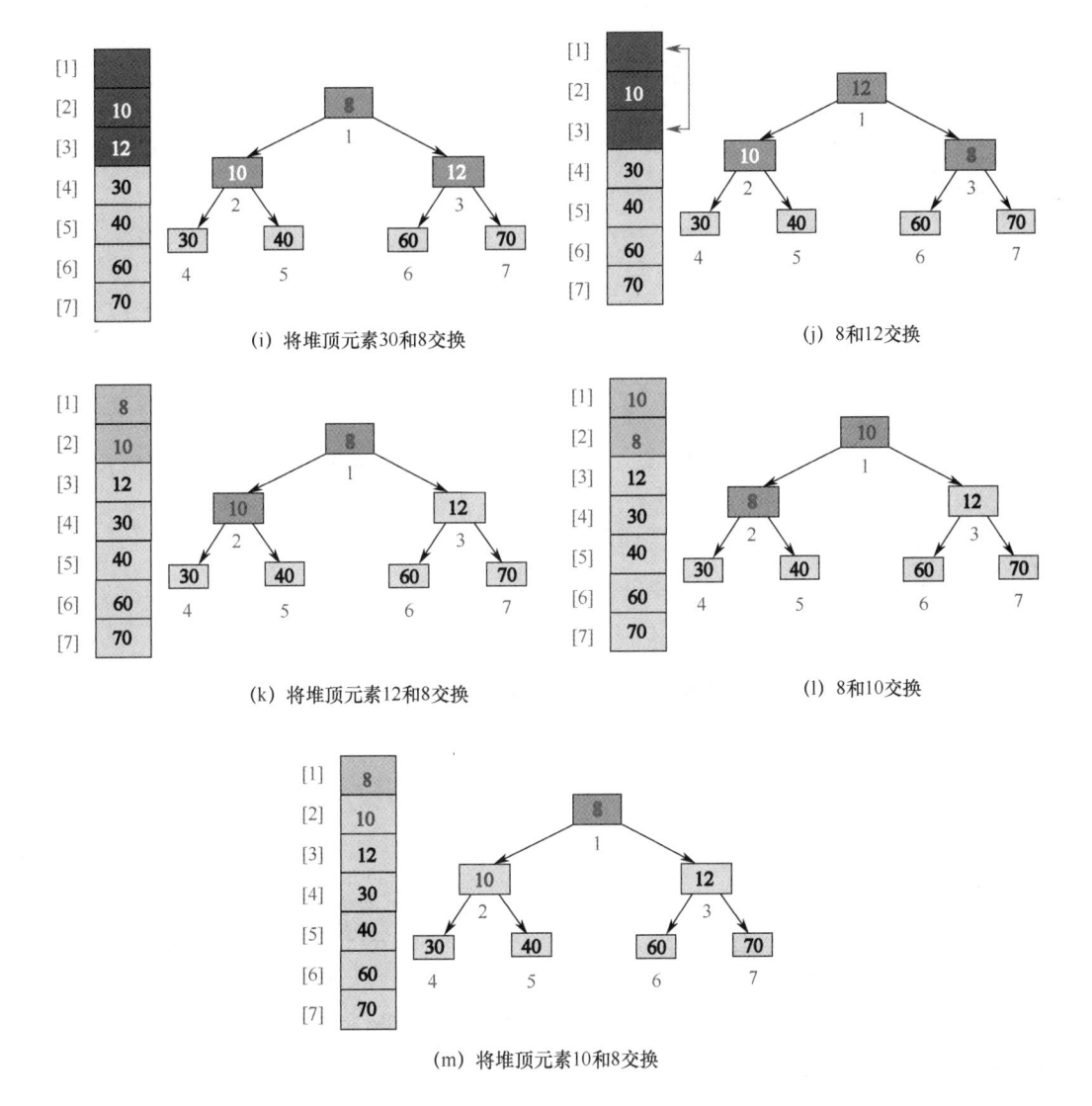

(i) 将堆顶元素30和8交换　　　　　　　　　(j) 8和12交换

(k) 将堆顶元素12和8交换　　　　　　　　　(l) 8和10交换

(m) 将堆顶元素10和8交换

图 9-14　调整堆（续）

重复上述过程，将堆顶元素 12 和堆中最后一个元素 8 交换，将二叉树重新调整成堆，得到如图 9-14（l）所示的新堆。

将堆顶元素 10 和堆中最后一个元素 8 交换且调整，得到如图 9-14（m）所示的新堆。上述过程就像过筛子一样，把较小的关键字逐层筛下去，而将较大的关键字逐层选上来。因此，称此方法为"筛选法"。

要将一个无序序列调整为堆，就必须将其所对应的完全二叉树中以每一节点为根的子树都调整为堆。从最后一个分支节点也就是第$\lfloor n/2 \rfloor$个节点开始调整，使每一棵子树都满足堆的性质，对于大根堆，若根节点的值小于左、右子树根节点的较大点，则交换，将较大者调整至根节点，之后依次向前，将序号为$\lfloor n/2 \rfloor$，$\lfloor n/2 \rfloor-1$，…，1 的节点为根的子树调整为堆。

【算法步骤】

将序列存储于 L. $r[1\cdots n]$中，从 $i= n/2$ 个节点开始，反复调用筛选法 HeapAdjust (L,i,n)，依次将以 $r[i]$，$r[i-1]$，…，$r[1]$为根的子树调整为堆。

【算法实现】
```
void CreateHeap(SqList &L){//将无序序列 L.r[l..n]建成大根堆
    n=L.length;
    for(i=n/2;i>0;--i)//从第 n/2 个节点开始依次调用调整堆,将每棵子树调整为堆
        HeadpAdjust(L,i,n);
}
```
调整堆算法的步骤及其实现如下。

【算法步骤】

(1) 从完全二叉树的每棵子树的左、右两棵子树中选择关键字较大者,再将较大者与根节点的关键字相比,若根节点的关键字大于或等于其左、右子树根节点关键字的值,则说明该子树已经是堆,不必做任何调整。

(2) 否则,将根节点与较大者交换,交换后若破坏了下一级的堆,再用上述方法进行调整,直到以该节点为根的子树为堆。

【算法实现】
```
void HeapAdjust(SqList &L,int s,int m){
    rc=L.r[s];
    for(j=2*s;j<=m;j*=2){
        if(j<m&&L.r[j].key<L.r[j+1].key) ++j;
        if(rc.key>=L.r[j].key) break;
        L.r[s]=L.r[j];
        s=j;
    }
    L.r[s]=rc;
}
```
堆排序算法的步骤及其实现如下。

【算法步骤】

堆排序就是将无序序列建成初堆以后,反复进行交换和堆调整。因此,堆排序算法是在建初堆和调整堆算法实现的基础上实现的。

【算法实现】
```
void HeapSort(SqList &L){
    CreateHeap(L);
    for(i=L.length;i>1;--i){
        x=L.r[1];
        L.r[1]=L.r[i];
        L.r[i]=x;
        HeapAdjust(L,1,i-1);
    }
}
```

【算法分析】

1) 时间效率

堆排序算法的时间效率与建初堆的时间和堆调整的时间有关,建初堆的时间为 $O(n)$,之后有 $n-1$ 次向下调整操作,而堆调整的时间与二叉树的高度有关,调整的时间为 $O(h)$。因此,堆排序在最坏情况下的时间复杂度为 $O(n\log_2 n)$。

2）空间效率

仅需一个记录大小供交换用的辅助存储空间，所以空间复杂度为 $O(1)$。

3）稳定性

进行筛选时，有可能把后面相同关键字的元素调整到前面，所以堆排序算法是一种不稳定的排序方法。

任务六　归并排序

任务引入

老师拿出 16 个硬币，告诉小明在这 16 个硬币中有一个是伪造的，伪造的硬币比真硬币要轻，现有一台天平可对硬币称重。小明的任务是从这 16 枚硬币中找出那枚伪造的硬币，请你帮小明想想办法找到那枚伪造的硬币。

任务分析

小明采用了分而治之的方法，将大问题化成小问题，再将小问题化成更小的问题，逐个解决，最后再将结果合并从而解决问题。他先将 16 枚硬币分为两个组，每组有 8 个硬币，对每组硬币称重，必然得出一半轻一半重，伪造的硬币必定在轻的这组中，重的那组被排除。继续将轻的这组硬币分成两部分，直至每组剩下一枚硬币，问题自然就解决了。

知识准备

归并排序是一种基于分治思想的排序方法，排序过程是将两个或两个以上的有序表组合成一个新有序表的过程，将两个有序表合并成一个有序表的过程称为 2-路归并，2-路归并最为简单和常用。下面以 2-路归并为例介绍归并排序算法。

2-路归并排序的主要操作是划分和归并，其基本思想：先将长度为 n 的待排序序列划分为两个长度相等的子序列，再对每个子序列进行划分，直到每个子序列的长度为 1，由于每个子序列中只有一个元素，因此该子序列必然是有序的。然后对 n 个有序的子序列进行两两合并，得到 $\lfloor n/2 \rfloor$ 个长度为 2 或 1 的有序子序列，再两两合并……如此重复，直至得到一个长度为 n 的有序序列。

已知待排序记录的关键字序列为 {49,38,65,97,76,13,27}，2-路归并排序的过程如图 9-15 所示。

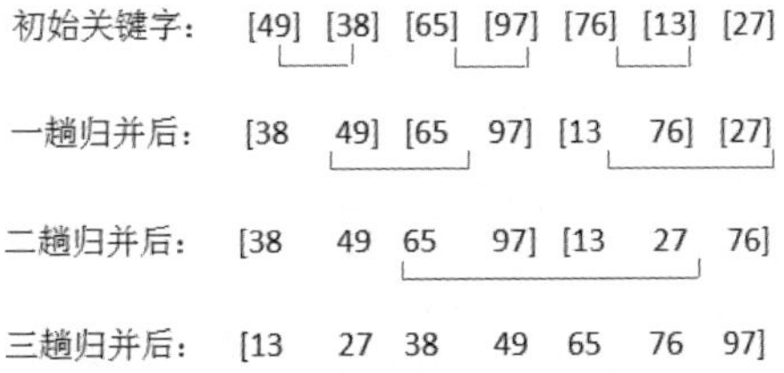

```
初始关键字：    [49] [38] [65] [97] [76] [13] [27]
一趟归并后：   [38  49] [65  97] [13  76] [27]
二趟归并后：   [38  49  65  97] [13  27  76]
三趟归并后：   [13  27  38  49  65  76  97]
```

图 9-15　2-路归并排序的过程

每一趟的归并排序都会得到若干个有序表，如何将两个有序表合并成一个有序表呢？

例如，有 A、B 两个有序表，若组合成一个新有序表，必须要有一个长度为 A、B 两表长度之和的空表 C，将排好序的记录逐个放到 C 中，设置指针 i、j 分别指向 A、B 两个表中待归并的记录，k 指针指向 C 表中的下一个空位置。每次分别从 A 表和 B 表中各取一个记录进行关键字的比较，将较小者放入 C 表中。首先将 A[i] 和 B[j] 进行比较，B[j]<A[i]，将 B[j] 放入 C[k] 中，B 表和 C 表的指针向后移动。以此类推，依次将 13、49、65、76、80 复制到 C 表中，此时 B 表中的元素都已经移入 C 表，只需将 A 表中剩余部分移入 C 表，即把 97 移入 C 表，归并完毕。2-路归并排序算法的描述如图 9-16 所示。

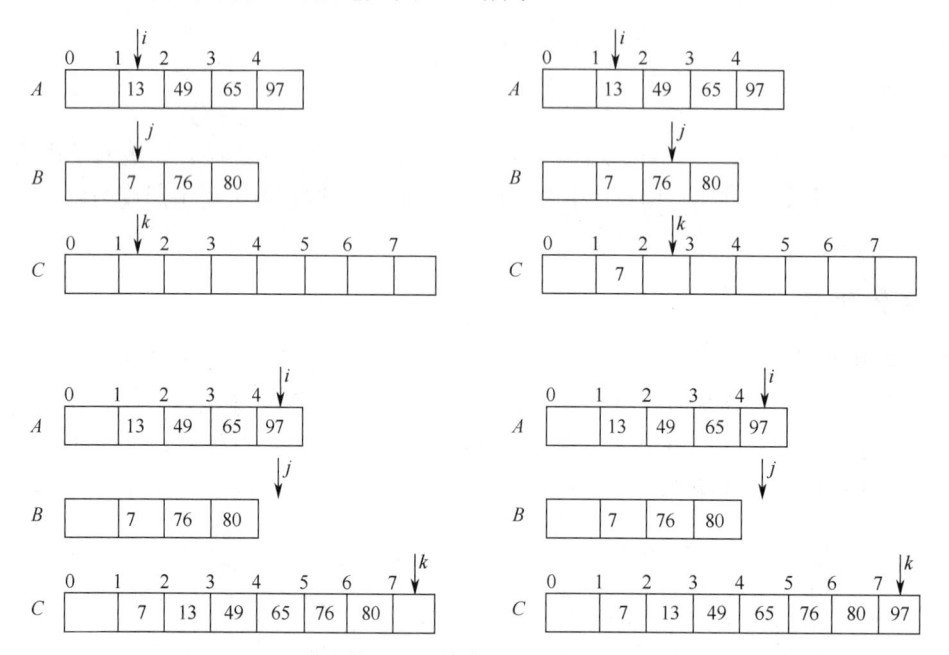

图 9-16　2-路归并排序算法的描述

1. 相邻两个有序子序列的归并

【算法步骤】

设 $R[low\cdots mid]$ 和 $R[mid+1\cdots high]$ 是两个有序表，现将这两个相邻的有序表进行归并，每次分别从两个表中取出一个记录进行关键字的比较，将较小者放入 $T[low\cdots high]$ 中，重复此过程，直至其中一个表为空，最后将另一非空表中余下的部分直接复制到 T 中。

【算法实现】

```
void Merge(RedType R[],RedType T[],int low,int mid,int high){
//相邻两个有序子序列归并
    int i,j,k;
    i=low; j=mid+1;k=low; //初始化
    while(i<=mid&&j<=high){ //当两个子序列都没有结束时
        if(R[i].key<=R[j].key) T[k++]=R[i++];
        else T[k++]=R[j++];   //取较小者放入 T，并移动指针
    }
    while(i<=mid)
        T[k++]=R[i++];   //若后一个子序列已经归并完毕，而前一个子序列还有未归并的记录，
```
则直接将剩余部分移到 T

```
              while(j<=high)
                  T[k++]=R[j++];    //若前一个子序列已经归并完毕,而后一个子序列还有未归并的记录,
直接将剩余部分移到 T
          }
```

2．归并排序

【算法步骤】

2-路归并排序算法是基于分治的,主要有以下两个过程。

（1）分解：将含有 n 个元素的待排序表分成各含 $n/2$ 个元素的子表,采用 2-路归并排序算法对两个子表递归地进行排序。

（2）合并：合并两个已排序的子表得到排序结果。

【算法实现】

```
        void MSort(RedType R[],RedType T[],int low,int high){    //归并排序
            int mid;
            RedType *S=new RedType[MAXSIZE];
            if(low==high) T[low]=R[low];
            else{
                mid=(low+high)/2;
                MSort(R,S,low,mid);           //对子序列 R[low…mid]递归,进行归并排序结果放入 S[low…mid]中
                MSort(R,S,mid+1,high);        //对子序列 R[mid + 1..high]递归,进行归并排序,结果放入 S[mid+1…high]中
                Merge(S,T,low,mid,high);      //调用算法 Merge,将有序的两个子序列 S[low…mid]和 S[mid+1…high]归并为一个有序的序列 T[low…high]
            }
        }
        void MergeSort(SqList &L){
            MSort(L.r,L.r,1,L.length);
        }
```

【算法分析】

1）时间效率

若有 n 个待排序的记录,则需进行 $\lceil \log_2 n \rceil$ 趟归并排序,每一趟归并的时间复杂度为 $O(n)$,因此,归并排序的时间复杂度为 $O(n\log_2 n)$。

2）空间效率

对两个有序序列进行归并时,n 个记录需要一个具有 n 个辅助空间的数组,所以算法的空间复杂度为 $O(n)$。

3）稳定性

由于归并操作不会改变相同关键字记录的相对次序,因此 2-路归并排序算法是一种稳定的排序方法。

项目总结

本项目介绍了内部排序的常用算法,每一种排序算法各有优缺点,没有哪一种算法是最优的,应根据具体情况选择适当的排序算法。排序算法的效率除了与待排序的记录个数 n 有

关，还与待排序记录的初态有关。

（1）直接插入排序、冒泡排序和简单选择排序是基本的排序方法，算法实现比较简单，适用于待排序记录个数 n 较小的情况。当待排序记录的关键字基本有序时，采用直接插入排序或冒泡排序效率较高。这三种算法的时间复杂度为 $O(n^2)$，是稳定排序算法。

（2）折半插入排序是一种基于折半查找的排序方法，相对于直接插入排序来说，虽然减少了元素的比较次数，但是并没有减少元素的移动次数。

（3）希尔排序是对直接插入排序的改进，当待排序记录个数较少且基本有序时排序效率较高，每一趟排序取增量 d 将待排序记录分成若干组，对每一组记录实现直接插入排序，不断缩小增量，最后增量为 1 时进行一趟插入排序，整个序列变成有序序列。希尔排序是一种不稳定的排序算法。

（4）快速排序被认为是最高效的排序算法，其时间复杂度可达到 $O(n\log_2 n)$，但是当待排序记录有序时，时间复杂度会降到 $O(n^2)$。其思想是任意选取一个记录作为枢轴，然后将所有比它小的数都放到它左边，所有比它大的数都放到它右边，一趟排序后把待排序记录划分成两个子表，再对每个子表进行快速排序，算法使用递归实现。快速排序是一种不稳定的排序算法。

（5）堆排序是基于堆这种数据结构设计的排序算法。堆排序利用了堆顶记录的关键字最大（最小）这一性质，通过建初堆和调整堆实现堆排序。堆排序也是一种高效的内部排序算法，它的时间复杂度是 $O(n\log_2 n)$，堆排序不会出现最坏情况导致排序变慢，并且堆排序基本上不需要额外的空间。堆排序是一种不稳定的排序算法。

（6）归并排序是分治思想的一个典型应用。归并排序算法是建立在归并操作上的一种高效、稳定的递归算法，它有两个基本的操作：一个是分，将待排序序列不断划分成子序列；另一个是治，将两个有序的子序列合并成一个有序序列。归并排序的时间复杂度是 $O(n\log_2 n)$，需要的额外存储空间为 $O(n)$。